中央高校基本科研业务费专项资金资助
西安交通大学人文社会科学学术著作出版基金资助
西安交通大学马克思主义学院学术著作出版基金资助

跨文化 人工智能伦理

王亮 著

Transcultural Artificial Intelligence Ethics

中国社会科学出版社

图书在版编目(CIP)数据

跨文化人工智能伦理 / 王亮著. -- 北京：中国社会科学出版社，2025.7. -- ISBN 978-7-5227-4768-2

Ⅰ. TP18；B82-057

中国国家版本馆 CIP 数据核字第 2025Z3L946 号

出 版 人	季为民
责任编辑	郝玉明
责任校对	谢　静
责任印制	李寡寡

出　　版	中国社会科学出版社
社　　址	北京鼓楼西大街甲 158 号
邮　　编	100720
网　　址	http://www.csspw.cn
发 行 部	010-84083685
门 市 部	010-84029450
经　　销	新华书店及其他书店
印　　刷	北京君升印刷有限公司
装　　订	廊坊市广阳区广增装订厂
版　　次	2025 年 7 月第 1 版
印　　次	2025 年 7 月第 1 次印刷
开　　本	710×1000　1/16
印　　张	16.75
字　　数	270 千字
定　　价	89.00 元

凡购买中国社会科学出版社图书，如有质量问题请与本社营销中心联系调换
电话：010-84083683
版权所有　侵权必究

序

我对跨文化人工智能伦理的探索可以追溯至读博期间，2014年9月我追随邬焜老师钻研信息哲学，将学术视野聚焦于信息、网络以及人工智能等技术的哲学问题。两年后，我被公派到奥地利贝塔朗菲系统科学研究中心（BCSSS）开展为期两年的博士联合培养研究，2016年秋季刚入学，我的奥地利导师沃尔夫冈（Wolfgang）布置了以"信息伦理（information ethics）"为主题的讨论，并安排我做一场主题报告。信息伦理我并不陌生，但这次报告是我在国外同行中的"首秀"，为了凸显学术特色，我对报告的选题费尽心思，最终将题目确定为"跨文化信息隐私伦理——基于中西文化的比较"。选题基于两点考虑：第一，我有信息隐私伦理研究的前期基础；第二，我希望我的报告能够体现中国特色，决定尝试从儒家文化的视角来解读信息隐私问题，并将其和西方传统进行对比。当时这一报告还算成功，获得了国外导师和学术友人的高度赞赏，这也激发了我进一步研究的兴趣。随着研究的深入，我开始关注到了奥斯陆大学查尔斯·艾斯教授（Charles Melvin Ess）所做的工作，作为国际互联网研究者协会（AoIR）和国际伦理与信息技术学会（INSEIT）的前主席，他在解决多元文化背景下的信息伦理问题方面积累了丰富的经验，并具备深厚的理论功底。为了更好地开展研究，我专程拜访了艾斯，并和他进行了多次富有成效的讨论，最终促成了我关于跨文化人工智能伦理研究的第一个成果——《全球信息伦理何以可能？——基于查尔斯跨文化视野的伦理多元主义》，论文的成功发表再次激发了我在此领域的研究兴趣。2018年年底回国入职之后，我将跨文化人工智能伦理作为自己重点研究的领域之一，持续至今。

回望来时路，我研究方向的确立似乎较为偶然，实则不然。随着人工智能技术的迭代发展，其伦理问题越发凸显，而全球化所带来的跨文化交流和冲突也日益增多，这些是驱动我思考"跨文化人工智能伦理"的主要动力。在研究的过程中，我已经注意到了国际范围内的人工智能伦理合作动向，例如，2017年电气电子工程师学会（IEEE）在《人工智能设计的伦理准则》（第2版）中介绍了不同文化传统对人工智能伦理的影响，主要包括西方的亚里士多德主义和康德主义传统，东方的佛教、神道教和儒家传统，非洲的乌班图传统等。2021年联合国教科文组织的193个会员国正式通过了首份有关人工智能伦理的全球框架协议。2023年11月，包括中国、美国、英国在内的28个国家以及欧盟共同签署了《布莱切利宣言》（*The Bletchley Declaration*），承诺以安全、以人为本、值得信赖和负责任的方式设计、开发、部署和使用人工智能（AI）。这些国际合作动向让我更坚定了跨文化人工智能伦理研究的重要性和紧迫性。

我意识到，人工智能技术在不同文化背景下的应用可能会引发不同的伦理问题，而这些问题不仅仅是技术层面的问题，更是文化、社会和人类价值观层面的问题。因此，我进一步扩展了研究的深度和广度，探讨了跨文化人工智能伦理在具体应用中的实践问题。例如，我研究了计算机、无人驾驶汽车、机器人等跨文化伦理问题，分析了不同文化背景下对人工智能技术的接受度、信任度以及对隐私和公平等问题的不同态度。此外，我还探讨了跨文化人工智能伦理设计的问题，包括从设计师、人工智能体层面分析了如何赋予机器跨文化道德决策能力。

通过这些努力，我逐渐形成了一套系统涵盖伦理准则、消费者、设计者、人工智能体的跨文化人工智能伦理研究方法，强调在技术开发、应用和监管过程中，必须充分考虑不同文化背景下的伦理规范和价值观。这不仅有助于避免技术带来的潜在伦理风险，还能够促进人工智能技术的全球化应用和发展。我坚信，只有在跨文化视野下，才能真正实现人工智能技术的伦理可持续发展。

王　亮

2024年6月20日于西安交大兴庆校区

目 录

绪 论 ·· 1

第一章 人工智能伦理的跨文化挑战 ································· 7
第一节 跨文化计算机伦理 ·· 8
第二节 无人驾驶汽车道德决策的跨文化挑战 ···················· 14
第三节 跨文化机器人伦理问题 ······································ 18

第二章 跨文化人工智能伦理原则的构建障碍及其突破 ········· 24
第一节 跨文化价值观差异及其解决路径 ·························· 24
第二节 跨文化语言障碍及其解决路径 ····························· 40
第三节 人工智能伦理治理共同体的跨文化合作 ·················· 42

第三章 基于消费者视角的人工智能产品跨文化接受度差异 ··· 55
第一节 机器人社会角色的多元化与文化差异的显现 ············ 56
第二节 跨文化因素对机器人接受度的影响 ······················· 60

第四章 设计师的跨文化伦理责任意识养成 ······················· 70
第一节 设计师的外在伦理约束 ······································ 70
第二节 设计师内在跨文化道德能力的养成 ······················· 76
第三节 设计师的伦理设计自主权 ··································· 83

第四节 儒家伦理对设计师跨文化道德能力养成的启示 …………… 86

第五章 人工智能的义务论算法、功利主义算法及其跨文化情境局限 …… 90
第一节 人工智能道德决策的复杂跨文化情境 ………………………… 90
第二节 义务论算法局限：普遍道德法则难以适应跨文化差异 ……… 92
第三节 功利主义算法局限：难以计算的幸福体验 …………………… 98

第六章 跨文化人工智能美德伦理代理 ……………………………… 105
第一节 跨文化美德伦理 ………………………………………………… 105
第二节 美德技能化 ……………………………………………………… 117
第三节 "共识性"美德数据库的"自下而上"学习机制 …………… 144
第四节 人工智能美德代理的跨文化"差异性"调适 ………………… 149

第七章 情境适应性"人工自主道德代理"的道德地位辨析 ……… 163
第一节 人工智能的主体性挑战 ………………………………………… 163
第二节 人工智能的"心灵"问题挑战 ………………………………… 166
第三节 "人工自主道德代理"能承担道德责任吗？ ………………… 178

第八章 人机共生文化视域下的人工智能伦理挑战 ………………… 189
第一节 基于社交机器人智能媒介的跨文化传播 ……………………… 189
第二节 基于"虚拟代理"的人机共生 ………………………………… 201
第三节 人机共生的潜在伦理风险 ……………………………………… 206

第九章 人机共生文化视域下的人工智能伦理风险化解路径 ……… 214
第一节 以智能机器为中心的伦理风险化解路径 ……………………… 214
第二节 基于"人—机"交互体验的伦理风险化解路径 ……………… 218

参考文献 …………………………………………………………………… 233

后　记 …………………………………………………………………… 261

绪　　论

以信息互联、数字化等技术为基础的人工智能技术对社会的影响不是局部的，而是全球性的，此外，人工智能产品的全球市场运转也加速了人工智能的全球化影响。在全球化的背后，多元文化的沟通与碰撞也在同步发生，面对当今文化多样化的社会现实，人工智能的伦理设计已不再只遵循一种文化传统，而必须兼顾多种文化传统。因此，如何立足于全球化、文化多样化来解决人工智能伦理设计问题，已成为人工智能伦理的研究前沿和重点，这也是本书所力图解决的问题。

一　本书的总体内容与框架

首先，结合计算机伦理、无人驾驶汽车道德问题、机器人伦理等研究，阐述了人工智能伦理的跨文化特性，并从宏观层面探讨了不同文化传统的国家或地区所制定的人工智能伦理原则的异同，分析了跨文化人工智能伦理原则的构建障碍，以及有针对性地提出了突破障碍的路径。本书主要从跨文化价值观差异、跨文化语言障碍、人工智能伦理治理共同体跨文化合作三个方面探讨了构建全球性跨文化人工智能伦理原则的困难。第一，影响人工智能伦理原则构建的跨文化价值维度十分广泛，在考察中外学者相关研究成果的基础上，主要集中于三个维度分析了与人工智能伦理原则直接相关的跨文化价值观差异。笔者认为，只有认清、承认不同文化的价值观差异，并立足于人工智能技术应用实践，才能最大程度地求同存异，寻找彼此间的人工智能伦理原则构建合作空间。第二，人工智能伦理原则文件的翻译、政策传播语言偏差以及 AI 算法相关语言偏见等都成为跨文化人工智能伦理原则构建的语言障碍。笔者认为，可以通过设计或使用与 AI 伦理原则构建相关的通用规范语言来弥补跨文化差异引起的"语言鸿沟",比如统一高频词表达规范、借用联合国官方工作语言、推进 AI 伦理相关的母语与外来语融合等。第三,分析了来自不同文化背景的国家和团体的代表性 AI 伦理政策文件,并在此基础上探寻了跨文化组织机构间的人工智能伦理治理合作的可能性。笔者认为,跨文化人工智能伦理治理共同体能够在公平、人权、安全、问责、可解释性/透明性、福祉六大人工智能伦理原则上达成重要共识,可以以此为基础展开跨文化合作,但也不能忽视各自人工智能伦理政策的差异性,比如最具典型的信息"隐私"差异。

其次,探讨了跨文化因素对机器人消费者接受度的影响。在机器人技术的不断发展过程中,其社会角色从工具化、功能单一,逐步转变为自主化、智能化和多样化,显示多元化的趋势。最初,机器人主要服务于工业领域,满足高效、精确和重复性工作的需求。然而,随着技术的进步,机器人逐渐具备了更复杂的功能,并通过拟人化技术呈现更接近人类的外表和行为特征,使其与人类的互动更加紧密。与此同时,机器人的应用范围也从公共领域扩展到了私人生活空间,包括家庭服务和医疗护理等,从而进一步加强了机器人与人类之间的联系。本书深入分析了跨文化因素如何影响机器人在不同社会中的接受度,具体来说,个人主义与集体主义、高低语境以及宗教文化是关键因素。个人主义文化倾向于接受能够帮助个体拓展能力并实现个人目标的机器人,而集体主义文化则期望机器人能融入团队和家庭生活,强调协作和集体利益。在高语境文化中,人们更依赖非语言沟通,因此对机器人在这方面的能力有更高的期望,而低语境文化则更关注机器人在直接、明确沟通上的表现。宗教文化对机器人的接受度也有显著影响,不同宗教背景下的伦理观念和功能需求各异,直接影响了机器人设计和应用的多样性。

再次,从具体设计层面,深入探讨了设计师在跨文化人工智能伦理设计中的影响。参与人工智能系统研发的设计师能够将自己的价值观念和道德偏好通过技术体现出来,因此,从设计师层面来解决跨文化人工智能伦理的设计问题是一条行之有效的路径。本书分别从设计师的外在伦理约束和内在道德能力养成两个角度论证了这一路径的可行性。笔者认为,我们不仅可以为设计师提供相关的跨文化伦理原则手册进行参考,而且还可以通过制定工程性团体"誓言"来约束设计师的行为。要保证这两种外在伦理约束路径的有效性,我们还需要配套施行"道德审计"治理机制以及在"誓言"的程序性和内容上下功夫。就内在道德能力养成而言,笔者认为设计师可以通过人机交互道德体验增强自身对伦理原则的理解和运用。为了保证人机交互道德体验的跨文化特性,设计师可以选择不同文化背景测试者,在此过程中,道德想象力培养也有利于提升设计师的内在道德能力。当然,以上讨论的所有路径都是建立在设计师的伦理设计自主权上,只有设计师具备了伦理设计自主权,他们才能将自己的价值观念和道德偏好嵌入人工智能技术中。不可忽视的是,儒家伦理思想也为设计师跨文化道德能力的养成提供了丰富的理论资源。

复次,从人工智能体伦理算法设计层面探讨了跨文化人工智能伦理问题。在人工智能体的伦理设计思路中常被考虑的道德理论主要有义务论、功利主义和美德伦理,然而义务论的抽象原则和功利主义的伦理计算都忽视了道德情境的复杂性,最终表现出缺乏"跨文化情境敏感性",相反,美德伦理注重经验知识的学习过程,以一种开放、动态的理论特质来适应跨文化道德情境。具体来说,美德模范的"仿效"式学习和注重道德经验的"实践智慧"既保证了道德决策的"跨文化情境敏感性",又保证了在文化"差异性"情境中道德决策的可靠性,更为关键的是,这两种"自下而上"的美德习得路径与一些机器学习方法高度相洽,因此,美德伦理可以作为跨文化情境适应性人工智能道德决策的伦理基础。本书主要解决了跨文化人工智能美德伦理代理的几个最为关键的问题。第一,论证了美德可以技能化,并提出了美德技能化的三种模型。包括基于美德模范的"仿效式"学习模型、基于"差异性"道德情境的"奖励式"美德学习模型、基于道德情境体验的主体美德行为"调适"模型。前面两个模型是针对机器美德伦理代理提出的,后一种是针对美德行为人提出的。第二,论证了"共识性"美德数据库的"自下而上"学习机制的可行性。认为,人工智能体可以通过机器学习"仿效"道德模范的"共识性"美德数据库,并且能够依据"共识性"美德形成跨文化情境的道德决策能力。第三,论证了人工智能美德伦理代理的跨文化"差异性"调适机制的可行性。认为,人工智能体可以通过机器学习自主获得与特定文化情境相适应的道德决策能力,最终能够精准识别情境中的"差异性",并针对这种"差异性"做出与之相匹配的道德决策。另外,本书还积极回应了"人工自主道德代理"的道德地位、道德责任争论。

最后,提出了基于人机共生文化的人工智能伦理新挑战。本书认为,人工智能体(跨文化)情境适应性程度的提升有助于其迈向自主化,使人与技术、技术与社会深度融合,人工智能体将具备从"工具物"发展为"准社会实体"的可能。一方面,它引起了人类文化传播的机器"拟主体"嵌入,颠覆了传统的"人—人"或"人—机(工具媒介)—人"的传播方式,开启了"人—机(拟主体)"传播,使得人类的跨文化交互更加智能化和多元化。我们还可以将人工智能技术作为文化理解和文化变革的媒介,通过嵌入文化价值观的智能技术的应用来促进跨文化交流互鉴,我们不仅要研究以何种方式发展跨文化适应性人工智能技术,还要关注人工智能作为"技术—文化"中介如何影响某一个地区或者全球的伦理道德观念。另一方面,人与机器的关系将突破根植于人类社会关系文化的"人—机(工具)"传统,而发展为基于"人机共生"关系文化的"人—机(准社会实体)"新传统。这种前所未有、充满未知的新型人机共生文化必将为人类带来全新的机遇与挑战,包括伦理风险挑战。如何应对这些新挑战呢?本书认为,我们应当以人类为中心思考"人—机(准社会实体)"伦理问题,即关注人机交互对人类道德增强的影响。具体而言,本书立足于人机交互情境并以人类自身道德"进化"为目标,提出了一条人机共生伦理新路径:从人机交互情境体验的整体出发来考察"人—机共生"的道德意义,让人类自身美德的改善程度成为衡量人机交互关系好与坏的道德落脚点,成为指导人与智能机器人该如何共同生活的标尺。

二 本书的创新之处

从研究对象和研究方法的创新方面来看,相较于一些学者仅从人工智能伦理原则的跨文化差异和共识层面来探讨"全球人工智能伦理"的构建问题,本书立足于人工智能体本身,分别从人(消费者和设计师)、智能系统两个角度深入分析设计具备跨文化情境适应性的人工智能体的具体方法和路径。在研究方法上，本书创新运用哲学、伦理学、机器算法、心理学等多种理论资源，多层次、多学科、多角度挖掘跨文化人工智能伦理研究文献，并对其进行理论综合分析，最终提出切实可行的伦理设计方案。

从理论创新方面看，本书最突出的创新点主要有以下三个。第一，从设计师层面提出了解决跨文化人工智能伦理设计的有效路径。本书认为，人工智能体的伦理设计离不开设计师等工程人员的作用，设计人员的道德决策偏好直接影响着所设计的人工智能体的道德偏好，他们能够将自己的价值观念和道德偏好通过技术体现出来，因此，我们可以从设计师层面来解决跨文化人工智能伦理设计问题，具体而言，通过构建跨文化伦理原则、文化适应性工程类"誓言"，从外部强化设计师伦理责任的落实；通过培养设计师的文化理解力、道德敏感性、"道德想象力"等道德能力，从内部保证设计师能够具备跨文化视野，并履行伦理道德责任。

第二，通过构建人工智能美德代理，提出了跨文化"共识性"美德数据库的"自下而上"学习机制，以及跨文化"差异性"调适的道德"强化学习"机制。本书认为，美德伦理注重道德模范的"仿效"式学习和注重道德经验的"实践智慧"既保证了道德决策的跨文化情境敏感性，又确保了复杂情境道德决策的可靠性，能够以一种开放、动态的理论特质来兼顾跨文化的"共识性"和"差异性"，并且美德能够技能化，与人工智能"机器学习"具有理论相洽性，具体来说，人工智能机器通过"深度学习"可以"自下而上"的掌握与文化情境相匹配的"共识性"美德数据库，而更为自主的"强化学习"有助于人工智能机器针对特定文化情境习得与之相关联的"差异性"美德。

第三，预见性地提出，随着人工智能体的自主性和情境适应性程度提升，人与机器的关系将突破根植于人类社会关系文化的"人—机（工具）"传统，而发展成为基于"人机共生"关系文化的"人—机（准社会实体）"新传统，人类也将共同面对未来人机共生新文化所滋生的人工智能伦理问题。本书认为，人工智能体（跨文化）情境适应性程度的提升有助于其迈向自主化，使人与技术、技术与社会深度融合，人工智能体将具备从"工具物"发展为"准社会实体"的可能。此时，我们必须去共同面对一个前所未有、充满未知挑战的新型人机共生文化，以及要去防范其潜在伦理风险。具体来说，我们不仅要重视"人—机"交互体验，将这种未知挑战转化为自身道德前进的动力，学会在与智能机器的交互过程中维持、增强人类美德，而且要将道德的根基深深地扎入人类与智能机器共生的社会生活之中，深刻理解技术与道德的关系及其影响。

第一章　人工智能伦理的跨文化挑战

"人工智能"（Artificial Intelligence）由约翰·麦卡锡（John McCarthy）于1956年在达特矛斯会议中首次提出来，即假设人类学习的每一个方面抑或是智能的任何其他特征在原则上都可以被精确描述，以至于可以用机器来模拟它。随着工业信息化时代的到来，作为智能时代标志的人工智能发展势头迅猛，成为社会进步的重要驱动力，大量的人力物力被投入人工智能的领域的研发，不断拓展其深度与广度，深入人们生活的方方面面。但人工智能与传统技术不同，它是一种革命性、开放性、颠覆性的新兴技术，甚至未来强人工智能机器人还可能成为一种"类人"的异己，人工智能的这些特征对人类的传统伦理道德构成了极大挑战，并且这种伦理挑战具有全局性，它随着信息技术的互联、全球化市场的运转而扩展至全球。与此同时，在全球化交流下，文化的沟通与融合也在同步进行。身处一个全球化的多元文化世界，每个人都接触并参与到各种各样的文化规范和实践中。然而，根植于文化和遗产中的价值观很可能会被内化并代代相传，使得文化研究成为一个复杂的挑战，具有多层交织的结构，并非每个国家与民族的人们都会心甘情愿地接受普遍主义的价值观念，而是会坚持自身历史流传下来的特定文化价值观念。文化差异主要体现在文化价值观、沟通方式、社会规范、认知方式、伦理观点等方面，不同的人遵循不同的认知过程做出道德决策，许多道德原则看似是普遍的，而在一种文化中为社会所接受的道德义务在另一种社会中却可能被拒绝。① 因此，在考虑人工智能伦理时，必须考虑文化因素。需要在尊重全

---

① 参见 Mikhail J., "Universal moral grammar: Theory, evidence and the future", *Trends in cognitive sciences*, Vol. 11, No. 4, 2007。

球文化多元性的前提下,以一种跨文化的视角来对人工智能伦理展开研究。这有助于克服人们在人工智能研发实践过程中陷入道德上的"两难"困境,即在对某种事物进行道德判断的过程中,夹在两种思想中而难以做出抉择,这是由于缺乏一个确定的评判标准,才让这一道德判断做得如此艰难。① 跨文化视角使不同背景下的多元价值得以共存,人们可以把握文化情境的特殊性进行合理的选择。本研究旨在站在智能时代的背景之下,以跨文化的视角及时回应人工智能的实际运用中可能出现的各种问题,尽可能消除伦理风险,具有深刻的理论意义与现实价值。在保证人工智能新兴技术健康发展的同时,最大限度地为人类造福。

第一节 跨文化计算机伦理

人工智能伦理的跨文化挑战最早体现在计算机伦理(computer ethics)的全球化转向中。早在20世纪70年代中期,瓦尔特·马纳(Walter Maner)等率先使用"计算机伦理(computer ethics)"一词来指代由计算机技术所引起的伦理问题,德博拉·约翰逊(Deborah Johnson)则将"计算机伦理"看作计算机技术对已有伦理问题的"新改变(new twist)",而非形成了全新的伦理问题。② 相比而言,詹姆斯·穆尔(James Moor)对"计算机伦理"的描述则更有实践指导意义,"计算机伦理是对计算机技术的特性和社会影响的分析,以及相应的对这一技术的伦理应用的政策构想和调整"③;"我们需要对计算机造成的影响进行深思熟虑的分析,并且我们需要规划和调整政策以为了伦理地使用它们"④。可以说,在20世纪七八十年代以及90年代早期,"计算机伦理"无论从理论上,还是从实践上都得到了空前的发展。随后,信息

---

① 参见李良玉《多元主义视角下的当代信息伦理研究》,博士学位论文,大连理工大学,2017年。
② 参见Bynum T. W. and Rogerson S., *Computer Ethics and Professional Responsibility: Introductory Text and Readings*, Malden: Blackwell Publishing, 2003。
③ Moor J. H., "What is computer ethics?", *Metaphilosophy*, Vol. 16, No. 4, 1985, pp. 266–275.
④ Moor J. H., "Reason, relativity, and responsibility in computer ethics", *ACM SIGCAS Computers and Society*, Vol. 28, No. 1, 1998, pp. 14–21.

技术，尤其是网络技术、多媒体技术的快速发展使得"计算机伦理"不再局限于因计算机技术而引起的伦理问题。

> 计算机伦理可能更少的是与计算机有关，而更多的与信息流或者甚至是一种新型的互动媒体有关，这种媒体正在取代 PCs、电话、电视和录像机，它提供一种多功能盒子作为我们在世上的主要窗口。①

诚然，这一由计算机网络信息技术所驱动的"多功能盒子"仿佛潘多拉魔盒一样，不仅取代了传统信息技术，而且辐射面极广，渗透到地球的每一个角落，实现了人类全方位的互联互通，这是人类历史上所未曾有过的现象，它所引发的伦理变革，必将是全域性的。正如克里斯泰纳（Krystyna）所指出：

> 计算机网络技术不像其它的媒体，它确实有全球性特征。因此，当我们在谈论计算机伦理时，我们也正在谈论着新兴的全球伦理。②

总之，计算机网络信息技术的发展今非昔比，其所引起的伦理问题也进入了新的阶段。特雷尔·拜纳姆（Terrell Ward Bynum）和西蒙·罗杰森（Simon Rogerson）将此总结为两个不同的阶段，"计算机伦理过去二十年的发展将许多必要的伦理和社会视角带入信息技术。但是这个世界越来越变得'互联（wired）'。我们正在进入一个被全球化和无处不在的计算所标记的时代。因此，第二代计算机伦理一定是一个'全球信息伦理'的时代"③。事实也是如此，我们可以结合计算机技术的发展来反思这一颇具启发性的结论。

1946 年 2 月，在美国加州诞生了第一台电子计算机 ENIAC。1951 年，第一台商品化的计算机 UNIVAC-I 开始批量生产，标志着计算机时代的到来。随后在

---

① Sojka J.，"Business ethics and computer ethics：The view from Poland"，*Science and engineering ethics*，Vol. 2，No. 2，1996，pp. 191-200.

② Gorniak-Kocikowska K.，"The computer revolution and the problem of global ethics"，*Science and engineering ethics*，Vol. 2，No. 2，1996，pp. 177-190.

③ Bynum T. W. and Rogerson S.，"Introduction and overview：Global information ethics"，*Science and engineering ethics*，Vol. 2，No. 2，1996，pp. 131-136.

50年代到70年代，计算机经历了四代演变，不断向巨型化、微型化、网络化、智能化发展，计算机的普及度也越来越高，与人类的生活联系愈加紧密。此时的互联网技术仍处于研发阶段，尚未普及，对于网络信息问题的研究主要集中于计算机技术领域，研究者也主要是工程技术人员，如美国的 A. 摩思卫茨（Abbe Mowshowitz）、加拿大的哲南·W. 弗莱森（Zenon. W. Pylyshyn）以及德国的 J. 维哲伯姆（Joseph. Weizenbaum）等。20 世纪 80 年代起，许多文学家基于互联网的发展开始创作设想人类未来生活方式的科幻作品。但相比而言，未来学家对互联网的研究更加受到关注。美国麻省理工学院媒体实验室的主任尼古拉·尼葛洛庞帝（Negroponte）于 1995 年撰写的《数字化生存》就是一个典型的例子，他在书中提出人类在一个虚拟化和数字化的空间中生存，数字技术将给人类的生活、工作、娱乐、交流带来巨大冲击与改变。美国学者威廉·米切尔（William. J. Mitchell）与迈克尔·德图佐斯（Michael L. Dertouzos）也致力于研究这方面内容。然而，这些未来学家大多都是数字化乐观主义者，正如尼葛洛庞帝所说，眼中只有"闪闪发亮的、快乐的比特"，却忽视了互联网技术带来的负面影响甚至颠覆人类社会的可能性。从 90 年代起，计算机国际互联网正式问世，开创了以计算机高新技术为核心的信息网络时代。互联网可以将在世界各地的上亿台计算机联结在一起，形成巨大的全球计算机信息网络，具有无所不包的信息资源以及无比强大的信息处理能力。由于互联网开始更多地走向更广阔的发展领域，对应的学术研究也开始更加侧重于哲学和人文领域。美国学者曼纽尔·卡斯特（Manuel Castells）从技术理性的角度对互联网进行了社会学、经济学、政治学甚至哲学层面的思考，撰写了信息时代三部曲：《网络社会的崛起》（1996）、《认同的力量》（1997）和《千年的终结》（1998）。他在三部曲中将技术视为研究网络社会与网络经济的起点，进一步分析了技术对网络社会的结构和变迁的影响，以及互联网会给现实社会带来的变化。不足之处在于他过于注重技术尤其是在全球化中的作用，而对于网络社会本质分析不足，观点带有碎片化之嫌。①

---

① 参见邓万春《曼纽尔·卡斯特的网络社会与权力理论》，《国际社会科学杂志》（中文版）2022 年第 3 期。

纵观早期计算机信息的发展历程，研究者大多沉浸在未来科技美好的"数字蓝图"中，只看到了网络空间的平等、自由、开放、共享的一面，而忽视了技术带来的负面影响以及社会关系的网络化带来的社会问题，并没有太多关于网络合理规制的论述。这一方面与当时学者观念的片面性有关，另一方面也受早期计算机互联网的特点影响，在起步阶段，互联网用户较少，且大多为政府部门或学术机构的成员，用户的自我规范能力较强，网络空间的问题还没有显现出来。① 而随着互联网与计算机的普及化，用户数量激增，素养也良莠不齐，隐私侵权、黑客攻击、垃圾信息污染、文化霸权等计算机信息伦理道德问题层出不穷，在早期计算机网络发展思路和模式已经不再适用的条件下，如何规制网络信息社会的环境，成为亟须讨论的问题。美国最知名的哲学杂志《形而上学》于 1985 年 10 月同时刊登了泰雷尔·贝纳姆编写的《计算机伦理学》以及詹姆斯·摩尔编写的《什么是计算机伦理学》，摩尔在论著中指出了研究计算机伦理的必要性，计算机技术的出现引发了更多可能性的发生，出现的新的道德问题无法通过传统的伦理观念解答。对网络技术人员的职业道德以及计算机犯罪问题的社会性研究也开始盛行，代表人物有美国的丹·B. 帕克（Domn. B. Parker）、卡瑞·高德（Carol Gould）和德伯拉·约翰森（Deborah Johnson）等。

要探讨对一件事物的管制方法，需要从该事物的问题的根源分析。计算机信息伦理问题的根源主要有主体、技术、社会三方面。主体根源方面是"身体不在场"使得道德责任缺位。唐·伊德（Don Ihde）"技术的身体"观点阐释道：在网络的信息化的世界里中，人们可以享受在空间和时间上无限制的绝对自由，身体不再具有"在场"的实体边界。正是这种身体的"不在场"使得公民在网络上降低了现实社会中的道德责任感，引发了屡见不鲜的网络诈骗、黑客攻击等现象，造成严重的社会和经济后果，甚至威胁到了国家安全。技术根源方面，信息网络本身的技术缺陷或技术漏洞以及网络的开放性基础架构使之易于受黑客的侵入和病毒的攻击，为意图牟取不正当利益

---

① 参见张化冰《互联网内容规制的比较研究》，博士学位论文，中国社会科学院研究生院，2011 年。

的犯罪分子提供了便利条件，决定了信息伦理风险出现的必然性。社会根源方面，网络法律法规制度并不健全，互联网日新月异发展，而法律往往跟不上它的步伐，且网络社会特有的隐匿性使得违背道德的不法行为难以被追根溯源，得到惩罚。从计算机信息伦理的根源分析得出，客观的技术问题与网络世界的固有特点使得主体自我道德约束力弱，其核心问题在于需要更为健全的网络信息社会的法律规制，强调网络主体在遵守法律法规的基础上在网络中履行责任与义务，从根本上解决网络伦理道德问题。下面将以日本、德国、美国为例，从各国的网络信息管理的法律差异分析早期跨文化人工智能伦理（计算机伦理）的不同点。

日本的计算机信息技术及其产业发展在亚洲一直处于领先地位，这与日本信息产业的政策制定密不可分。早在 1985 年 5 月，日本就通过了《信息处理促进法》，要求政府促进行政信息的公开，加强信息的国际交流；同年 6 月，日本又修改了著作权法，将计算机程序纳入法律的保护范围。2000 年，日本通过了《IT 基本法》，不仅确定了未来信息技术的发展规划，还将技术对社会可能产生的影响联系了起来并提出规制手段，在当时是具有超前的认识和构想的。具体来看，日本主要在三个方面进行了网络规制。一是个人信息保护，身处大数据盛行的互联网时代，个人隐私权受侵犯的问题屡见不鲜。日本早在 1995 年制定的《日本信息通信基础建设基本方针》中，就包含了保护个人隐私的条款。于 1999 年 4 月又制定了个人信息条例，范围涵盖了 23 个都道府县和、12 个政府指定城市以及全国 1529 个团体。[①] 2003 年 3 月，日本议会正式通过了"个人信息保护法治化专门委员会"提出的《关于个人信息保护基本法大纲草案》。二是对网络色情的监管与打击，日本刑法里对散布、传播、贩卖淫秽的图书、画册及其他制品等行为都作了相应的规定以及对应的惩治措施。[②] 2009 年 4 月，日本推行《青少年网络环境整治法》，这是首次以法律形式确定网络过滤软件的合法地位。在《儿童色情相关行为处罚及儿童保护相关法》中对于在网络社交媒体上散布有害信息者，将视情节轻

[①] 参见谢青《日本的个人信息保护法制及启示》，《政治与法律》2006 年第 6 期。
[②] 参见林兴发、杨雪《德国、日本手机网络色情监管比较》，《中国集体经济》2010 年第 31 期。

重给予不同程度的处罚,重者判刑五年。针对网络色情的违法犯罪活动,日本政府坚决出击,由警察厅、法务省和内阁调查室负责严厉的监管与打击。三是净化青少年网络空间,为减少不良网站和网络信息带给青少年的负面影响,日本在2003年9月颁布《交友类网站限制法》,规定交友类网站广告中要明言禁止儿童使用,网站也有义务去传达儿童不得使用的信息,并采取相应措施确保使用者不是儿童。2009年4月实施《不良网站对策法》以及《青少年网络环境整治法》,在其中从政府、企业、家庭三个方面增加了许多净化青少年网络环境的具体规定。

德国是典型的大陆法系国家,通过成文法对各种社会关系与行为进行规范,其网络规制的特点为自由与管制并重。一方面,德国通过立法确立了网络自由的原则,德国《基本法》规定,公民个人的表达自由权在互联网上始终能得到充分的保护。2003年12月,德国司法部长齐普里斯在中国政法大学的演讲中表示:"我希望,互联网作为各种文化之间自由对话的媒介将为人类的和睦共处做出重要贡献。"① 另一方面,德国政府也会对不适宜传播地内容进行过滤以及严厉的打击和管制,例如纳粹主义、恐怖主义、毒害青年、极端主义、种族歧视、儿童色情等内容。核心就是每个公民的基本权利都受法律的保护,其中就有一个衡量的问题,如果国家认为其中一个权利比另一个权利更重要,那么就依此决定对权利进行管制抑或放任自由。从德国具体的法律规定上看,1997年6月,德国通过了第一个对互联网空间进行全面规范的法律《多媒体法》,对公民隐私、网络犯罪、数字签名、未成年人保护等多方面都有明确规定,中国社会科学院唐绪军研究员曾对《多媒体法》归纳了五个中心性原则,分别为自由进入的原则、对传播内容分类负责的原则、网络交往中数字签名的合法性原则、保护公民个人数据的原则、保护未成年人的原则。② 从这五个原则中,其实还是体现了德国网络规制中自由与管制并重的核心特点。然而德国虽然尽力在自由与管制中取得一种微妙的平衡,但和

---

① 高燃《制止滥用互联网是国家的重要任务之一——访德国联邦司法部长齐普里斯》,《中国信息界》2003年第16期。
② 参见唐绪军《破旧与立新并举 自由与义务并重——德国"多媒体法"评介》,《新闻与传播研究》1997年第3期。

其他国家相比,德国对网络信息的法律规制仍然是相对严苛的。

与德国对网络表达自由采取相对保障作对比,美国则是对其采取绝对保障模式。美国对表达自由一贯都是高度重视,宪法第一修正案明确规定普通法律无权对表达自由权进行限制,这从根本上就杜绝了表达自由被新的立法限制的可能性。例如美国在1996年发布的《通信内容端正法》作为同年通过的《电信法》的一部分,刚刚签署就遭到了美国公民自由联盟等民间团体的激烈反对,最终只得被联邦地方法院和最高法院双双判决违宪,判决理由则是该法案的主要条款严重侵犯了公民的表达自由权利。而实际上该法案的内容不过是对在互联网上传播文字、图片等猥亵内容的合理规制,尤其是要保护未成年人不受不适宜传播内容的侵害。看起来很合理、可以为大部分国家所接受的保护性法案,在美国却无法推行,这也就是美国对于言论自由的绝对推行与保护。

可以看出,日本、德国、美国在不确定性规避方面表现出较大差异,在面临互联网与信息社会飞速发展的情况下,日本对计算机信息可能带来的伦理问题如临大敌,对网络上不确定的风险性包容度低,因而采取广泛立法、行政监管、行业自律等多重手段并举。政府不断与时俱进出台与网络信息监管的相关法律法规,法律框架较为健全,同时动员民间社会力量共同参与网络信息管理,全方面加强电信和互联网管理,以尽可能规避不确定性。德国对计算机信息这种新兴技术则处以折中的态度,既对不良信息进行过滤与打击,又对在网络上自由表达权施以保护,会出台必要的法律进行管制,同时也保留充分的自由。美国则坦然接受计算机信息发展中可能出现的伦理问题,高度崇尚自由,法律规制弱,愿意接受各种各样的行为,不会过多回避不确定性。

第二节 无人驾驶汽车道德决策的跨文化挑战

随着人工智能技术的发展,人工智能已经从传统的"计算"迈入深度学习阶段。深度学习系统受到脑科学的启发,致力于研发人工神经网络,强调智能的产生是大量简单的单元经过复杂的彼此联结和并行运行的结果，通过一个模拟节点的网络来处理信号，而这个网络类似于人类大脑中的神经元，信号通过链路从一个节点传递到另外一个节点，类似于人体神经元间的突触连接。以深度学习为代表的算法模型，有着较强的可移植性与泛化能力。深度学习算法运用多层神经网络，以无监督学习的方式，通过对数据特征的逐层递归使得学习结果获得质的飞跃，相关应用在许多方面都取得了重大突破，最显著的莫过于无人驾驶汽车的发展。无人驾驶汽车，即不需人为控制就能在道路上自动驾驶的汽车，让汽车也有了自己的思维。主要通过车上装有的智能软件、传感器系统和多种环境感知装置，感知车辆自身状态以及周围的环境状况，按照软件预先设定好的运动轨迹到达目的地。① 深度学习算法在无人驾驶汽车中的应用广泛，首先是在计算机视觉层面上获得了重大成果，彻底颠覆了传统计算机所采用的手工提取模式，深度学习可以利用深度神经网络自主学习全自动化地从训练的样本中提取到有用特征，也就是由程序员预先告诉算法它们应该寻求什么以做出决定。具体流程是通过高性能 GPUs 训练出复杂而庞大的神经网络模型，移植到嵌入式开发平台，以此实现对图像及视频信息的实时高效的处理。② 深度学习的功能多种多样，消除了特征提取的问题，可以提高深度学习神经网络在检测道路上的障碍物的准确性，拥有更好的决策能力，进而有利于无人驾驶汽车自如应对实际运用中面临的各种挑战。

随着深度学习功能的发展，无人驾驶汽车正越来越多地从人类手中取得更多"控制"。即原本由人工智能驱动的自动驾驶汽车反过来成为人类的代理人，替人类做出与道德相关的决策。而一旦人工智能机器开始与人类共享控制权，势必会陷入一些人机交互的道德困境，例如，无人驾驶汽车实际运行中最经典的电车问题。在这类情境下，道德决策中的控制权应当如何分配，谁应该做最终的决策，都是一个值得商榷的问题，涉及人类司机、政策制定者、机器人制造商和其他相关者等多方面利益与责任问题。面临实际道路行

---

① 参见兰京《无人驾驶汽车发展现状及关键技术分析》，《内燃机与配件》2019 年第 15 期。
② 参见王科俊、赵彦东、邢向磊《深度学习在无人驾驶汽车领域应用的研究进展》，《智能系统学报》2018 年第 1 期。

驶中的突发状况，能够用来反应做出决断的时间往往不超过两秒，在这两秒内，人类司机和无人驾驶汽车本质上遵循不同的决策过程。人类在事故面前主要依靠直觉不经过过多思考感性地做决策，而无人驾驶汽车则运用其复杂的传感器和预先编程好的算法做出理性的决定追求最优解，这一算法决定即无人驾驶汽车在紧急危难面前优先保护谁的决定属于伤害分布，是一个普遍认可的道德领域，自无人驾驶汽车诞生以来，就一直被人工智能伦理研究人员激烈讨论。[①] 而不同文化的不同个体对待伤害分布问题探讨的态度都有所差异，亚马逊对土耳其机器人的一项研究揭示了该问题的复杂性：研究表明，尽管消费者赞成无人驾驶汽车为了维护更多人的利益而牺牲乘客，并希望其他人购买它们，但大多数消费者宁愿乘坐一辆不惜一切代价牺牲乘客的无人驾驶汽车，也不赞成对无人驾驶汽车实行明确的功利主义法规，也不太愿意购买这种车辆。[②] 也就是说，当一个人必须在遵循对他人的隐含期望和自我保护之间做出选择时，同一个人的道德原则可能会出现根本冲突。不同抉择主要受到个人主义指数与权力距离指数的影响，因而不同社会文化背景下的人对于以无人驾驶汽车为代表的联结主义人工智能有着不同甚至相互冲突的伦理道德观点。麻省理工学院的一组研究人员于 2016 年发起了一个关于无人驾驶汽车中电车困境道德机器实验，是迄今为止该方面的最全面的研究之一。该实验在互联网上持续进行，任何人都可以通过互联网访问。它将电车困境改编为行人和乘客不同配置的多个版本，以提取不同文化背景下人类主体的道德价值偏好。截至 2018 年，该实验平台从 233 个国家和地区的数百万人中收集了 10 种语言的 4000 万份决策。它总结了三种独特而强大的与文化道德集群，分为西方、东方和南方。这三个文化群体在伤害分布方面表现出不同的偏好。例如，来自个人主义文化的参与者倾向于选择数量较大的人群，而来自集体主义文化的参与者则更尊重社区中的年长成员，对年轻角色偏好微弱。此外，如果将权力距离与经济不平等（基尼系数）联系起来，我们会发

---

① 参见 Goodall N. J., "Ethical decision making during automated vehicle crashes", *Transportation Research Record*, No. 2424, 2014。

② 参见 Bonnefon J. F., Shariff A. and Rahwan I., "The social dilemma of autonomous vehicles", *Science*, Vol. 352, No. 6293, 2016。

现来自贫富差距大国家的参与者在实验中对待不同阶层的人物更不平等。这一道德机器实验的总体结果表明，无人驾驶汽车电车困境的背景下，文化、经济和社会对道德决策都有很强的影响。

基于以上讨论，美国休斯敦大学的万云等三位学者（Wan Y. et al.）通过将霍夫斯泰德的文化维度分析框架应用于无人驾驶汽车和人类驾驶员之间的控制权共享问题，预计了个人主义、权力距离是最有可能影响人类对伤害分布问题看法的两个维度，进而提出假设：与来自集体主义文化和高权力距离的驾驶员相比，来自个人主义文化和低权力距离的驾驶员更有可能期望对人工智能有更多的控制。① 此外，他们还设置了具体情境问题，分别分发给印度、尼日利亚和美国的参与者，这三个国家代表了不同的地区、文化和经济发展阶段。具体来看文化维度指数，印度（个人主义：48；权力距离：77）和尼日利亚（个人主义：30；权力距离：80），两个国家的个人主义指数均显著低于美国，但权力距离均高于美国（个人主义：91；权力距离：40）。② 调查结果为，来自印度和尼日利亚的参与者更有可能对与人工智能共享控制权持肯定态度，印度参与者说"是"的可能性是美国参与者的 2.23 倍；关于人类司机是否应该完全控制道德决策的问题，尼日利亚和印度参与者则比美国参与者更持反对态度，尼日利亚参与者在显著水平上说"不"的可能性是美国参与者的三倍。③ 因此可以得出结论，来自个人主义和低权力距离文化的人类比来自集体主义文化和高权力距离人类，更有可能期望对人工智能施以更多的控制。韩国科学技术院文化技术研究生院的三名学者以韩国和加拿大的跨文化比较为例，做了无人驾驶汽车道德困境问题研究。韩国是典型的集体主义文化而加拿大则是典型的个人主义文化，两个国家在这一文化维度上具有根本差异。他们的研究结果表明，韩国人更倾向于做出强调司机的群体责任和尽可能多地保护群体利益的决定，这与集体文化的特征相匹配；另一方面，加

---

① 参见 Wan Y., Akpan E. and Guo H., "The Cultural Influence of Control Sharing in Autonomous Driving", *International Journal of Technoethics* (*IJT*), Vol. 13, No. 1, 2022。
② 参见 Wan Y., Akpan E. and Guo H., "The Cultural Influence of Control Sharing in Autonomous Driving", *International Journal of Technoethics* (*IJT*), Vol. 13, No. 1, 2022。
③ 参见 Wan Y., Akpan E. and Guo H., "The Cultural Influence of Control Sharing in Autonomous Driving", *International Journal of Technoethics* (*IJT*), Vol. 13, No. 1, 2022。

拿大人表现出更功利的决定，这在西方文化中是更为普遍的。①

第三节　跨文化机器人伦理问题

　　从本质上看，机器人的历史是科学、工程、哲学、政治和文化多学科的交叉。"机器人"这个概念很古老，但直到近年来，随着人形机器人和宠物机器人被商业化生产出现在人们的日常生活中，机器人才在社会中不断扮演更复杂的角色，被应用于教育、艺术、娱乐、医疗等多种领域，不再仅仅是工业中的劳动者。然而，机器人更新迭代的速度快，人类的观点却尚未转变过来，不同国家的人面对各种新类型的机器人时，往往有着不同的态度，这是由多种因素综合作用的结果。历史层面上，上百甚至上千年来哲学思想、宗教观念和历史事件的浪潮重叠，造就了人类与人工的概念。从当今视角上看，机器人在人类社会的存在程度、媒体传播的机器人形象等因素都会造成不同国家间面对机器人心理反应的差异。日本学者特洛瓦托（Gabriele Trovato et al.）等将其总结为四项原则，万物是否有灵的观念影响机器人的社会属性，人类中心主义和与上帝的距离影响机器人与人的相似度，生物保守主义与超人类主义影响是否要改造人类生物学，历史经验则主要影响把机器人加入劳动究竟是抢夺人类的工作还是人类工作的帮手。② 各国的文化背景不同，导致不同国家偏好的机器人与对机器人的整体态度不同。西方制造的机器人可能不会被东方接受，反之，在东方开发的机器人也可能不会被西方接受。

　　机器人的外观与功能设计服务于市场需求，服务于人们的偏好。与消费者互动并为消费者提供服务的实体机器人在商店、餐馆和私人住宅中都扮演着新的角色，且实体机器人的市场仍在快速增长。机器人与人的互动越来越

---

　　① 参见 Rhim J., Lee G. and Lee J. H., "Human moral reasoning types in autonomous vehicle moral dilemma: A cross-cultural comparison of Korea and Canada", *Computers in Human Behavior*, Vol. 102, 2020。
　　② 参见 Trovato G. et al., "Cross-Cultural Timeline of the History of Thought of the Artificial", paper delivered to Social Robotics – 13th International Conference, sponsored by the Springer Science and Business Media Deutschland GmbH, Singapore, November 10–13, 2021。

普遍，一个重要的影响人们对机器人接受程度的因素是机器人的外观和行为与人类的相似度。麦克多曼（K. F. MacDorman）展示了机器人的外观和使用环境对人类对机器人接受度的影响。[1] 戈茨（J. Goetz）等提出了一个"匹配假说"来探索机器人外表与任务之间的关系，发现更顺利进行的任务与更受喜爱的外表相匹配。[2] 这些研究表明，在设计机器人时考虑人类对机器人的偏好，包括外观类型和执行任务的方式，是很重要的。普遍的共识是，对特定机器人外观和行为的偏好取决于它所在的社会领域。这一点可以在许多学者的实验中得到验证。一项大规模的调查发现，相对于韩国参与者和美国参与者，日本参与者更倾向于认为机器人具有人类的特征，如自主性和情感能力。[3] 一项比较日本参与者和欧洲参与者的调查发现，这两个群体对机器人的总体态度相似，然而，日本参与者比欧洲参与者更倾向于机器人应该长得像人，欧洲参与者虽然整体上与机器人互动更多，却对人形机器人的负面感受更多。[4] 希杜贾曼（Mohammad Shidujaman）等以来自日本、中国、泰国和孟加拉国的二十多名参与者为样本做了一项用户实验，发现机器人因手势风格、问候行为不同导致人类感知及用户评价的不同，这受到不同国家的人类问候习惯与社会环境的影响。[5] 铃木等学者从生物学角度证明这一点，他们的实验发现，当日本参与者观看机器人的日本风格手势和问候时，初级运动皮层被激活，它表明，文化敏感的感知可以在神经元水平上得到证明，我们的大脑

---

[1] 参见 MacDorman K. F., "Subjective ratings of robot video clips for human likeness, familiarity, and eeriness: An exploration of the uncanny valley", *ICCS/CogSci - 2006 long symposium: Toward social mechanisms of android science*, 2006。

[2] 参见 Goetz J., Kiesler S. and Powers A., "Matching robot appearance and behaviors to tasks to improve human-robot cooperation", paper delivered to The 12th IEEE International Workshop on Robot and Human Interactive Communication, sponsored by IEEE, Millbrae, November 02-02, 2003。

[3] 参见 Nomura T. et al., "What people assume about humanoid and animal-type robots: Cross-cultural analysis between Japan, Korea, and the United States", *International Journal of Humanoid Robotics*, Vol. 5, No. 1, March 2008。

[4] 参见 Nomura T., Syrdal D. S. and Dautenhahn K., "Differences on social acceptance of humanoid robots between Japan and the UK", paper delivered to the 4th International symposium on new frontiers in human-robot interaction, sponsored by the AISB'15 Convention, Canterbury, April 21-22, 2015。

[5] 参见 Shidujaman M. and Haipeng Mi., "Which Country Are You from?" A Cross-Cultural Study on Greeting Interaction Design for Social Robots, In Rau PL., eds *Cross-Cultural Design. Methods, Tools, and User*, Berlin, Springer-Verlag, 2018。

根据我们的文化身份发展文化特异性。① 也有学者认为，这种偏好实际上受到个体差异的影响，有些人更喜欢高大的人形机器人，而另一些人则更喜欢机械外观的机器人，上述从特定的社会环境中抽象出对特定机器人身体类型的偏好是片面的，关于对机器人的内隐和外显态度的研究应该在特定的使用环境中构建实验。总而言之，以上的研究都表明了文化差异在对机器人风格偏好方面的作用，并重申了尼尔·布朗（o'Neill-Brown）的建议，即社交机器人设计应符合用户的需求，以优化社会互动。② 但也有存在共性的两个缺陷。首先，实验中大多参与者并没有在现实生活中与机器人互动，而只是看了机器人的图片和阅读机器人相关的描述，当人们与机器人面对面时，他们的反应可能会有所不同。其次，忽视了年龄、学历等影响，只集中于表面，而没有探究背后的深层文化原因进而做出确定性的关联。因此，以上实验中只能证明对不同种类机器人的显性态度存在跨文化差异，但这些差异并不一定伴随着隐性差异。

人们对机器人的态度、信任度和接受程度也会由于用户的文化背景和国籍不同表现出差异。韦尔和罗森在对来自23个国家的3392名大学生进行社会研究的基础上发现，技术恐惧症存在一些文化差异，特别是在对人工智能的焦虑和态度方面。③ 李定军等三名学者发现了对机器人的感知和喜爱程度的文化差异，他们的实验结果表明，韩国和中国参与者相比于德国参与者更满意和喜爱机器人，德国人由于文化观念中深植的男性文化和个人主义，从而希望对机器人有更多的控制权。④ 日本被普遍认为是对机器人包容度最高的国家，背后有两方面原因，其一是日本政府大量使用和推广社交服务机器人以

---

① 参见 Suzuki S., Fujimoto Y. and Yamaguchi T., "Can differences of nationalities be induced and measured by robot gesture communication?", *2011 4th international conference on human system interactions*, May 2011。
② 参见 O'Neill-Brown P., "Setting the stage for the culturally adaptive agent", *Proceedings of the 1997 AAAI fall symposium on socially intelligent agents*, Menlo Park, CA: AAAI Press, 1997。
③ 参见 Weil M. M. and Rosen L. D., "The psychological impact of technology from a global perspective: A study of technological sophistication and technophobia in university students from twenty-three countries", *Computers in Human Behavior*, Vol. 11, No. 1, March 1995。
④ 参见 Li D. J., Rau P. P. and Li Y., "A cross-cultural study: Effect of robot appearance and task", *International Journal of Social Robotics*, Vol. 2, No. 2, 2010。

应对人口老龄化和出生率下降带来的社会挑战①,其二是受到日本传统神道教的影响,日本机器人在媒体曝光中通常被描绘成英雄和正义的形象且拥有自己的灵魂(例如哆啦a梦、阿童木),这与西方媒体中被表现为邪恶和暴力的机器人形成鲜明对比。与日本人类似,韩国人也以对机器人尤其是服务机器人持开放态度而闻名,甚至普遍接受机器人作为社会的一分子。② 一项关于在教育中使用机器人的研究表明,韩国父母在为孩子使用辅导机器人的意愿方面排名第一,超过了日本和西班牙父母。③ 日本学者野村达也通过机器人假设问卷对日本、韩国和美国的大学生进行了调查,发现日本学生倾向于将人形机器人与人类的关系等同于人类之间的关系,对人形机器人的情感能力的假设也高于韩国和美国学生,而韩国和美国学生倾向于将这些关系等同于人类与他们的工具之间的关系。对于人形机器人,日本学生比韩国和美国学生更倾向于认为它们可以在家里扮演沟通伙伴的角色,而韩国学生比日本和美国学生更倾向于认为它们可以在办公室执行智能任务。④ 文化传统相近的国家,也会受到现代科技文明发展进度的影响,例如中国与伊朗,古代史与近代史都具有很高的相似性,而一项关于伊朗与中国文化差异对机器人可接受性的影响研究表明,中国和伊朗受访者对机器人的接受程度存在差异,中国组的平均值略高于伊朗组,这可能与两国之间的科技发展差异有关——中国的工业和技术比伊朗更为先进。⑤ 尽管文化是如何具体影响人们对类人机器人的偏好的问题仍然是一个未解之谜,但由以上研究结果可以确定的是,个人对机器人的看法与态度很大程度上诚然会受到文化影响,这为进一步研究开发不

---

① 参见 Lufkin B., "What the world can learn from Japan's robots", agora dialogue, February 2020, https://forum.agora-dialogue.com/2020/02/06/what-the-world-can-learn-from-japans-robots/。
② 参见 Li D., Rau P. P. and Li Y., "A cross-cultural study: Effect of robot appearance and task", *International Journal of Social Robotics*, Vol. 2, No. 2, 2010。
③ 参见 Han J. et al., "The Cross-cultural acceptance of tutoring robots with augmented reality services", *J. Digit. Content Technol. its Appl*, Vol. 3, 2009。
④ 参见 Nomura T. et al., "What people assume about humanoid and Animal-type robots: Cross-cultural analysis Between Japan, Korea, and the United States", *International Journal of Humanoid Robotics*, Vol. 5, No. 1, March 2008。
⑤ 参见 Alemi M. and Abdollahi A., "A cross-cultural investigation on attitudes towards social robots: Iranian and Chinese university students", *Journal of Higher Education Policy and Leadership Studies*, Vol. 2, No. 3, 2021。

同地区文化可被接受的机器人提供了广阔前景。当然，随着工业化国家的全球化和标准化发展，也可能会减少人们对机器人接受程度的差异，这也为未来跨文化机器人伦理的研究指引了方向。

除了文化对机器人设计与接受度的影响外，机器人也对文化起着一定的反作用。科克尔伯格就采用维特根斯坦的哲学框架，提出技术人工制品的意义总是与它们的使用、活动以及它所嵌入的生活形式有关。一方面，技术被嵌入现有的文化环境中，为特定的文化范式所影响。另一方面，技术也有助于改变这种文化和生活形式，它可以改变游戏规则，成为游戏的一部分。科克尔伯格所提出的"Ubuntu机器人"不再单向性地为满足人类的某种特定需求而服务，而是真正成为人类社会的一分子，在与人类的互动中不断学习，并帮助我们参与文化对话，反思我们自己的文化，改变我们做事的方式。① 随着机器人不断深入人类社会，了解机器人如何帮助人类沟通、建立社区、深入了解现实的本质，是未来人机交互关系的重要课题。

以计算机、互联网、机器学习算法技术为核心的跨文化人工智能伦理所实现的不仅是伦理问题驱动源的改变，而且相关伦理问题本身的广度和所要解决的问题的复杂程度都得到了拓展。

> 因此，在一个包含不同宗教在内的如此多元的文化、法律和社会系统中，计算机技术已经开始产生了社会的和伦理的后果。计算机技术的全球性影响将会产生一个新的被全世界所共享的"全球伦理"吗？或者计算机所产生的社会和伦理的后果在国与国之间会有很大的变化吗？②

在信息化、全球化的今天，时代背景愈加复杂，各种文化互相交融和碰撞，伦理与文化紧密相连，从一定程度上说，道德伦理观念是文化的具体体现，不同的文化背景既会导致伦理观念的互融相通，也会导致伦理观念的相

---

① 参见 Coeckelbergh M., "The Ubuntu Robot: Towards a Relational Conceptual Framework for Intercultural Robotics", *Science and Engineering Ethics*, Vol. 28, No. 16, 2022。

② Bynum T. W. and Rogerson S., "Introduction and overview: Global information ethics", *Science and engineering ethics*, Vol. 2, No. 2, 1996.

互冲突。在全球化、信息化的背景下，人工智能伦理问题理所必然地带有全球化色彩，其背后所隐藏的是各种文化的冲突和融合。因此，对人工智能伦理问题的研究不应只局限于本土，而应当结合不同的文化背景来解读。解读的目的是解决问题，其中的一个思路是，发挥人工智能伦理治理共同体的能动性，从宏观上构建兼容性的全球人工智能伦理原则来应对人工智能伦理的跨文化挑战。下面章节将围绕不同文化中的价值、语言等方面的差异来讨论跨文化人工智能伦理原则构建的现实障碍，并针对这些障碍提出可行的突破路径。

第二章 跨文化人工智能伦理原则的构建障碍及其突破

第一节 跨文化价值观差异及其解决路径

伦理学的道德基础恰恰是价值，它显明"德行之所以然"，舍勒和哈特曼等伦理学家对此进行过深刻的论述。另外，价值不仅是伦理学的道德基础，也是文化的核心问题。文化与价值观内在相连，任何文化都承载着一定的价值观，是一定价值观的体现。既然价值既是伦理学的基础问题，又是文化的核心问题，那么它当之无愧就是文化与伦理问题的天然黏合剂，跨文化人工智能伦理的研究必然需要价值伦理理论的贯入。虽然有观点认为关于文化之间价值观念差异的具体体现是一种未经检验的刻板印象[①]，但这种差异确实是客观存在的。"全球（Global leadership and organizational behavior effectiveness）"项目就将 61 个国家分成了 10 个文化集群：如中国、日本、韩国的儒家文化群，英国、美国、澳达利亚、加拿大、新西兰的盎格鲁-撒克逊文化群，奥地利、瑞士、荷兰、德国的日耳曼文化群。[②] 道德机器实验中也发现存在三个不同道德偏好的"道德聚类"：北美和许多欧洲国家的新教、天主教和东正教文化群体；东亚儒家文化圈的中国、日本和韩国等国家；中美洲和南美洲的拉丁美洲国家，

---

① 参见 Whittlestone J. et al., *Ethical and societal implications of algorithms, data, and artificial intelligence: a roadmap for research*, London: Nuffield Foundation, 2019。

② 参见 House R. J. et al., *Culture, Leadership, and Organizations: The Global Study of 62 Societies*, London: Sage, 2004。

以及一部分受法国影响的国家。①"全球"项目给出了9个衡量国家价值观差异的标准：权力距离、不确定性规避、人本导向、制度集体主义、群体内集体主义、自信、性别平等、未来导向、绩效导向。②莫伊（Mooij）等也提出了比较不同文化价值观念的六个维度：权力距离、个人主义（Individualism）与集体主义、不确定性的规避、长期取向和短期取向、男性偏向与女性偏向、放纵与自我约束。③陈来在比较中西文化时也提出中华文明的价值偏好是责任先于权利，义务先于自由，社群高于个人，和谐高于冲突以及天人合一高于主客二分。④因此，不同文化传统下的政府、社会、公民在对AI的研究、使用、管理上也必然会有着不同的价值偏好，从而导致AI伦理原则的构建有着文化特异性。本节将从个人主义与集体主义、谨慎与乐观、公平与效率三方面价值偏好切入，剖析中国与欧美在人工智能伦理原则制定过程中所体现的跨文化分歧。

一 个人主义与集体主义差异

个人主义与集体主义差异维度反映了社会成员之间相互依存关系的紧密程度。在个人主义文化中，个体被视为独立自主的实体，其个人权利和利益享有优先地位；而在集体主义文化里，个人的身份和利益往往依附于所属群体，集体利益高于个人或者个人利益通过集体利益来实现。欧洲、北美通常被认为是崇尚个人主义的社会，个人主义在这样的文化中多被视为褒义词，而在东方则多被视为贬义词。当涉及违反规范和对道德错误的相关看法时，西方人更倾向于根据代理能力（如自由意志）做出决定，而东亚人则更强调违规行为危害公共福利或偏离社会规范的程度。⑤而植根于儒家文化的中国

---

① 参见 Awad E. et al., "The moral machine experiment", *Nature*, Vol. 563, No. 7729, 2018。
② 参见 House R. J. et al., *Culture, Leadership, and Organizations: The Global Study of 62 Societies*, London: Sage, 2004。
③ 参见 De Mooij M. and Hofstede G., "The Hofstede model: Applications to global branding and advertising strategy and research", *International Journal of advertising*, Vol. 29, No. 1, 2010。
④ 参见陈来《中华文明的价值偏好与现代性价值的差异》，《人民教育》2016年第19期。
⑤ 参见 Dong M. et al., "Self-interest bias in the COVID-19 pandemic: A cross-cultural comparison between the United States and China", *Journal of Cross-Cultural Psychology*, Vol. 52, No. 7, 2021。

常被认为是一个集体主义社会，纵观中国文化史，诸如"先天下之忧而忧，后天下之乐而乐""苟利国家生死以，岂因祸福避趋之"之类强调国家利益高于个人利益的诗词格言比比皆是。作为古代知识分子的毕生追求的"修身、齐家、治国、平天下"，虽然其中也强调个体的"修身、齐家"，但"治国、平天下"才是个人"修身、齐家"的终极目的。崇尚个人主义的文化群体和崇尚集体主义的文化群体在设计人工智能算法时会有不同的价值导向，在"道德机器实验（the moral machine experiment）"中研究者就发现生活在集体主义文化地区的人倾向于拯救老年人，而生活在个人主义文化地区的人由于强调个体的强弱，倾向于牺牲老年人，拯救更多年轻人。① 同样，对于无人驾驶汽车做出的其他价值判断，这两个群体也显示了差异。在人工智能招聘实验研究中，相比于个人主义者，集体主义者认为 AI 做出的选择更公平。② 这是因为相对于 AI 评委，人类面试官更加"灵活"，个人主义者可能向面试官展示更多规定考察内容之外的特质。

（一）基于个人主义的欧美"隐私"伦理差异

就人工智能伦理原则的差异性来说，"隐私"伦理原则表现最为典型。美国《人工智能应用监管指南》、欧盟《可信人工智能的道德准则》、中国《新一代人工智能伦理规范》都明确提出过"隐私"条款。"隐私"与生俱来地存在于个人主义传统中，

> 隐私作为一种有用的善，直接与独立自我的这一基本现实有关：当隐私作为一种培养自我意识、个体自治、亲密关系和其他能力的手段时，它是十分重要的。③

很明显，个体意识和能力的发展离不开"隐私"。美国和欧洲崇尚个人主

---

① 参见 Awad E. et al., "The moral machine experiment", *Nature*, Vol. 563, No. 7729, 2018。
② 参见 MA Y. and Deng Z., "Less Opportunity or More Equity? Implications of Individualism and Collectivism on Applicants' Reaction to Ai Selection", *SSRN Electronic Journal*, 2022。
③ Ess C., "Ethical pluralism and global information ethics", *Ethics and Information Technology*, Vol. 8, No. 4, 2006.

义，都十分注重个体的隐私权保护，但是欧美之间也存在文化的差异性，这种差异的存在导致美国和欧洲对于人工智能隐私伦理原则的制定有着不同的偏好。

美国可能会更多地依赖功利主义的方式来解决一些冲突——特别是通过"风险/利益"分析的形式。①

相比之下，至少在理想的层面上，欧洲更倾向于强调道义论的方法。②

功利主义看重的是利益最大化，而道义论看重的是道德义务，这两种传统有着明显的不同，当它们作用于隐私伦理问题时会出现不同的结果。

在伦理层面上，更注重功利主义的美国路径和更注重道义论的欧洲路径存在差别。就美国的功利主义而言，它更有可能注重于成本—收益分析而忽略对主要权利和责任的关注。就欧洲的道义论而言，它更强调保护个人权利——首先是隐私权——甚至以放弃那些造福于大多数人的方案为代价。③

立足于美国的功利主义偏好，其在制定隐私伦理条款时如果牺牲一小部分人的隐私权能够换来对更多人的隐私权的保护是可行的，在追求收益大于成本的功利主义原则的指导下，对于大多数人的隐私权的保护是第一位的。相反，立足于欧洲传统，他们不会采取这种做法，他们宁可放弃造福于大多数人的方案，也不会去损害任何人的隐私权，在道义论的指导下，对每个个体隐私权的保护是第一位的。

欧美这种文化偏好在具体伦理监管实践中也有所体现。美国对隐私的监管往往让位于其他原则，到目前为止，美国政府在对科技企业的监管中

---

① Ess C. and the AoIR ethics working committee, *Ethical decision-making and Internet research: Recommendations from the aoir ethics working committee*, New Castle County, State of Delaware：AoIR, 2002.

② Ess C. and the AoIR ethics working committee, *Ethical decision-making and Internet research: Recommendations from the aoir ethics working committee*, New Castle County, State of Delaware：AoIR, 2002.

③ Ess C. and the AoIR ethics working committee, *Ethical decision-making and Internet research: Recommendations from the aoir ethics working committee*, New Castle County, State of Delaware：AoIR, 2002.

都保持克制，他们更倾向于将权力交给科技公司，让公司进行自我监管。2012年公布的《消费者隐私权利法案》，其目的是为用户提供法律工具来保护自己的隐私，但却受到各方攻击，科技公司认为该法案会导致严苛的监管而扼杀创新，最终导致美国国会尚未出台全面的联邦隐私法对数据隐私进行监管。① 相比之下，欧州更倾向于由政府，而不是放权给科技公司来负责监管。比如，在2016年欧盟会议通过了《通用数据保护条例》，严格规定了规定了个人数据的处理、存储和管理规则。可见，尽管美国和欧洲都强调隐私权保护的重要性，只是由于各自的文化传统的不同，而导致了各有偏差。我们可以将重视信息隐私权看作欧美之间的共同规范或价值，而它们之间的偏差则可以看作对共同规范或价值的不同阐释。

（二）基于集体主义的"隐私"伦理

一般来说，儒家思想通常被理解为集体主义的文化代表。② 在中国的集体主义传统中，隐私的概念难以充分发展。儒家思想历来强调"大公无私""光明磊落"等理念，主张应当为集体利益牺牲个人私利，在儒家的纲常伦理关系中，个人的隐私并非源于个人自主性。③ 例如，家庭成员之间信息高度渗透，并不被视为侵犯隐私，反而被认为是亲近、友好和关心的表现。换而言之，儒家语境下的隐私，是以群体内部的个人而非与群体对立的个人为基础，是将隐私的追求作为个人与社会的共同善而非个人利益的实现。④ 集体主义社会的成员更多地受到群体规范和传统权威的引导，对他们来说，隐私更多的属于家庭或集体而不是个人。⑤

---

① 参见 Brendan Sasso., "Obama's 'Privacy Bill of Rights'Gets Bashed from All Sides", The Atlantic, February 2015, https://www.theatlantic.com/politics/archive/2015/02/obamas-privacy-bill-of-rights-gets-bashed-from-all-sides/456576/。

② 参见 Ess C., "Ethical pluralism and global information ethics", Ethics and Information Technology, Vol. 8, No. 4, 2006。

③ 参见王亮《全球信息伦理何以可能？——基于查尔斯跨文化视野的伦理多元主义》，《自然辩证法研究》2018第4期。

④ 参见冯小强《儒家传统中的隐私观念——基于《礼记·曲礼》几个条目的论析》，《天府新论》2020年第6期。

⑤ 参见 Hagerty A. and Rubinov I., "Global AI ethics: a review of the social impacts and ethical implications of artificial intelligence", ArXiv, Vol. 1907.07892, 2019。

但近年来，随着社会、经济、技术的发展，在拥有儒家传统的国家和地区的公民也越来越多从个体角度看待隐私，对于隐私权利的保护也逐渐增强。早在2001年最高人民法院颁布了《关于确定民事侵权精神损害赔偿责任若干问题的解释》，其第1条第2款直接规定了对于隐私权的保护。① 作为人工智能伦理治理的导向性文件，国家新一代人工智能治理专业委员会发布的《新一代人工智能伦理规范》就明确提出：

> 保护隐私安全。充分尊重个人信息知情、同意等权利，依照合法、正当、必要和诚信原则处理个人信息，保障个人隐私与数据安全，不得损害个人合法数据权益，不得以窃取、篡改、泄露等方式非法收集利用个人信息，不得侵害个人隐私权。②

在2021年11月，工信部发布的《"十四五"大数据产业发展规划》对隐私计算、数据脱敏、密码等数据安全技术与产品的研发做了规划和部署。③ 2022年3月20日中共中央办公厅、国务院办公厅印发了《关于加强科技伦理治理的意见》，提出要明确科技伦理原则，尊重人格尊严和个人隐私。④

二 谨慎与乐观

谨慎与乐观维度旨在反映不同文化群体对待技术潜在风险的感受程度和态度分歧，以及倾向于制定何种程度的规范性措施。对技术应用持谨慎态度的群体更关注技术对人的竞争性或侵害性，倾向于将规避风险放在首位；持

---

① 参见《最高人民法院关于确定民事侵权精神损害赔偿责任若干问题的解释》，《中华人民共和国最高法院公报》，http://gongbao.court.gov.cn/Details/87b471350704bf50ce1f5e0f9a0e21.html，2001年2月26日。
② 国家新一代人工智能治理专业委员会：《新一代人工智能伦理规范》，《中华人民共和国科学技术部》，https://www.most.gov.cn/kjbgz/202109/t20210926_177063.html，2021年9月26日。
③ 参见《"十四五"大数据产业发展规划》，《工业和信息化部》，https://www.gov.cn/zhengce/zhengceku/2021-11/30/5655089/files/d1db3abb2dff4c859ee49850b63b07e2.pdf，2021年11月15日。
④ 参见《关于加强科技伦理治理的意见》，《中国政府网》，https://www.gov.cn/zhengce/2022-03/20/content_5680105.htm#：~：text，2022年3月20日。

乐观开放态度的群体会优先考虑技术所带来的效益，更关注技术的应用和创新；而对技术持务实态度的群体则处于谨慎与乐观之间，他们会在鼓励创新发展和加强风险管控之间寻求平衡。

（一）欧洲的技术审慎

欧洲作为西方哲学的发源地，拥有悠久的哲学思辨传统，早在古希腊时期柏拉图在其对话录中，尤其是《斐德罗篇》和《理想国》中，就表现出对技术持有双重态度：一方面，他认识到技术对于满足人类物质需求的重要性；另一方面，他担忧技术可能导致工匠（demiurge）过度追求外在效果而忽视内在灵魂的提升。到了近代随着工业革命的兴起，工业化带来的诸如自然环境破坏、贫富分化等问题，特别是两次世界大战后，作为主战场的欧洲满目疮痍，种种人类科技造物反噬人类自身现象，使得技术的反思和批判变得更加紧迫和深入。从现象学、存在主义、法兰克福学派到后现代主义，众多哲学流派和社会思潮都对技术理性进行了深入的反思，这种文化传统很大程度上塑造了对技术审慎的现状。

针对人工智能可能带来的种种问题，在2019年欧盟颁布了《可信赖人工智能伦理准则》（本段简称《准则》），率先提出需要对人工智能进行监管。尽管许多科技公司制定了各种伦理准则来降低人工智能相关的风险，但欧盟认为，自我监管是不够的，科技公司自己制定的伦理准则无法替代具有法律约束力的文件。在《准则》中欧盟就要求"确保人类、环境和生态系统的安全"，对人工智能整个生命周期的责任和问责列出了四点明确规定：可审核性、最小化负面影响、权衡、赔偿。[①] 此外，《准则》对人工智能的透明性也做了规定，要求人工智能系统不仅要做到技术上的透明，而且人工智能系统的运用过程也应当是透明的（人工智能开发公司、管理机构应当在现实中践行这个原则）。[②] 欧盟的人工智能伦理准则倾向于 AI 会对人权保护产生负面影

---

① 参见 the High-Level Expert Group on AI, "Ethics Guidelines for Trustworthy AI", European Commission, April 2019, https://www.europarl.europa.eu/cmsdata/196377/AI%20HLEG_Ethics%20Guidelines%20for%20Trustworthy%20AI.pdf.

② 参见 the High-Level Expert Group on AI, "Ethics Guidelines for Trustworthy AI", European Commission, April 2019, https://www.europarl.europa.eu/cmsdata/196377/AI%20HLEG_Ethics%20Guidelines%20for%20Trustworthy%20AI.pdf.

响，乃至在具体准则的表述中经常用到"胁迫""欺骗"等词语。《准则》还提出"与 AI 系统互动的人类必须能够对自己保持充分和有效的自决，并能够参与民主进程"，这一伦理条款对 AI 能力上限做出了规定，限制了能够欺骗、操纵、胁迫人类的 AI 的出现。①

（二）美国的冒险精神与"技术优先"

虽然与欧洲文明同出一源，相比欧盟基于审慎态度的"技术中立"，美国更偏好于遵循"技术优先"原则。尽管美国也表示需要在风险与创新之间实现平衡，但相对而言，美国更加强调技术创新的重要性。② 因此，他们对科技行业的监管总体保持克制态度，更多采取相对宽松的"轻触式"（light-touch）监管方式，其中最具代表性的是 1996 年颁布的《通信规范法》（the Communications Decency Act, 1996），该法案规定了互联网公司不必为平台上的第三方内容承担法律责任，即使用户在社交网站发表仇恨、诽谤言论，社交网站公司也不会被追究责任。③

冒险精神是美国文化的一个重要特质，美国哲学家詹姆士认为宇宙是富于冒险性的。④ 也就是说在美国文化里，生存是充满风险的，只有敢于冒险、积极进取才能化解风险，取得成功。巴布鲁克和卡梅隆把美国这种基于冒险的技术乐观主义归结于起源于 20 世纪 90 年代的"加州意识形态"（The Californian Ideology）⑤，加州作为美国开创性技术的发源地，塑造了包括苹果、谷歌、英伟达等科技巨头，许多企业家在以营利为目的之外还抱有一种通过追求创新、技术进步来改变世界的理想主义，并排斥监管，认为监管是创新的障碍。一个例子可以很好反映欧盟与美国这种价值观差异。2021 年苹果公司准备在苹果手机中推出检测儿童性虐待内容的技术，但却遭到了媒体、消费

---

① 参见 the High-Level Expert Group on AI, "Ethics Guidelines for Trustworthy AI", European Commission, April 2019, https://www.europarl.europa.eu/cmsdata/196377/AI%20HLEG_Ethics%20Guidelines%20for%20Trustworthy%20AI.pdf.
② 参见汤柳《美欧金融监管政策偏好的形成逻辑及其比较》，《金融评论》2022 年第 6 期。
③ 参见严少敏《美国的网络平台法律责主题报告》，《中国人民大学未来法治研究院》，http://lti.ruc.edu.cn/sy/xwdt/wlfdsh/0d384c59e13440f595300d1f4f6099f0.htm，2019 年 9 月 12 日。
④ 参见［美］威廉·詹姆士《实用主义 一些旧思想方法的新名称》，陈羽纶、孙瑞禾译，商务印书馆 1979 年版。
⑤ 参见 Barbrook R. and Cameron A., "The Californian Ideology", Science as Culture, Vol. 6, No. 1, 1996.

者的广泛反对，相反，欧盟则在2022年提出了打击网上儿童性虐待内容的提案，要求科技平台检测针对儿童的非法内容，并向欧盟报告。在美国《人工智能应用监管指南》中也可以窥见，美国政府侧重于对人工智能风险的评估和管理，仅指出要确定"哪些风险是可以接受的，哪些风险是不可接受的"①。这与欧盟对人工智能安全、问责的全面规制形成了鲜明对比。另外，在美国《人工智能应用监管指南》中的第一条"鼓励人工智能创新和发展"提道："美国政府的政策是维持并加强美国在科学、技术和经济方面的领导地位"，因此为了鼓励人工智能的创新和发展，"各个机构应考虑放弃监管行动"，可见美国对技术的"信任"也是其保持领先地位和技术霸权的需要。②

（三）中国科技政策的务实性

"'经世致用'是我国技术选择的一种导向和社会评估标准。"③ 经世致用的思想早在先秦时期诸子百家中已初见端倪，司马谈在《论六家要旨》中总结道："夫阴阳、儒、墨、名、法、道德，此务为治者也，直所从言之异路，有省不省耳。"在"经世致用"思想的影响下，我们更强调技术的经济效益和社会效益的有机统一，即使某些技术具有巨大的经济效益，但当其对社会的产生负面影响时，仍然应当严格限制。此外，"实事求是"也是中华民族的文化特质之一，东汉人班固提出"修学好古，实事求是"（《汉书·景十三王传》）。此后，唐代学者颜师古在注《汉书》时将"实事求是"解释为"务得事实，每求真是也"④。今天，"实事求是"已经成为中国共产党的重要法宝，在革命建设和改革过程中不断深化成为一种政党文化，也使得其不仅仅是共产党人的思想路线，更深入中国社会生活的方方面面，是当代中华文化的精神内核之一。

在"经世致用"和"实事求是"两种思想的影响下，中国对人工智能技

---

① Russell T. Vought, "Guidance for Regulation of Artificial Intelligence Applications", The White House, November 2020, https：//www.whitehouse.gov/wp-content/uploads/2020/01/Draft-OMB-Memo-on-Regulation-of-AI-1-7-19.pdf#：~：text=.

② Russell T. Vought, "Guidance for Regulation of Artificial Intelligence Applications", The White House, November 2020, https：//www.whitehouse.gov/wp-content/uploads/2020/01/Draft-OMB-Memo-on-Regulation-of-AI-1-7-19.pdf#：~：text=.

③ 王前：《"道""技"之间：中国文化背景的技术哲学》，人民出版社2009版，第84页。

④ （汉）班固撰：《汉书》，颜师古注，中华书局1962年版。

术的态度体现务实性。**一方面，中国政府强调创新是引领发展的第一动力，鼓励科技企业通过创新来推动高质量发展。**2023年12月的中央经济工作会议也提出要大力推进新型工业化，发展数字经济，加快推动人工智能发展。① **另一方面，针对高新技术带来的负面影响，中国政府注意引导科技向善。**2021年国家新一代人工智能治理专业委员会发布了《新一代人工智能伦理规范》，对人工智能风险的预判、监测、评估、预警、管理、处置等都做了规定，同时，中国还强调要在算法设计、实现和应用等环节增强安全透明。② 当ChatGPT在全球掀起热潮后，面对数据安全、算法安全等风险，2023年7月13日，网信办会同七部委联合发布《生成式人工智能服务管理暂行办法》，作为全球第一部针对生成式人工智能的规范文件，反映出中国政府有决心防范化解各种风险，确保人工智能技术健康发展。③ 总的来说，中国对人工智能技术采取务实态度，在鼓励创新和应用的同时，也注重完善安全治理体系，推动人工智能健康、安全、可控发展。

三 公平与效率

公平与效率维度旨在反映不同文化群体在资源分配理念上的根本分歧：一种观点强调资源和权利的平等分配，以实现社会公平正义，满足全体成员的基本需求权益；另一种观点则侧重于资源的最优配置和利用效率最大化，以期实现整体社会福利的最大化。两种观点分别源于公平与效率价值取向的差异，体现了文化传统对人工智能伦理治理的深层影响。霍夫斯泰德将权力距离也作为描述公平价值观的一个角度，权力距离被定义为一个国家内机构和组织中权力较弱的成员期望和接受权力分配不均的程度。④ 怡龙和奥（Eylon & Au）研究发现东亚群体和北美群体在被"授予权利"时表现不同，北

---

① 参见《中央经济工作会议在北京举行 习近平发表重要讲话》，新华社，2023年12月12日。
② 参见国家新一代人工智能治理专业委员会：《新一代人工智能伦理规范》，《中华人民共和国科学技术部》，https://www.most.gov.cn/kjbgz/202109/t20210926_177063.html，2021年9月26日。
③ 参见《生成式人工智能服务管理暂行办法》，《中国政府网》，https://www.gov.cn/zhengce/zhengceku/202307/content_6891752.htm，2023年7月10日。
④ 参见Hofstede G., "Dimensionalizing Cultures: The Hofstede Model in Context", *Online readings in psychology and culture*, Vol. 2, No. 1, 2011。

美文化圈群体权力距离得分较低，他们更希望在一个开明的领导者手下工作；而东亚文化圈群体权力距离得分较高，他们更希望在一个社会结构化程度高、责任较为明确的条件下工作。① 权力平等观念的差异反映在 AI 伦理设计上，表现为 AI 是否应掌握在少数人手中，AI 是否应对公民公开透明等。权力距离得分低的社会对这些问题较为关注，相反权力距离得分高的社会不太关心这类问题。公平问题也体现在社会的性别偏向上，性别问题影响了男性和女性获得机会的差别（接受教育、就业等），也阻碍了人工智能伦理设计。有研究就指出自然语言处理（NLP）模型能够加剧数据训练集中存在的偏见现象，如果训练集中 80% 的"秘书"是女性，那么基于该数据集所训练的模型预测中 90% 的"秘书"是指女性。② 哈根多夫（Hagendorf）通过对 AI 伦理文件的梳理发现，AI 伦理文件设计者中男性偏多，主要以"男性方式"来起草 AI 伦理规范，由此导致这些文件中几乎都讨论到问责制、公平、隐私方面的问题，而几乎没有护理、养育、帮助、福利、社会责任、生态方面的问题。③ 也就是说，社会的性别偏向以及从事 AI 行业（包括政策治理）的男性和女性比例也会导致 AI 伦理设计的侧重点偏移。

（一）欧美对公平与效率的不同偏好及其文化根源

从对公平与效率的态度上来说，美国一般来说更能够接受不平等，以追求效率，欧盟相对来说追求更平等的财富和权利分配。从而二者的社会福利制度即可窥见其背后文化差异。哥斯塔·艾斯平-安德森（Gosta Esping Andersen）在《福利资本主义的三个世界》中将美国划分为自由型福利国家，而将德国、法国、意大利和奥地利等欧洲国家划分为保守型（或团体型）福利国家。④ 自由型福利国家在财富再分配上更有着自由主义的倾向，更强调个

---

① 参见 Eylon D. and Au K. Y., "Exploring empowerment cross-cultural differences along the power distance dimension", *International Journal of Intercultural Relations*, Vol. 23, No. 3, 1999。

② 参见 Zhao J. et al., "Men also like shopping: Reducing gender bias amplification using corpus-level constraints", *In Proceedings of the 2017 Conference on Empirical Methods in Natural Language Processing*, Association for Computational Linguistics, 2017。

③ 参见 Hagendorff T., "The ethics of AI ethics: An evaluation of guidelines", *Minds and machines*, Vol. 30, No. 1, 2020。

④ 参见［丹麦］考斯塔·艾斯平-安德森《福利资本主义的三个世界》，郑秉文译，法律出版社 2003 版。

人责任，政府只承担兜底补救的作用。而保守型福利国家实行的则更像是一种"从摇篮到坟墓"普救式的制度。工业化后期，剧烈的社会矛盾和贫富分化，孕育了欧洲大陆的左翼思潮，也催生了各种社会运动，工人运动倒逼欧洲各国推出各种社会福利制度，以缓和社会矛盾，加之欧洲各国各个左翼政党（比如英国工党，法国社会党，德国社会民主党等）长期执政的影响，追求财富和权利公平的观念已深深扎根于欧洲社会的文化中。而美国建国初期有着广袤的土地与丰富的资源，这使得那时的美国社会矛盾相较欧洲较为缓和，社会阶层流动性强，有较为宽广的上升通道。19世纪的西进运动便很好反映了这种时代面貌，西部广袤未开发的土地被视作一个相对公平的竞争场，无论出身如何，只要有勇气、决心和勤劳，都有可能在西部获得成功，西进者的故事也成为在美国社会广为流传崇尚的个人主义、自我实现和自由选择的"美国梦"的理想。此外，马克斯·韦伯在《新教伦理与资本主义精神》中所提出的"清教徒伦理"也是很重要的一点，美国的早期移民中，清教徒作为移民的主体，奠定了美国的文化底色，而清教徒伦理倡导对努力工作的尊重和赞赏，勤奋工作导致成功、能带来财富，独立于他人，自主自由等等。① 综合以上两点我们可以看到早期的美国人乐于通过勤奋工作，个人奋斗，获取财富，争取权利，实现自我。换而言之，在他们的观念中机会公平远比结果公平重要。所以我们也不难理解，当今美国社会为何对于科学技术导致的社会不平等的现象容忍程度要高于欧洲。

欧美的这种文化差异并由此产生的公平效率偏好已经体现在了人工智能伦理治理方面。2022年欧盟推出了《数字市场法案》，法案将六家大型科技公司定义为"数字看门人"，其目的是削弱科技巨头公司的权力，防止价格垄断，最终在欧洲议会以588票赞成，11票反对，31票弃权的压倒性多数通过，这反映出欧盟内部对于限制垄断，保护公平竞争的共识。② 除了推出对大

---

① 参见李贵卿、井润田、[美]玛格瑞特·瑞德《儒家工作伦理与新教工作伦理对创新行为的影响：中美跨文化比较》，《当代财经》2016年第9期。
② 参见黄婉仪、郭美婷《苹果、谷歌等5家巨头10年并购616家初创企业！》，《21世纪经济报道》，https://www.21jingji.com/article/20210916/herald/9ee2f306bb5a5abdb62801d8c072fafb.html，2021年9月16日。

型科技公司的反垄断政策。欧盟许多成员国还提议或颁布了数字服务税法案，以期实现更加公平的财富再分配，譬如在 2020 年 10 月，西班牙政府批准《数字服务税法》，对在全球年收入超过 7.5 亿欧元，且在西班牙收入高于 300 万欧元的数字服务企业征收数字服务税。① 此外，欧盟内部采取行动改善数字平台工人（如网约车司机、外卖员等）的生存状况，2021 年欧盟委员会提出了一项草案，草案将会使数字平台工人也享受传统雇工享有的各种劳动和社会权利，要求平台公司关注数字平台工人最低工资、工作时间、失业、医疗保障等各项福利。这反映出欧盟的一种核心价值观："旨在使所有收入群体，特别是最贫穷的群体受益。"② 反观苹果、谷歌、微软等公司在过去十年收购了 616 家初创公司，却几乎没有受到美国政府的监管和限制，即使近年针对大型数字平台的反垄断行动逐步开展，美国国会内部也未形成共识，共和党人倾向于在既有反垄断立法框架下加强执法，而民主党人试图以"新布兰代斯主义"重塑数字平台反垄断体系，价值目标上反对效率优先论。③ 并且美国国会也没有采取行动保护数字平台工人，或者规定数字平台与内容创作者分享收入。④

（二）基于"义利观"的中国科技治理"公平效率论"

不同于美国放任自流和欧盟的严苛立法，中国的科技治理模式倾向于兼顾公平与效率的关系。中国的"公平效率论"根植于传统儒家文化的"义利观"。义，即道义，是一种行为道德准则，就治理模式来说，它体现为"分配正义"；利，即利益、功利，它体现为对效益的追求。中国儒家文化历来主张辩证的"义利观"，"义与利者，人之所两有也"（《荀子·大略》）。一方面

---

① 参见何代欣、周赟媞《数字服务税：各国有共识有差异》，《中国税网》，http://www.ctax-news.com.cn/2023-11/08/content_1032509.html，2023 年 11 月 8 日。

② European Parliament Committee on Employment and Social Affairs, "REPORT on the proposal for a directive of the European Parliament and of the Council on improving working conditions in platform work", European Parliament, December 2022, https://www.europarl.europa.eu/doceo/document/A-9-2022-0301_EN.html#_section1.

③ 参见顾登晨《美国观察丨美数字平台反垄断的时代背景与预期展望》，《复旦发展研究院》，https://fddi.fudan.edu.cn/f2/97/c21253a455319/page.htm，2022 年 8 月 17 日。

④ 参见 Anu Bradford, *Digital Empires: The global battle to regulate technology*, Oxford: Oxford University Press, 2023。

强调"利"的理所当然，正所谓"富与贵，是人之所欲也……贫与贱，是人之所恶也"（《论语·里仁》）。另一方面又主张"不义而富且贵，于我如浮云"（《论语·述而》）。但是中国的"义利观"不能简单地从义、利平衡的角度去理解，而要从道义的角度去透视，这里面既包含广泛、可持续的利他性，又包含利的公正分配之义。清代考古辨伪学家崔述曾主张："义中之利非义外之利，共有之利非独得之利，永远之利非一时之利，此其所以异也。"（《考信录》）这就与传统的义利平衡思想区分开来，突出了"义中之利"，它反映了中国文化中的"义利观"之深邃、理性、辩证，绝不被眼前的"利"蒙蔽，而是放眼长远，通过一种更富道义性、广泛利他性的方式来求"利"。这些思想也反映在了中国《新一代人工智能伦理规范》之中，在涉及"基本伦理规范"时，第一点就突出要"坚持公共利益优先，促进人机和谐友好，改善民生，增强获得感幸福感，推动经济、社会及生态可持续发展，共建人类命运共同体"①。"规范"中的"公共利益""可持续发展"分别是"共有之利"和"永远之利"的具体体现。

此外，"义中之利"也内在要求着要按照"义"来调节"利"，"而义调节利的方式之一，就是在人与人之间以公正的方式分配利益"②。何谓公正分配？儒家强调，"不患寡而患不均"（《论语·季氏》）。"均"可以理解为"平等"，但它不能简单理解为绝对平等，儒家的公正不是一种"平等主义"的公正，而是"将优先主义（prioritarianism）视为一种分配正义原则"③。所谓的优先，强调要充分考虑弱势群体的利益，亦即"老而无妻曰鳏。老而无夫曰寡。老而无子曰独。幼而无父曰孤。此四者，天下之穷民而无告者。文王发政施仁，必先斯四者"（《孟子·梁惠王下》）。中国《新一代人工智能伦理规范》中的"基本伦理规范"第二点将儒家的这种公平原则体现得淋漓尽致，强调：

---

① 国家新一代人工智能治理专业委员会：《新一代人工智能伦理规范》，《中华人民共和国科学技术部》，https://www.most.gov.cn/kjbgz/202109/t20210926_177063.html，2021年9月26日。
② 黄勇：《良好生活的两个面向：对儒家义利观的美德论解释》，《学术月刊》2022年第8期。
③ United Nations Educational Scientific and Cultural Organization, *Recommendation on the Ethics of Artificial Intelligence*, November 23, 2021.

促进公平公正。坚持普惠性和包容性，切实保护各相关主体合法权益，推动全社会公平共享人工智能带来的益处，促进社会公平正义和机会均等。在提供人工智能产品和服务时，应充分尊重和帮助弱势群体、特殊群体，并根据需要提供相应替代方案。①

除了以上三种典型价值差异外，还有一些较为隐形的差异，即性别偏向，它体现了社会中主导价值观的差异，霍夫斯泰德认为具有男性偏向的社会更富有竞争精神、自信与野心，注重财富和社会资源的积累；而女性化社会则注重人际关系，重视合作，也注重照顾弱者和生活品质。② 本书认为社会的性别偏向直接影响了男性和女性获得机会的差别（接受教育、就业等），也阻碍了AI伦理设计。哈根多夫（Hagendorf）通过对AI伦理文件的梳理发现：AI伦理文件设计者中男性偏多，主要以"男性方式"来起草AI伦理规范，由此导致这些文件中几乎都讨论到问责制、公平、隐私方面的问题，而几乎没有护理、养育、帮助、福利、社会责任、生态方面的问题。③ 也就是说，社会的性别偏向以及从事AI行业（包括政策治理）的男性和女性比例也会导致AI伦理设计的侧重点偏移。

如何应对人工智能伦理原则制定过程中的价值观差异呢？惠特斯通（Jess Whittlestone）等提出了四点建议。（1）弥合伦理原则和实践之间的差异（如医用人工智能在保护患者隐私和治疗患者之间的冲突）。制定更灵敏的标准和法规，以适应在不同场景下的不同应用。（2）承认价值观的差异。有些价值观差异是根深蒂固的，至少短时间内无法完全消除，因此，要明确阐明这些差异性，并容纳差异以确保跨文化人工智能伦理标准达成协议。（3）重点突出包含差异性的领域。我们不一定非要在差异性价值观中做出选择，而是要认识这种差异性，并认清它对我们构建跨文化人工智能伦理的影响。（4）关注人工智能伦理的实际需要，而非抽象原则本身。了解在不同文化背景下体

---

① 国家新一代人工智能治理专业委员会：《新一代人工智能伦理规范》，《中华人民共和国科学技术部》，https：//www.most.gov.cn/kjbgz/202109/t20210926_177063.html，2021年9月26日。

② 参见Hofstede G.，"Dimensionalizing Cultures：The Hofstede Model in Context"，*Online readings in psychology and culture*，Vol.2，No.1，2011。

③ 参见Hagendorff T.，"The ethics of AI ethics：An evaluation of guidelines"，*Minds and machines*，Vol.30，No.1，2020。

现价值观差异的词汇的真正含义和区别，并从现实情境中了解人工智能是如何应用的。① 不可否认，惠特斯通的这些建议很有预见性和操作空间，比如我们后面章节将会探讨基于现实的跨文化情境人工智能伦理，以及探讨人类作为整体共同面对的人机共生伦理问题，这些都是将人工智能伦理的焦点集中于人工智能的运用实际，而不仅仅是抽象原则。此外，还有学者从反对文化中心主义的视角提出了"非西方中心主义"的多元价值观关切，默罕默德等（Mohamed et al.）认为，价值观塑造了包括人工智能在内的科学知识和技术，受"西方中心主义"文化影响，人工智能可能会出现"算法压迫""算法殖民""算法剥削"等现象，因此有必要从思想上首先消除跨文化中的"西方中心主义"，倡导本地化和多元主义。② 为此，他们提出了三点解决方案。（1）创建 AI 的关键技术实践。比如推动算法公平研究、AI 安全领域研究，这些 AI 技术实践能够有效汇聚、包含多元文化的贡献。（2）寻求"互惠参与"和"反向监督"。利用跨文化对话，让不同文化参与者都能从人工智能伦理构建中获得好处，公众对 AI 研究人员也可以起到反向监督和教育作用，这也保证了人工智能伦理构建过程的包容性。（3）创建新型的人工智能治理共同体以重新塑造我们使用 AI 的方式，乃至改革现代生活的知识、技术、文化体系。③ 可以看出，默罕默德等的方案更具有颠覆性，他们要重新寻找人工智能伦理成长的新土壤，这种土壤是包含多元文化的，并且应该也是立足于人工智能技术对人类社会造成的新影响。事实上，人工智能作为迄今为止最具颠覆性技术确实也是朝着改变我们的知识、技术、文化体系的方向演进。此外，默罕默德等的亮点还体现在提出了创建新型的人工智能治理共同体。当今的全球化、信息化、智能化以及所形成的复杂形势，将所有国家的命运连为一体，任何国家都不可能独善其身，在人工智能技术革命中全人类有共同

---

① 参见 Whittlestone J. et al., "The role and limits of principles in AI ethics: towards a focus on tensions", *Proceedings of the 2019 AAAI/ACM Conference on AI, Ethics, and Society*, Association for Computing Machinery, 2019。

② 参见 Mohamed S., Png M. T. and Isaac W., "Decolonial AI: Decolonial theory as sociotechnical foresight in artificial intelligence", *Philosophy & Technology*, Vol. 33, 2020。

③ 参见 Mohamed S., Png M. T. and Isaac W., "Decolonial AI: Decolonial theory as sociotechnical foresight in artificial intelligence", *Philosophy & Technology*, Vol. 33, 2020。

的利益关联，它构成了跨文化人工智能伦理价值共识的现实根基，它也是多元文化共同参与人工智能伦理治理的客观依据。

第二节 跨文化语言障碍及其解决路径

在人工智能伦理建构的多元文化情境中，除了存在价值观差异外，还存在着语言障碍以及由此所造成的偏见和误解。语言障碍（1）体现在翻译上，汉布尔顿（Hambleton）举了一个很典型的例子：翻译者把"bird with webbed feed"（蹼足鸟）从英语翻译成瑞典语时，它被翻译成了"bird with swimming feet（有游泳足的鸟）。①中国政府在 2017 年提出"到 2030 年人工智能理论、技术与应用总体达到世界领先水平，成为世界主要人工智能创新中心"②。然而这句话被翻译到英语国家就变成了"world leader in AI"，即"在 AI 领域成为世界的领导者"，很明显，中文原文表达的是专注于提高自身技术发展水平的含义，而被翻译后的意思则表现出与其他国家竞争的意味，这种差别可能会导致他国的误解，把中国发展 AI 的目的视作一种军备竞赛式的追求，同时把中国当成潜在的威胁，从而阻碍关于全球跨文化 AI 伦理的构建。语言障碍（2）体现在信息不对称上，由于大多数有影响力的学术期刊使用的是英文，即使母语不是英语的学者也更偏向于选择使用英文发表学术文章，但这对于从事科学研究、决策研究（其中包括人工智能伦理研究）的人而言，虽然统一使用英文促进了知识的共享，但另一方面也在一定程度上降低了母语非英语的相关从业者获取知识的精准性。此外，因为英语作为世界上广泛使用的语言，以英文为官方语言的国家的人工智能伦理政策传播度要明显高于非英语国家，即人们往往对非英语国家的人工智能伦理政策了解不太够。语言障碍（3）体现在语言问题所引起的偏见上，起因于语言的偏见存在于 AI 算法

---

① 参见 Hambleton R. K., "Guidelines for Adapting Educational and Psychological Tests：A progress report", *European Journal of Psychological Assessment*, Vol. 10, No. 3, 1994。

② 《国务院关于印发新一代人工智能发展规划的通知》，《中国政府网》，http://www.gov.cn/zhengce/content/2017-07/20/content_5211996.htm，2017 年 7 月 20 日。

设计中，例如在谷歌学术搜索引擎的多语言搜索中，以英语以外的语言编写的文献基本上无法出现在搜索页前 900 个结果中。① 自然语言处理（NLP）模型能够加剧数据训练集中存在的偏见现象，比如训练集中 80% 的"秘书"是女性，那么基于该数据集所训练的模型预测中 90% 的"秘书"是指女性。② 为了克服这些语言障碍，我们可以采取以下三种措施。

第一，设计一种关于 AI 伦理原则构建的用语规范。如同英语世界里尝试使用"ze"取代"he""she"来作为第三人称单数代词，用以消除二元性别偏见。③ 比较经典的范例就是美国心理学协会（American Psychological Association）所提出的 APA 规范。APA 规范对于减少偏见提出了许多一般性原则，如在描述社会经济地位时，只需写出收入范围或特定名称（比如，低于四口之家的联邦贫困线）而不是一般标签（比如，低收入）。避免使用形容词作为名词来标记人们（例如，the poor）。相反，使用形容词形式（例如，older adults）或带有描述性短语的名词（例如，people living in poverty），这些都是可以借鉴的原则。同时，为了便于不同母语学者之间的交流，我们对高频词（特别是有诸多同义词的词汇）也要进行规定，比如本书所谈论的"跨文化"，在中文中只需用"跨文化"表达，而英文中可以使用"transcultural"或者"cross-cultural"等来表达，这就给文献的检索造成了不便，因此确定一个统一的高频词是很有必要的。

第二，使用联合国的官方工作语言制定跨文化人工智能伦理规范或者从事相关研究，如使用汉语、英语、俄语、法语、阿拉伯语、西班牙语。这要求学者不仅仅要用英语或者母语发表成果，也鼓励学者们提供以联合国官方工作语言为主的多语言版本的论文或者摘要，同时如赫利法（Rassim Khelifa）所建议的，在预印本库建立 PLT（peer language translation）和 PLP（peer lan-

---

① 参见 Rovira C., Codina L. and Lopezosa C., "Language bias in the Google Scholar ranking algorithm", *Future Internet*, Vol. 13, No. 2, 2021。

② 参见 Zhao J. et al., "Men also like shopping: Reducing gender bias amplification using corpus-level constraints", *Proceedings of the 2017 Conference on Empirical Methods in Natural Language Processing*, Association for Computational Linguistics, 2017。

③ 参见 Jane Fae, "Non-gendered pronouns are progress for trans and non-trans people alike", The guardian, December 2016, https://www.theguardian.com/commentisfree/2016/dec/14/non-gendered-pronouns-trans-people-he-she-ze。

guage proofle）系统，前者可以帮助学者们取得其他母语学者（比如上述几种官方语言）的协助，将其翻译为联合国的多种官方语言，后者则可以帮助不精通联合国官方语言的学者审核他们研究成果的翻译结果，以提高翻译的准确性和质量。

第三，将本土语与外来语融合也是一种方式，典型的例子便是日语中的外来语，日语中许多外文单词直接用片假名表示出来的，比如 guitar 的日语就是ギ（gi）タ（ta）一，robot 的日文是ロ（ro）ボ（bo）ット（to），据日本科学情报中心进行的调查，日语中一半以上的科学技术用语都是外来语。① 如同政治、科学、哲学、AI、IT 等外来语在汉语中的广泛使用，将外文单词直接同化为本土语言可以迅速且直接地引进外文知识，可以促进与外国的交流。但是，这种方法也存在相当的弊端，比如在日语中，"personal computer"被各取单词中的前半部分，分别称为パ（ba）ソ（so）コ（ko）ン（n），这不仅无助于语言的理解，反而人为设置了障碍，另外，日语中外来语的大量引入乃至取代了日语固有的词语，而且引入后的单词意义发生了改变，在与词语来源地的人交流时也会产生误解，此外，新增大量外来词语也会增加学习这门语言的难度。②

第三节　人工智能伦理治理共同体的跨文化合作

一　跨文化人工智能伦理的共识基础

各国出台的人工智能伦理文件和治理实践反映了不同文化传统对"何为有价值"的理解和阐释差异。这种价值取向的差异源于文化认知和传统观念的深层影响，但并非绝对固化。一方面，不能因为差异性而忽视了价值共识性；另一方面，需要从历时性的动态发展层面看待价值趋同性。随着人工智能技术的普遍应用以及其对人类日常生活的影响逐渐深入，来自不同文化背景的国家和

---

① 参见郑成《试析日语外来语与日本的社会心理》，《日语学习与研究》2001 年第 4 期。
② 参见张丽颖《外来语对未来日语的影响》，《日语学习与研究》2002 年第 2 期。

团体共同努力，从而确保以对社会有益的原则和伦理标准去开发、部署和管理人工智能。① 因此，人工智能伦理治理共同体是克服跨文化人工智能伦理原则构建障碍的关键，人工智能伦理治理共同体的范围很广，但主要包括国际组织、政府机构、企业以及学术团体等，迄今为止这些相关组织机构已经分别制定了诸多 AI 伦理政策，本书将选取一些来自不同文化地区的代表性 AI 伦理政策文件进行分析，以进一步探寻跨文化组织机构间的人工智能伦理合作的可能性。其中的目标文件包括：美国《人工智能应用监管指南》②、欧盟《可信人工智能的道德准则》③、中国《新一代人工智能伦理规范》④、联合国《人工智能伦理问题建议书》⑤、谷歌的人工智能原则⑥、经合组织人工智能原则⑦、IEEE《人工智能设计的伦理准则》（第 2 版）⑧。对比以上 7 份文件，我们将会看到其中有许多相似甚至共同的人工智能伦理原则，笔者将其总结为：公平、人权、安全、问责、可解释性/透明性、福祉等，正是这些共同性或者相似性为未来制定可兼容的跨文化人工智能伦理提供了可能。下面将做具体的比较分析。

第一，公平。除了财富的不平等，还有话语权的不平等，在 AI 伦理讨论中，"非洲、南美洲和中美洲以及中亚等地区凸显不足"，"经济更发达的国家比

---

① 参见 Morley J. et al., "Operationalising AI ethics: barriers, enablers and next steps", AI & SOCIETY, 2023。

② 参见 Russell T. Vought, "Guidance for Regulation of Artificial Intelligence Applications", The White House, November 2020, https://www.whitehouse.gov/wp-content/uploads/2020/01/Draft-OMB-Memo-on-Regulation-of-AI-1-7-19.pdf#:~:text=。

③ 参见 the High-Level Expert Group on AI, "Ethics Guidelines for Trustworthy AI", European Commission, April 2019, https://www.europarl.europa.eu/cmsdata/196377/AI%20HLEG_Ethics%20Guidelines%20for%20Trustworthy%20AI.pdf。

④ 参见国家新一代人工智能治理专业委员会《新一代人工智能伦理规范》，《中华人民共和国科学技术部》，https://www.most.gov.cn/kjbgz/202109/t20210926_177063.html，2021 年 9 月 26 日。

⑤ 参见 "UNESCO Member states adopt the first ever global agreement on the Ethics of Artificial Intelligence", UNESCO, November 2021, https://en.unesco.org/news/unesco-member-states-adopt-first-ever-global-agreement-ethics-artificial-intelligence。

⑥ 参见 Sundar Pichai, "Artificial Intelligence at Google: Our Principles", Google, June 2018, https://ai.google/principles。

⑦ 参见 "OECD AI Principles overview", OECD AI Policy Observatory, May 2019, https://oecd.ai/en/ai-principles。

⑧ 参见 IEEE 自主与智能系统伦理全球倡议项目：《《人工智能设计的伦理准则》（第 2 版）概要》，IEEE, https://standards.ieee.org/wp-content/uploads/import/documents/other/ead_v2_executive_summary_chinese.pdf，2017 年 12 月 12 日。

其它国家更多地影响了这场讨论，这引发了人们对文化多元主义和全球公平的担忧"。① 以上种种现象让"公平"成为人工智能伦理原则中出现频率最高的词语，除了 IEEE《人工智能设计的伦理准则》没有提到"公平"，其他几份文件都有提及。美国、欧盟、联合国、谷歌、经合组织直接将"公平"作为一项单独的原则，中国的《新一代人工智能伦理规范》也将"避免偏见歧视"作为一项原则，并多次提及"公平"。如前所述，尽管"公平"是这些文件的伦理共识，但在这些文件中，"公平"所涵盖的范围和所指的内涵各有不同，比如，中国《新一代人工智能伦理规范》指出"充分考虑差异化诉求，避免可能存在的数据与算法偏见，努力实现人工智能系统的普惠性、公平性和非歧视性"②。美国《人工智能应用监管指南》也指出"人工智能应用程序要减少现代人的主体性所造成的歧视"③。经合组织和谷歌的人工智能伦理原则也集中于强调避免偏见和歧视。而除了提到避免偏见和歧视外，欧盟《可信人工智能的道德准则》指出要"确保利益和成本的平等公正分配"，"促进机会平等"，它还从程序层面指出公平还包括"普通人对 AI 系统和操作他们的人类所做出的决定提出异议并补救的权利"，可见，欧盟对于公平的内涵做了进一步扩展，特别是指出了应当允许 AI 及其操作者被质疑，体现一种权利平等的观念，这是其他文件所没提及的。④ 联合国《人工智能伦理问题建议书》则提到了其他文件都未提及的国与国之间的公平，如"技术最先进的国家有责任支持最落后的国家，确保共享人工智能技术的惠益"，"要解决国家内部和国家之间的数字和知识鸿沟"⑤，考

---

① Jobin A., Ienca M. and Vayena E., "The global landscape of AI ethics guidelines", *Nature Machine Intelligence*, Vol. 1, No. 9, 2019.
② 国家新一代人工智能治理专业委员会：《新一代人工智能伦理规范》，《中华人民共和国科学技术部》，https：∥www.most.gov.cn/kjbgz/202109/t20210926_177063.html，2021 年 9 月 26 日。
③ Russell T. Vought, "Guidance for Regulation of Artificial Intelligence Applications", The White House, November 2020, https：∥www.whitehouse.gov/wp-content/uploads/2020/01/Draft-OMB-Memo-on-Regulation-of-AI-1-7-19.pdf#：~：text=.
④ 参见 the High-Level Expert Group on AI, "Ethics Guidelines for Trustworthy AI", European Commission, April 2019, https：∥www.europarl.europa.eu/cmsdata/196377/AI%20HLEG_Ethics%20Guidelines%20for%20Trustworthy%20AI.pdf。
⑤ "UNESCO Member states adopt the first ever global agreement on the Ethics of Artificial Intelligence", UNESCO, November 2021, https：∥en.unesco.org/news/unesco-member-states-adopt-first-ever-global-agreement-ethics-artificial-intelligence.

虑当今军事 AI 的应用，以及一些国家将 AI 作为国际竞争的工具，这两条原则对于消除技术霸权，使 AI 促进全人类进步是至关重要的。总之，在这些文件里我们看到了 AI 不仅仅应当减少偏见与歧视，还要促进权利公平与机会平等，更要缩小国与国之间的差距。

第二，人权。在联合国《人工智能伦理问题建议书》和 IEEE《人工智能设计的伦理准则》中都明确使用了"人权"一词作为一项原则。其他文件虽然没有明确使用这个词，但都从各自的角度对保护人权做了规定。经合组织强调人工智能系统自身要有保护人权的价值观，也就是说，这些原则不仅仅应当对 AI 的开发、管理、使用者起作用，也应当由开发者嵌入 AI 系统中。中国《新一代人工智能伦理规范》规定，"充分尊重并保障相关主体的隐私、自由、尊严、安全等权利及其他合法权益"①。欧盟《可信人工智能的道德准则》强调，"与 AI 系统互动的人类必须能够对自己保持充分和有效的自决，并能够参与民主进程"②，这一条伦理准则就对 AI 的能力上限做出了规定，限制了能够欺骗、操纵、胁迫人类的 AI 的出现。医学机器人技术应用经常会面临人的自主权问题，比如当病人选择临终关怀（hospice）而 AI 的评估是继续对患者进行治疗时，我们就需要在尊重人的自主权和让渡人的自主权中间做出抉择。从这些对比中我们也可以看出人工智能伦理治理主体对技术的不同态度：基于对技术根深蒂固的担忧，欧盟《可信人工智能的道德准则》更倾向认为 AI 会对人权保护产生负面影响，乃至用到"胁迫""欺骗"等词语，更加强调监管；而中国的《新一代人工智能伦理规范》只是提出一种规范式的要求，强制性的意味并没有前者强烈。

第三，安全。安全也是除了 IEEE 之外其他人工智能伦理治理主体都提到的一项原则，其主要内容是避免和预防 AI 可能产生的风险和伤害。中国的

---

① 国家新一代人工智能治理专业委员会：《新一代人工智能伦理规范》，《中华人民共和国科学技术部》，https:∥www.most.gov.cn/kjbgz/202109/t20210926_177063.html，2021 年 9 月 26 日。

② The High-Level Expert Group on AI, "Ethics Guidelines for Trustworthy AI", EuropeanCommission, April 2019, https:∥www.europarl.europa.eu/cmsdata/196377/AI%20HLEG_Ethics%20Guidelines%20for%20Trustworthy%20AI.pdf.

《新一代人工智能伦理规范》对风险的预判、监测、评估、预警、管理、处置都做了规定。① 美国的《人工智能应用监管指南》侧重于风险的评估和管理，并指出要确定"哪些风险是可以接受的，哪些风险是不可接受的"②。谷歌从人工智能研发者角度做出承诺，"根据人工智能安全研究的最优实践进行开发"③。在普遍关注的安全性之外，经合组织还提出了"稳健性"，即强调 AI 系统承受和克服不利条件的能力，并且也给出了遵循 AI 原则的具体方法，如确保人工智能行为的可追溯性和在人工智能系统生命周期的每个阶段持续进行风险管理等。④ 欧盟和联合国的文件还提到要防止人工智能对自然环境和其他生物的侵害，要"确保人类、环境和生态系统的安全"⑤。

第四，问责。问责通常是与安全高度相关的，问责的目的正是让人工智能的行为者对自己的行动负责，避免安全问题的出现，并在安全问题出现后针对其行为追究责任。美国以及谷歌的伦理准则并没有直接提到问责制，而中国主要强调"强化应急保障"⑥。IEEE 讨论了问责制的法律问题，比如智能与自主技术系统应当适用相关的财产法等，强调"如何确保问责制的落实，以及当这类系统造成损害时如何分配责任"⑦。欧盟的《可信人工智能的道德准则》就 AI 整个生命周期的责任和问责列出了四点明确规定：可审核性、最小化负面影响并进行报告、权衡、赔偿，但这些原则在实施的过程中会出现"紧张关系"，需要在现

---

① 参见国家新一代人工智能治理专业委员会《新一代人工智能伦理规范》，《中华人民共和国科学技术部》，https://www.most.gov.cn/kjbgz/202109/t20210926_177063.html，2021年9月26日。
② Russell T. Vought, "Guidance for Regulation of Artificial Intelligence Applications", The White House, November 2020, https://www.whitehouse.gov/wp-content/uploads/2020/01/Draft-OMB-Memo-on-Regulation-of-AI-1-7-19.pdf#:~:text=.
③ Sundar Pichai, "Artificial Intelligence at Google: Our Principles", Google, June 2018, https://ai.google/principles.
④ 参见"OECD AI Principles overview", OECD AI Policy Observatory, May 2019, https://oecd.ai/en/ai-principles。
⑤ "UNESCO Member states adopt the first ever global agreement on the Ethics of Artificial Intelligence", UNESCO, November 2021, https://en.unesco.org/news/unesco-member-states-adopt-first-ever-global-agreement-ethics-artificial-intelligence.
⑥ 国家新一代人工智能治理专业委员会：《新一代人工智能伦理规范》，中华人民共和国科学技术部，https://www.most.gov.cn/kjbgz/202109/t20210926_177063.html，2021年9月26日。
⑦ IEEE 自主与智能系统伦理全球倡议项目：《《人工智能设计的伦理准则》（第 2 版）概要》，IEEE，https://standards.ieee.org/wp-content/uploads/import/documents/other/ead_v2_executive_summary_chinese.pdf，2017年12月12日。

有技术水平内以理性的方式加以解决。① 比如印度的 Aadhaar 身份证———一种生物识别系统，它关系到公民能否获得足够的粮食，虽然这个生物识别系统错误率很低，但由于庞大的人口规模，即使2%错误率也会影响数百万人。② 这种情况就急需阐明程序设计者应当负何种责任，出现问题向谁问责、如何问责等问题。总之，明确人工智能行为者的伦理法律责任，以及建立与之对应的监督调查评价机制是问责制的核心。但问题在于，对于 AI 设计和运行机制的不理解也会阻碍规则和法律的制定，这就引申到下一个伦理准则——"可解释性"及"透明性"。

第五，可解释性/透明性。可解释性/透明性是保证人工智能的公平、安全、问责制等原则实现的基础。中国的《新一代人工智能伦理规范》指出要在"在算法设计、实现、应用等环节"增强安全透明。③ 美国《人工智能应用监管指南》认为透明度可以提高公众对人工智能的信任。④ 经合组织和联合国伦理原则对可解释性做了类似的阐述：可解释性就是要让受人工智能系统影响的人能够理解人工智能如何做出决定。⑤⑥ 欧盟制定的伦理准则特别提到了人机交互过程中的"沟通"问题。⑦ 此外，可解释性/透明性要求人工智能系统不仅在技术上是透明的，而且人工智能系统的运用过程也应当是透明的（人工智能开发

---

① 参见 the High-Level Expert Group on AI, "Ethics Guidelines for Trustworthy AI", European Commission, April 2019, https://www.europarl.europa.eu/cmsdata/196377/AI% 20HLEG _ Ethics% 20Guidelines% 20for%20Trustworthy%20AI. pdf。

② 参见 Hagerty A. and Rubinov I. , "Global AI ethics: a review of the social impacts and ethical implications of artificial intelligence", *ArXiv*, Vol. 1907. 07892, 2019。

③ 参见国家新一代人工智能治理专业委员会《新一代人工智能伦理规范》，《中华人民共和国科学技术部》, https://www.most.gov.cn/kjbgz/202109/t20210926_ 177063. html, 2021 年9月26日。

④ 参见 Russell T. Vought, " Guidance for Regulation of Artificial Intelligence Applications", The White House, November 2020, https://www.whitehouse.gov/wp-content/uploads/2020/01/Draft-OMB-Memo-on-Regulation-of-AI-1-7-19. pdf#: ~ : text = 。

⑤ 参见 "OECD AI Principles overview", OECD AI Policy Observatory, May 2019, https://oecd.ai/en/ai-principles。

⑥ 参见 "UNESCO Member states adopt the first ever global agreement on the Ethics of Artificial Intelligence", UNESCO, November 2021, https://en.unesco.org/news/unesco-member-states-adopt-first-ever-global-agreement-ethics-artificial-intelligence。

⑦ 参见 the High-Level Expert Group on AI, "Ethics Guidelines for Trustworthy AI", European Commission, April 2019, https://www.europarl.europa.eu/cmsdata/196377/AI% 20HLEG _ Ethics% 20Guidelines% 20for%20Trustworthy%20AI. pdf。

公司、管理机构应当在现实中践行这个原则）。然而在现实中存在诸多困难，公开源代码是一种保证其透明性的手段，但对于人工智能公司来说，他们必须花费时间金钱去清理它、维护它、发布它，而且公开源代码会降低其商业价值。① 经合组织特别提到源代码数据集可能会涉及商业秘密，受知识产权保护。②

第六，福祉。马克利达基斯（Makridakis）认为，社会面临的主要挑战是如何利用人工智能技术优势的同时避免对社会的危害③，福祉原则的设立也是出于对人工智能所造成影响的不确定性的考虑，福祉可以被理解为上述五个伦理原则的综合。欧盟、经合组织和 IEEE 明确使用了"福祉"这个词。IEEE 将这一原则解释为，在人工智能的设计和使用中优先考虑人类福祉的指标。④ 经合组织把它理解为增强人类能力、促进公平、保护自然环境和促进可持续发展。⑤ 欧盟则从三个方面解释了这一原则，包括生态上可持续发展，社会上对人身心健康的积极影响，政治上促进民主等。⑥ 这些同中国、联合国等所阐述的各项原则是不谋而合的。从这些文件中我们可以看到各人工智能伦理治理主体对人类福祉的追求表现出惊人的一致，这些一致的追求成为不同文化传统背景下人工智能伦理治理共同体克服跨文化人工智能伦理原则构建障碍的关键。中国《新一代人工智能伦理规范》把"增进人类福祉"放在首位。⑦ 欧盟从三个方面解释了福祉的涵义，包括生态上可持续发展、社会上对人身

---

① 参见 Sanderson C. et al., "AI ethics principles in practice: Perspectives of designers and developers", *IEEE Transactions on Technology and Society*, Vol. 4, No. 2, 2023。

② 参见 "OECD AI Principles overview", OECD AI Policy Observatory, May 2019, https://oecd.ai/en/ai-principles。

③ 参见 Makridakis S., "The forthcoming Artificial Intelligence (AI) revolution: Its impact on society and firms", *Futures*, Vol. 90, 2017。

④ IEEE 自主与智能系统伦理全球倡议项目：《《人工智能设计的伦理准则》（第 2 版）概要》，IEEE，https://standards.ieee.org/wp-content/uploads/import/documents/other/ead_v2_executive_summary_chinese.pdf，2017 年 12 月 12 日。

⑤ 参见 "OECD AI Principles overview", OECD AI Policy Observatory, May 2019, https://oecd.ai/en/ai-principles。

⑥ 参见 the High-Level Expert Group on AI, "Ethics Guidelines for Trustworthy AI", European Commission, April 2019, https://www.europarl.europa.eu/cmsdata/196377/AI%20HLEG_Ethics%20Guidelines%20for%20Trustworthy%20AI.pdf。

⑦ 参见国家新一代人工智能治理专业委员会《新一代人工智能伦理规范》，《中华人民共和国科学技术部》，https://www.most.gov.cn/kjbgz/202109/t20210926_177063.html，2021 年 9 月 26 日。

心健康的积极影响、政治上促进民主，等等。① IEEE 在《人工智能设计的伦理准则》（第 2 版）将"福祉"描述为：在人工智能的设计和使用中优先考虑人类福祉的指标。经合组织把"福祉"理解为增强人类能力、促进公平、保护自然环境和促进可持续发展。在尊重和保护人权方面，中国《新一代人工智能伦理规范》规定，"充分尊重并保障相关主体的隐私、自由、尊严、安全等权利及其他合法权益"②。欧盟《可信人工智能的道德准则》强调，"与 AI 系统互动的人类必须能够对自己保持充分和有效的自决，并能够参与民主进程"③。联合国教科文组织的《人工智能伦理问题建议书》写道："在人工智能系统的整个生命周期内，必须尊重、保护和促进人权和基本自由。"④ IEEE《人工智能设计的伦理准则》规定："确保人工智能不侵犯国际公认的人权。"⑤ 从这些文件中我们可以看到各人工智能伦理治理主体对人类福祉和尊重保护人类权利的追求表现出惊人的一致性，也就是说外显的、具体化的、落实到社会生活中的伦理原则差异隐含着一些共同价值目标，这些蕴含共同价值的"表面差异性"主要是视角和操作层面的差异。例如，尽管美国和欧洲在人工智能具体的监管方式上存在一些差异，但都致力于保护互联网的民主基础：美国更倾向于以言论自由为核心，在互联网平台内容审核上保持相对克制，最大限度地保护言论自由；相比之下，欧洲更注重在言论自由与其他权利间寻求平衡，会一定程度地限制互联网言论。中欧之间也存在这样的"表面差异性"。有学者在比较中国国家新一代人工智能治理专业委员会和欧洲人工智能高级别专家组所倡导的伦理原则后指出，虽然中国所制定的准则

---

① 参见 the High-Level Expert Group on AI, "Ethics Guidelines for Trustworthy AI", European Commission, April 2019, https:∥www.europarl.europa.eu/cmsdata/196377/AI%20HLEG_Ethics%20Guidelines%20for%20Trustworthy%20AI.pdf。

② 国家新一代人工智能治理专业委员会：《新一代人工智能伦理规范》，《中华人民共和国科学技术部》，https:∥www.most.gov.cn/kjbgz/202109/t20210926_177063.html，2021 年 9 月 26 日。

③ the High-Level Expert Group on AI, "Ethics Guidelines for Trustworthy AI", European Commission, April 2019, https:∥www.europarl.europa.eu/cmsdata/196377/AI%20HLEG_Ethics%20Guidelines%20for%20Trustworthy%20AI.pdf。

④ United Nations Educational Scientific and Cultural Organization, *Recommendation on the Ethics of Artificial Intelligence*, November 23, 2021.

⑤ "Ethically Aligned Design", IEEE, December 2017, https:∥standards.ieee.org/wp-content/uploads/import/documents/other/ead_v2.pdf.

采用了社区中心和目标导向的视角,欧洲所制定的准则是以个人为中心和以权利为基础,但实则不矛盾,其所体现的只是"不同层次的操作细节"差异,准则中的目标都聚焦于"社会和个人的发展和权利"。①

另外,文化中存在的价值观差异,并不意味着这种差异是永恒的,从历时性的角度来看,不同文化的价值取向实际上也可能随着时间推移、交往深入而逐渐趋向收敛。上文所提到的东西方文化背景下对于隐私权的共同认知,反映了一种历时性的趋同规范或价值。虽然在传统的东方集体主义文化中隐私权概念并不明确,但在受到近现代西方文化的影响以及在数字时代的挑战下,东方集体主义传统国家也逐步建立起更加注重个人隐私的法律和制度保障,总之,东西方隐私权的发展呈现一定的趋同性,但仍保持着文化传统带来的独特性。② 此外,随着人工智能迭代速度的加快以及一些智能数字化企业垄断现象的加剧,人工智能未知性风险显著增加,美国政府也一改弱化监管传统,试图通过政府力量介入来化解风险。2020年10月6日,美国众议院司法委员会下属反垄断小组委员会正式颁布《数字化市场竞争调查报告》,该调查报告的一个重要目的就是保护消费者的个人隐私,以平衡处于市场支配地位的数字企业"拥有滥用消费者隐私数据而不会失去消费者的能力"③。2023年5月16日,负责创建聊天机器人ChatGPT的OpenAI首席执行官山姆·奥特曼首次在美国国会就人工智能技术的潜在危险参加听证会,听证会上奥特曼呼吁政府对生成式人工智能进行监管,许多立法者对奥特曼承认生成式人工智能隐患并呼吁监管的坦诚表示赞赏。④ 2023年10月,美国首项人工智能监管行政令颁布,为人工智能安全制定了新标准。⑤

---

① 冯雁、Hubert Etienne:《中国和欧洲能否在人工智能伦理方面找到共同点?》,《世界经济论坛》,https://cn.weforum.org/agenda/2021/12/zhong-guo-he-ou-zhou-neng-fou-zai-ren-gong-zhi-neng-lun-li-fang-mian-zhao-dao-gong-tong-dian/,2021年12月2日。

② 参见王亮《全球信息伦理何以可能?——基于查尔斯跨文化视野的伦理多元主义》,《自然辩证法研究》2018年第4期。

③ 参见王健、吴宗泽《反垄断迈入新纪元——评美国众议院司法委员会〈数字化市场竞争调查报告〉》,《竞争政策研究》2020年第4期。

④ 参见南博一、陈邦媛《ChatGPT创始人首次在美国国会参加听证会,呼吁监管AI》,《澎湃新闻》,https://news.cctv.com/2023/05/17/ARTIztoDP2Fn7F3JwicROUCd230517.shtml,2023年5月17日。

⑤ 参见周楚卿《拜登签署首项人工智能监管行政令》《新华网》,http://www.xinhuanet.com/world/2023-10/31/c_1129950426.htm,2023年10月31日。

因此，尽管存在文化差异，但道德观念也是相似的。"随着许多学科的研究汇聚于一些共同的原则，包括道德直觉的重要性，道德思维的社会功能性（而非寻求真理的性质），以及道德心灵与创造多样化道德共同体的文化实践和制度的共同演化，矛盾正在消解。"① 在全球化、信息化的时代，随着技术、经济等综合发展，各种价值观念、文化传统相互作用、影响，我们也很难再用绝对的区别去看待彼此文化"差异性"，这也提醒我们需要以开放性、包容性视野去分析人工智能对我们的影响。通过吸收不同文化传统的智慧，我们可以更好地应对人工智能发展过程中的伦理挑战，推动建立广泛适用、兼容多元的人工智能伦理体系。

二 对我国构建文化包容性人工智能伦理体系的启示

各人工智能伦理治理主体都十分重视基于共识性的合作，例如 2017 年中国国务院印发的《新一代人工智能发展规划》中做出"积极参与人工智能全球治理，加强人工智能异化和技术安全监管等重大国际共性问题的研究，深化人工智能法律法规、国际规则国际合作"的相关承诺。② 以及 2018 年世界经济论坛上，英国做出"与国际合作伙伴密切合作，就如何确保人工智能的安全、合乎道德和创新部署达成共识"的承诺。③ 2023 年 11 月，包括中国、美国、英国在内的 28 个国家以及欧盟共同签署了《布莱切利宣言》（The Bletchley Declaration），承诺以安全、以人为本、值得信赖和负责任的方式设计、开发、部署和使用人工智能。

人工智能被视为当代最具颠覆性和变革力量的技术创新，它正朝着改变我们的知识、技术和文化体系的方向演进。随着全球化、信息化和智能化的深入发展，世界各国的命运已经紧密相连，任何国家都不可能独善其身，在人工智能技术革命中全人类有共同的利益关联。这也成为构建文化包容性人

---

① Haidt J., "The new synthesis in moral psychology", *Science*, Vol. 2316, No. 5827, 2007.
② 《国务院关于印发新一代人工智能发展规划的通知》，《中国政府网》，http://www.gov.cn/zhengce/content/2017-07/20/content_5211996.htm，2017 年 7 月 20 日。
③ 参见 May T., "Theresa May's Davos address in full", The world Econoic Forum, January 2018, https://www.weforum.org/agenda/2018/01/theresa-may-davos-address/。

工智能伦理价值共识的现实根基，因此在规划、制定本国人工智能伦理体系时应考虑以下几点举措。

第一，加强人工智能伦理体系的包容性。人类历史可被视为一部文明发展史，不同文明代表了不同的哲学假定、基本价值、社会关系、习俗以及全面的生活观，而这些文明都是人类历史的记录者。① 习近平主席强调，"我们要共同倡导尊重世界文明多样性，坚持文明平等、互鉴、对话、包容"②。尽管全球范围内存在深层次且短期内难以消除的价值观差异，但更重要的是要以包容视角来看待这种分歧，以不同文化视角为基础，了解人工智能在不同背景下的影响，聚焦那些体现价值观差异的具体领域，不强求在差异中作出取舍，而是理解并接纳这些差异对人工智能伦理构建的影响。这要求我们在构建文化包容性人工智能伦理体系时，一方面确保伦理规范能够涵盖并妥善处理各种文化视角下的道德难题，充分考虑本土文化和价值观，推动本地化和多元主义的发展，消除跨文化语境下中的"西方中心主义"偏见；另一方面能基于价值共识，将和平、发展、公平、正义、民主、自由等全人类共同价值贯入人工智能伦理原则设计、应用的全过程，推动人工智能朝着人类整体福祉的目标发展。这样的包容性设计不仅可以加强人工智能伦理体系的广泛可接受性，也有助于提升中国在全球人工智能伦理治理中的话语权和影响力。

第二，推动人工智能伦理治理的国际协商与合作。"当今世界，经济全球化潮流不可逆转，任何国家都无法关起门来搞建设，中国也早已同世界经济和国际体系深度融合。"③ 人工智能的研究和应用离不开跨国合作，由此衍生的人工智能伦理问题也必将是全球化伦理问题，"伦理话语表明它需要更新以应对一个全球化的，各部分被密切联系起来的世界。每一个伦理理论被要求为它世界范围内的、跨文化的适切性辩护"④。也就是说全球各国需要共同应对人工智能伦理问题，在人工智能伦理原则制定上进行广泛合作。"各国历史文

---

① 参见朱厚敏《人类文明新形态的参照系、本质及整体图景》，《求索》2023年第2期。
② 《携手同行现代化之路——在中国共产党与世界政党高层对话会上的主旨讲话》，《央广网》，https://news.cnr.cn/native/gd/sz/20230315/t20230315_526183668.shtml，2023年3月15日。
③ 《习近平经济思想学习纲要》，人民出版社、学习出版社2022年版。
④ [英] 卢恰诺·弗洛里迪：《信息伦理学》，薛平译，上海译文出版社2018年版，第429页。

化和社会制度差异不是对立对抗的理由,而是合作的动力。要尊重和包容差异,不干涉别国内政,通过协商对话解决分歧。"① 中国在人工智能的国际治理上展现大国担当,反对伦理设计中的"技术霸权",重视国际合作。2022年11月,我国外交部发布了《中国关于加强人工智能伦理治理的立场文件》,分别从监管、研发、使用和国际合作四个方面提出了主张,其中在国际合作条款下专门强调:

> 各国政府应鼓励在人工智能领域开展跨国家、跨领域、跨文化交流与协作,确保各国共享人工智能技术惠益,推动各国共同参与国际人工智能伦理重大议题探讨和规则制定,反对构建排他性集团、恶意阻挠他国技术发展的行为。②

第三,增强人工智能伦理原则的适应性。人工智能技术的迅猛发展带来了算法歧视、数据安全等一系列问题,而这些问题在跨文化情境中更加复杂多样。不同文化背景下,人们对技术应用的伦理期望和理解各异,使得制定统一的伦理原则变得尤为困难。因此,人工智能伦理原则需要具备足够的灵活性,以适应不断变化的技术和社会环境。在医疗、金融、交通、农业等多个领域中,人工智能的具体应用场景各异,所面临的伦理问题也不同。每个应用场景的复杂性与跨文化情境的多样性交织在一起,使得伦理挑战更加棘手。例如,在自动驾驶汽车和医疗机器人等存在显著伦理争议的领域,不同文化背景下的伦理观念可能会导致对技术应用的接受度和监管要求产生巨大差异。阿瓦德(Awad)等学者带领的团队模拟了自动驾驶汽车的道德决策场景,并在线调查了来自全球233个国家和地区的数百万人的道德决策偏好,研究结果表明,不同地区的文化传统、经济状况和法律制度显著影响人们的

---

① 《让多边主义的火炬照亮人类前行之路——在世界经济论坛"达沃斯议程"对话会上的特别致辞》,人民出版社2021年版,第7页。
② 《中国关于加强人工智能伦理治理的立场文件》,《中华人民共和国外交部》,https://russiaembassy.fmprc.gov.cn/web/wjb_673085/zfxxgk_674865/gknrlb/tywj/zcwj/202211/t20221117_10976728.shtml,2022年11月17日。

道德决策偏好。① 这要求我们在制定伦理原则时,既要考虑具体应用场景中的技术细节,又要尊重和反映不同文化背景下人们的伦理期望。具体而言,可以通过定期审查和更新伦理原则,确保其能够适应不断迭代的人工智能技术和跨文化伦理挑战,从而始终保持其前瞻性和适用性,有效应对人工智能带来的各种伦理问题。这不仅尊重了不同文化背景下的多样性需求,还能在具体应用场景中提供切实可行的伦理指导。

---

① 参见 Awad E. et al., "The moral machine experiment", *Nature*, Vol. 563, No. 7729, 2018。

第三章　基于消费者视角的人工智能产品跨文化接受度差异

随着人工智能技术的飞速发展，特别是自然语言处理、计算机视觉和机器学习等领域的进步，机器人得以具备更为复杂的语言理解和情感识别能力。这使得机器人能够更自然地与人类进行交流和互动。机器人不仅能够与人类进行情感互动交流，还能够辅助人类完成诸多事情。[①] 许多企业看到机器人在改善客户服务和提高效率方面的潜力，因此开始将机器人引入其业务流程。机器人能够快速响应用户的问题，提供实时支持，同时降低企业的运营成本。当今世界已实现消费的全球化，机器人的应用不仅仅局限于特定地域或文化背景，而是面向全球用户。但由于中西方国家文化、习俗等方面存在差异，不同国家消费者的消费模式迥异。实际上，消费的全球化背景下仍存在消费文化的"民族化"。已有学者基于多种不同的文化理论从国家宏观层面到消费者的微观层面，在不同的消费场景中证实，东西方国家消费者行为存在显著的差异。[②] 且目前已有许多学者注意到文化差异导致消费者对机器人的态度的不同，他们指出文化是理解消费者对机器人接受程度的重要因素。[③] 因此了解不同文化对于语言、表达方式、行为以及情感表达的差异，有助于开发能够适应不同文化背景的机器人。这样可以提供更贴近用户需求的服务和交互体验。通过跨文化研究，可以更好地了解这些差异，从而定制和优化机器人的

[①] 参见窦笑《社交机器人伦理问题与政策建议研究》，《智库理论与实践》2022年第5期。
[②] 参见余凤龙、黄震方、侯兵《价值观与旅游消费行为关系研究进展与启示》，《旅游学刊》2017年第2期。
[③] 参见 Li D.，Rau P. P. and Li Y.，"A cross-cultural study：Effect of robot appearance and task"，*International Journal of Social Robotics*，Vol. 2，No. 2，2010。

功能和服务，满足不同文化用户的需求，有助于为跨文化、多语言环境中使用的机器人设计提供信息。

第一节 机器人社会角色的多元化与文化差异的显现

在机器人技术的初期发展阶段，其自主性相对有限，尚未达到高度自我管理的水平。同时，这些机器人的人类化特征尚不明显，更多地被应用于公共领域，特别是在工厂等生产环境中，以工具化的形式存在。在这一阶段，由于机器人的应用主要集中于工业生产和流程自动化，其功能和交互方式相对单一，缺乏与人类社会深层次的交流和互动。因此，从跨文化视角来看，这种工具化、功能性明确的机器人在全球范围内的接受度差异并不显著。不同文化背景的人们普遍认可机器人在提高生产效率、降低成本方面的作用，并乐于接受这种形式的自动化技术应用。在 20 世纪中期，机器人技术开始在工业领域逐步普及，尤其是在汽车制造等大型工业生产线中，机器人作为高效工具的角色特征越发明显。早期的工业机器人如尤尼梅特（Unimate），在 20 世纪 50 年代末至 60 年代初开始投入使用。尤尼梅特是世界上第一个工业机器人，它在通用汽车的生产线上被广泛使用，用于执行重复性高、危险性大的焊接和装配任务。这一阶段的机器人技术，主要关注于提高生产效率和减轻工人的劳动强度，同时确保产品质量的一致性和可靠性。虽然这些机器人技术在各个国家的应用情况有所不同，但其核心目的和功能基本一致，即实现生产过程的自动化和安全化。

这一时期，一些工业化国家，如美国、日本和德国，率先在工业生产中大规模应用机器人技术。从跨文化的角度来看，不同国家和地区在接受和应用机器人技术时，主要考虑的因素是经济效益和生产效率。这些国家的企业和工厂，通过引进先进的自动化设备，极大地提升了生产效率和产品竞争力。同时，机器人技术的引入，也推动了这些国家在全球市场中的竞争优势。在这些工业化国家中，日本对机器人技术的接受和发展尤为突出。日本不仅积极引进国外的先进技术，还在此基础上进行了大量的自主创新和研发。日本企业，如发那科（FANUC）成为全球工业机器人市场的重要参与者。这些企业生产的工业机器人，不仅在日本国内得到了广泛应用，还出口到了世界各地。日本企业在机器人技术上的创新和投入，使得其在全球工业自动化领域占据了重要地位。与此同时，德国也在机器人技术的应用上取得了显著进展。德国的制造业以其高精度和高质量而闻名。为了保持这一优势，德国企业在生产过程中积极采用机器人技术，特别是在汽车制造和精密机械领域。德国的库卡（KUKA）公司，是全球领先的工业机器人制造商，其生产的机器人广泛应用于全球各地的生产线。在这一时期，虽然机器人技术在不同文化背景下的应用情况有所不同，但总体来看，其核心功能和目的基本一致。无论是在美国、日本还是德国，工业机器人被广泛应用于重复性高、劳动强度大、环境危险的生产环节。这些机器人通过自动化操作，提高了生产效率，减少了工人的工作压力，并且在一定程度上提升了产品质量的一致性和可靠性。然而，尽管机器人技术在工业生产中得到了广泛应用，但其自主性和人类化特征依然相对有限。这一阶段的机器人主要是按照预设的程序和指令进行操作，缺乏自我学习和适应环境的能力。它们的功能相对单一，主要集中在重复性高的任务上，难以应对复杂多变的生产环境。同时，这些机器人与人类的交互方式也比较有限，主要是通过操作界面和控制系统进行间接交互，缺乏直接的交流和互动。从跨文化的视角来看，这种工具化、功能性明确的机器人在全球范围内的接受度差异并不显著。不同文化背景的人们普遍认可机器人在提高生产效率、降低成本方面的作用，并乐于接受这种形式的自动化技术应用。这主要是因为工业机器人在功能和应用上的一致性，使得其在不同文化背景下的接受度相对均衡。无论是东方文化还是西方文化，人们对提高生产效率和降低成本的追求是一致的，这也是机器人技术在全球范围内得以广泛应用的重要原因之一。

  进入21世纪，随着科技的不断进步，机器人技术的发展也逐渐进入了一个新的阶段。在这个阶段，机器人的自主性和智能化水平有了显著提高，人类化特征也开始逐渐显现。特别是人工智能技术的发展，为机器人赋予了更多的学习和适应能力，使其在功能和应用上更加多样化和复杂化。它们不再局限于工业生产线，而是开始渗透到人类生活的各个领域，扮演着更加复杂和多元的角色。① 它们逐步向服务、医疗、教育等多个领域扩展。服务机器人，如扫地机器人、陪伴机器人等，逐渐走进家庭和公共场所，成为人们日常生活中的一部分。医疗机器人，如手术机器人、康复机器人等，在医疗诊断和治疗中发挥着越来越重要的作用。教育机器人，通过互动和教学功能，成为教育领域的重要辅助工具。在（语言）教育领域，社交机器人已经成为重要的辅助工具。例如，美国的 Carnegie Mellon University 开发的机器人导师 Hero，能够与学生进行自然对话，提供个性化的学习建议，并帮助学生在语言学习上取得进步。在英国，一款名为 Codi 的编程教育机器人，通过游戏化学习的方式，激发儿童对编程的兴趣，为培养未来的科技人才提供了有力支持。在医疗保健领域，社交机器人的应用也日渐广泛。日本的一些医院已经引入了机器人护士，它们能够协助医护人员完成日常护理工作，如监测病人生命体征、递送药品和食物等。此外，一些机器人还被用于康复治疗，通过模拟人类动作和语音交互，帮助病人恢复身体机能和社交能力。在艺术领域，社交机器人也展现了巨大的潜力。例如，法国的一家科技公司开发了一款名为"Robo-Thespian"的机器人演员，它能够模拟人类表演者的动作和表情，参与舞台剧、音乐会等演出活动。此外，一些机器人还能够进行绘画、音乐创作等艺术活动，为人类文化的发展带来了新的可能性。在娱乐领域，社交机器人的应用更是层出不穷。从日本的机器人主题公园到美国的机器人乐队，从中国的机器人舞蹈表演到韩国的机器人偶像团体，社交机器人为人们带来了丰富多彩的娱乐体验。这些机器人不仅具有高度的智能化和互动性，还能够与人类进行情感交流，为人们带来欢乐和陪伴。随着弱人工智能向强人工智能时代的转变，社交机器人正逐渐具备更加复杂的社会智能。它们不仅能够与人类进行自然有效的交互，还能够通过情感化和人性化的设计提供情感交互体验。例如，一些机器人能够识别并回应人类的情绪变化，通过语言、表情和动作等方式与人类建立情感联系。这种情感交互能力使得社交机器人成为人类生活中不可或缺

---

① 参见 Alemi M. and Abdollahi A., "A cross-cultural investigation on attitudes towards social robots: Iranian and Chinese university students", *Journal of Higher Education Policy and Leadership Studies*, Vol. 2, No. 3, 2021。

的一部分，为人类带来更加智能、便捷和温馨的生活体验。

总结来看，机器人技术从初期发展到现阶段，经历了从工具化、功能单一，到自主化、智能化、多样化的过程。最初，机器人的诞生主要是为了满足工业领域对高效、精确和重复性工作的需求，随着机器人技术的不断发展，其自主性得到了显著提升，机器人开始具备更加复杂和高级的功能。同时，随着拟人化技术的应用，机器人开始呈现更加接近人类的外貌和行为特征，使其与人类的关系变得更加紧密。此外，机器人的应用也逐渐从公共领域扩展到私人生活空间，如家庭服务、医疗护理等领域，进一步加深了机器人与人类的联系。在这一阶段，由于不同文化对于人与机器之间互动方式的期待和接受度存在差异，机器人的接受度开始表现明显的跨文化差异。例如，在一些文化中，人们可能更加倾向于接受具有情感交流能力的机器人，将其视为家庭成员或伙伴；而在另一些文化中，人们可能更注重机器人的实用性和效率，对于情感交流的需求较低。这种跨文化差异不仅体现在个人对于机器人的接受度上，也体现在不同文化背景下机器人技术的发展方向和应用场景上。社会科学家发现公众对机器人的态度复杂且矛盾。一方面，人们承认机器人的实用性，在多项调查中，如中国消费者协会（CCA）发布的《2023年消费者对新产品的接受度调研报告》中，超过九成的受访者表示对语言内容精准、声调语气合理、面部表情生动、肢体动作像人类一样协调的智能机器人持积极态度，这表明，公众普遍认可机器人在日常生活中的实用性；但另一方面，尽管公众认可机器人的实用性，但对其也存在不信任感，这种不信任感部分源于对算法客观决策能力的认可，但对其心理层面的信任缺失。例如，在《智能对话新纪元：跨文化视角下的人工智能会话代理》的研究中，中国用户倾向于将 AI 代理人格化，视为具有情感的伙伴，而美国用户则更多地将 AI 代理视为完成任务的工具，这反映了不同文化背景下对机器人心理层面的信任差异。文化作为一套广泛而复杂的价值观和信念体系，深刻影响着人们对技术的认知和行为。文化差异不仅体现在问候和谈判等日常行为中，也显著影响人们对机器人的感知和交互体验。例如，日本因其发达的机器人产业和媒体渲染，常被视为对机器人持有积极态度的代表，但跨文化研究揭示，日本人对机器人的态度并非普遍积极，而美国和墨西哥的态度则分别最为积极和消极。①② 此外，文化差异还影响人们对机器人功能和外观的偏好。例如，韩国人偏好人形机器人，认为它们可以在社会情境下使用；而美国人则更喜欢机器形态的机器人，更多地将它们视为工具。③ 在欧洲，工业或护理机器人更受欢迎；而在日本，人形或宠物机器人则更为普遍。④ 这些研究不仅揭示了文化差异对机器人接受度的影响，也指出了在设计和推广机器人时需要考虑的文化因素。例如，机器人的语言选择、外观设计和交互方式都应适应特定文化背景下的用户需求和偏好。

第二节 跨文化因素对机器人接受度的影响

技术并不会脱离其产生的文化背景的影响而被采纳和使用，它受到一个群体共有的信仰和价值观的影响。未来的机器人设计需要更加注重跨文化因素，以确保它们能够在全球范围内得到广泛的接受和使用。鉴于当今我们生活在一个全球化的多元文化世界，每个人都会参与到各种各样的文化规范和实践中，本节我们从个人主义与集体主义、高低语境、宗教文化详细探讨跨文化因素对社交机器人接受度的影响，以深入理解在全球化背景下，如何更好地设计和推广机器人，以满足不同文化群体的需求。

一 个人主义与集体主义差异

在机器人接受度的深入研究中，基于文化视角的个人主义与集体主义的二分法构成了核心的理论基石。这一理论框架源自霍夫斯泰德的文化维度理

---

① 参见 Bartneck C. et al., "The influence of people's culture and prior experiences with Aibo on their attitude towards robots", *Ai & Society*, Vol. 21, 2007。

② 参见 MacDorman K. F., Vasudevan S. K. and Ho C. C., "Does Japan really have robot mania? Comparing attitudes by implicit and explicit measures", *AI & society*, Vol. 23, 2009。

③ 参见 Lee H. R. and Sabanović S., "Culturally variable preferences for robot design and use in South Korea, Turkey, and the United States", *Proceedings of the 2014 ACM/IEEE international conference on Human-robot interaction*, 2014。

④ 参见 Choi J. H., Lee J. Y. and Han J. H., "Comparison of cultural acceptability for educational robots between Europe and Korea", *Journal of Information Processing Systems*, Vol. 4, No. 3, 2008。

论，为我们理解不同文化间的差异提供了宝贵的视角。根据霍夫斯泰德的理论，个体主义和集体主义代表了两种截然不同的文化价值观，其中个体主义侧重于个体的独立性和自我实现，而集体主义则聚焦于群体的利益和团结。① 在这个理论框架下，研究者们探讨了个人如何在与他人的互动中定义自我，以及这种互动如何塑造个体的态度、观念和行为。这一探讨自然引出了一个关键问题：在不同的文化背景下，个人主义和集体主义如何影响人们对机器人的接受度？心理学中的社会认同理论为我们提供了进一步的理解。根据该理论，个体倾向于接受和认同那些符合其所属群体价值观的事物。② 因此，当机器人能够代表并符合特定群体的价值观时，它们更容易被该群体的成员接受。个人主义和集体主义对机器人接受度的具体影响是怎样的呢？在高度个人主义的文化中，人们通常重视个人的独立性和自我表达，更倾向于将机器人视为实现个人目标和便利性的工具。他们关注机器人提供的具体功能和效益，更乐于接受那些能够提升个人生活和工作效率的机器人。然而，在高度集体主义的文化中，人们更强调群体的和谐与团结，以及个体在群体中的位置和角色。他们更倾向于将机器人视为群体的一部分，关注它们如何促进群体的利益和维护群体关系。因此，他们更看重机器人与人的互动和沟通方式，以及机器人如何融入和适应特定的社会和文化环境。在跨文化的商业贸易中，从一般产品到特殊产品（如社交机器人）的推广，都需要充分考虑不同文化背景下的价值观差异。只有深入了解并尊重这些差异，我们才能设计出更符合目标市场需求的产品，并在全球范围内取得成功。对于机器人的设计和推广来说，了解并考虑个人主义和集体主义的文化差异也至关重要。个人主义强调独立、自主和个体权利，而集体主义则强调群体、共同体和社会责任。在个人主义文化中，人们可能更倾向于将机器人视为工具，强调其服务和效率。他们可能更容易接受机器人介入个人生活，以提高生产力和便利性。相反，在集体主义文化中，人们可能更注重社会联系和人际关系的重要性，可

---

① 参见 Hofstede G. et al., *Culture's consequences: International differences in work-related values*, London: Sage Publications, 1984。
② 参见 Tajfel H. et al., "An integrative theory of intergroup conflict", *social psychology of intergroup relations*, Vol. 33, 1979。

能更谨慎地看待机器人的介入,担心它可能破坏社会纽带和人际交往。相关研究还发现,个人主义的社会更容易接受自主型机器人,而集体主义的社会更关注机器人对社会和人际关系的潜在影响。①

在与机器互动方面,东方文化与西方文化存在着明显的差异。普遍认为,以集体主义为代表的东方文化相对更喜欢机器人,而突出个人主义的西方文化则更容易表现出对机器人的担忧和抵触。这一观点得到了一系列研究的支持。例如,有研究指出,日本等东方文化国家的人们更愿意接受机器人,将其视为有益的伴侣或助手;而相较之下,西方文化国家,尤其是美国,更倾向于将机器人视为潜在的威胁或失业的竞争者。② 东方文化普遍更注重社会和人际关系,将机器人融入社会生活中被视为自然而合适的。而在个人主义较为突出的西方文化中,人们更强调个体的独立性和自由选择,因此对于外部干预(如机器人)可能持谨慎态度。以日本为例,最著名的是阿铁木,一个友好的超能力漫画和动画机器人角色,它与邪恶作斗争并拯救生命。日本是全球推崇的热爱机器人文化的典范。亚洲(不仅仅是日本)对机器人的态度的研究也同样是积极的反应。例如,新加坡的参与者报告说,当向他们强调医疗保健不平等时,他们更倾向于在医疗保健环境中进行算法决策。③ 同样,韩国医生和医学生对人工智能在医疗保健领域的使用普遍持积极态度,主要欣赏其在短时间内分析大量临床数据的能力。④ 同样,在中国,一项对社交媒体帖子的内容分析发现,大多数公众对医疗人工智能持积极态度,认为这种技术有可能部分甚至完全取代人类医生。⑤ 最近的一项现场实验表明,中国的工人认为算法任务分配比基于人类的任务分配更公平。⑥

---

① 参见 Triandis H. C. , *Individualism and collectivism*, Routledge, 2018。
② 参见 Thornhill J. , "Asia has learnt to love robots—The west should, too", *Financial Times*, 2018。
③ 参见 Bigman Y. E. , et al. , "Threat of racial and economic inequality increases preference for algorithm decision-making", *Computers in Human Behavior*, Vol. 122, 2021。
④ 参见 Oh S. and Kim J. H. et al. , "Physician confidence in artificial intelligence: an online mobile survey", *Journal of medical Internet research*, Vol. 21, No. 3, 2019。
⑤ 参见席嘉苑《公众对人工智能医学领域应用的态度及接受程度的调查研究》,《中国高新科技》2019 年第 7 期。
⑥ 参见董毓格、龙立荣、程芷汀《数智时代的绩效管理:现实和未来》,《清华管理评论》2022 年第 5 期。

综合考虑个人主义与集体主义范式对机器人采纳度的影响，对于精准制定推广策略至关重要。在机器人的设计与引入过程中，必须重视文化敏感性，以确保其在多元文化环境下的有效融入与社会生态系统，满足多样化的需求。这一挑战不仅需要技术创新，还需要深入理解与尊重文化多样性，以促进机器人的全球推广与应用。

二 高低语境差异

语言是文化的桥梁，文化和语言是不可分割地交织在一起的，相互影响，个体的交际行为反映了一个人的语言和文化。文化的各个维度会影响人们的信仰和价值取向，这些都会在交际中体现出来。交际语境是人们理解周围世界的方式的一个组成部分。如果没有语境，信息就无法传达完整的含义，因为单纯的文字只能传达发送者意图的一部分。高低语境理论是由美国文化人类学家爱德华·霍尔（Edward T. Hall）在 20 世纪提出的，被广泛应用于跨文化研究和人际交流领域，该理论指出，不同文化背景下的人们在交流和信息传递时，会根据其所处的语境（高语境或低语境）表现出不同的交际风格和偏好。[①] 高语境文化通常指的是那些信息传递中依赖非言语因素和上下文背景的文化。在这些文化中，人们更倾向于使用暗示、隐喻和非言语语言进行交流，而不是直接明确地陈述观点或要求。相反，低语境文化更注重直接、清晰的语言表达，信息通常会以言辞明确的方式传达，而非依赖上下文或非言语信号。

高低语境理论被广泛认可的原因在于它提供了一种理解不同文化间交际差异的框架，并且对跨文化交际和跨文化管理具有重要意义。许多研究和实践都证实了高低语境文化之间在沟通方式、信息传递和解读上的差异，这些差异在人际交往、商务谈判和文化交流等领域具有重要影响。高低语境理论的跨文化解释力使其成为研究机器人接受度时一个合理的选择，通过考虑不同语境文化对机器人接受度的影响，可以更好地理解和设计适应不同文化背景的机器人系统。在低语境交际中，几乎没有假定的共享语境，单词本身必

---

① 参见 Hall E. T., *Beyond culture*, Anchor, 1976。

须包含接收者理解发送者意图所需的大部分相关信息。这些交流比高语境互动中的交流更精确和详细,一般来说,人类学家将英国、北欧和德国文化归类为低语境文化;拉丁欧洲、拉丁美洲、阿拉伯和东亚文化被归类为高语境文化。① 有实证研究认为,参与者在评价和接受机器人建议上存在文化差异,中国参与者更易接受隐式推荐,而德国参与者则反之,体现了文化中个人主义和低语境的特点。②

具体而言,低语境交际的特点之一是信息传递的直接性和明确性。这意味着人们更倾向于通过直接的言语表达来传递信息,而不依赖隐含的背景或文化知识。在这种情况下,用户对于机器人的期待是,它能够提供清晰、准确的指示和信息,以便有效地完成任务或解决问题。低语境文化的人们更倾向于直接的交流方式。因此,针对这一交际风格的用户,机器人的交互界面和语言应该设计得简洁明了,避免含混不清的表达,以提高用户的满意度和接受度。与之相对应的是高语境交际,这种交际风格更依赖共享的文化、社会和情境背景,信息的传递通常是间接的,并涉及更多的隐性含义和非言语因素。在高语境文化中,人们更注重社交关系和情感表达,交流往往更为复杂和丰富。针对这一交际风格的用户,机器人应该能够理解并适应复杂的社交情境,包括非言语信号和情感表达,以增强用户的情感联结和参与感。且语言风格和非言语行为是交际过程中至关重要的因素之一,对机器人的接受度有着直接的影响。采用合适的语言风格能够增进与用户之间的沟通效果,例如友好、自然的语言风格能够增强用户的认同感和好感度,从而使用户更愿意与机器人进行互动。社会认知理论认为,语言是人们进行认知和情感交流的重要工具③,因此,设计符合用户认知习惯和心理预期的语言风格对提升机器人的接受度具有重要意义。另外,适当的非言语行为也能够增强与用户之间的情感互动,机器人可以通过表情和姿态来表达自己的情感状态,从而

---

① 参见 Hall E. T. , *The silent language*, Anchor, 1973。
② 参见 Rau P. P. , Li Y. and Li D. , "Effects of communication style and culture on ability to accept recommendations from robots", *Computers in Human Behavior*, Vol. 25, No. 2, 2009。
③ 参见 Grau-Husarikova E. et al. , "How language affects social cognition and emotional competence in typical and atypical development: A systematic review", *International Journal of Language & Communication Disorders*, No. 3, 2024。

增强与用户的情感联结。非言语行为是人们进行情感交流和情感认知的重要方式。例如，在美国文化中，笑通常表明笑的人很高兴、被逗乐或高兴，但在日本文化中，情况就不一定是这样了，笑可能表明紧张或不舒服。在不同的语言中，肢体语言可能传达着不同的信息，在美国文化中，直视对方的眼睛被视为一种积极的特质，这是说话者自信和直率的表现，而不直视别人则被认为是逃避和缺乏自信的表现。而在日本文化中，直视别人被认为是消极的、粗鲁的和不恰当的。为什么要记住每种语言都有一套不同的交际行为的不同功能？这很重要，因为机器人的开发人员正在设计反映他们自己的交流模式和方式的机器人。这些机器人反映了设计师个体的沟通行为，除非在机器人的设计中认识到并考虑这些影响，否则我们可能会看到机器人在成长过程中无法与来自不同文化背景的人或由不同开发者设计的机器人进行交流。

总之，交际风格对机器人接受度的影响是复杂而显著的。低语境交际倾向于直接、明确的交流方式，而高语境交际更依赖共享的文化和情境背景。在设计和引入机器人时，必须考虑不同文化背景下的交际风格差异，以提高机器人的接受度和用户体验质量。

三 宗教文化差异

宗教是影响人们形成不同态度的一个重要考量因素。东西方宗教文化的不同历史遗产可能会揭示这些文化传统如何看待今天的机器。东西方文化传统最终源于同样深刻的历史根源。[①] 历史和民族志研究发现，这两个地区的早期社会可能普遍相信万物有灵论，认为许多非人类的机器人或精神力量使自然世界充满活力。[②] 然而，在过去的 3000 年里，东西方的宗教和哲学传统在关键方面出现了分歧。许多东方宗教传统，如佛教和神道教继续强调人类和万物有灵的代理人或力量的共存。相比之下，西方的宗教和哲学传统已经分化，强调"人类例外论"，认为人类具有独特特征，非人类动物没有人类独特

---

① 参见 Bouckaert R. et al., "Global language diversification is linked to socio-ecology and threat status", 2022。

② 参见 Dillion et al., "Hunter-Gatherers and the Origins of Religion", *Human Nature*, Vol. 7, 2016。

的思想、权利和能力。[①] 在西方文化中,对其他非人类代理人(如精神或无实体力量)的信仰也有所下降,这进一步促进了人类拥有独特能力、权利和特权的观点。[②] 两种文化对非人类实体的感知和理解方式的差异,形成了与机器之间根本不同的关系——在东方,机器可以像其他生命一样成为自然世界的一部分,它们是互补的。对西方来说,机器就是他者,本质上与人类不同。因此,机器在东方文化中更容易被接受,因为人们认为它们可以与自己和谐相处,而在西方文化中,它们更多地被视为不同的、不熟悉的外来者,可能对人们的身份和社会构成威胁。在当今的人机交互中,泛灵论信仰的传统在日本尤为明显。一般来说,在日本文化中,非人类实体经常被认为有灵魂或精神,与人类没有什么不同。即使不是人类或甚至活着的实体也被认为拥有自己的生命。这些信仰可以追溯到神道教,神道教认为神灵存在于自然界的各个部分,比如海洋、山脉和花朵。[③] 值得注意的是,超过80%的日本人参加一些神道教活动。[④] 因此,在那里实践纪念或尊重非人类实体的仪式并不罕见,比如葬礼仪式和宠物死后的祭品。[⑤] 或者著名的 KonMari 方法,房主被要求在进入他们的房子时问候他们,并与他们交谈,就好像他们是有意识的生物一样。[⑥] 在神道教中,灵魂存在于非人类体内的想法被广泛接受。机器人,就如同日本文化中无数和谐融入的物体一般,轻易地融入了这个国家的自然世界之中。尽管不是人类,机器人仍然很容易被认为是自然世界的一部分,是对自然世界的补充。相反,在西方文化中,犹太教—基督教的世界观强调人类的独特性和重要性。[⑦] 例如,中世纪基督教相信世界上有自然秩序或等级

[①] 参见 Srinivasan K. and Kasturirangan R., "Political ecology, development, and human exceptionalism", *Geoforum*, Vol. 75, 2016。
[②] 参见 Jackson J. C. et al., "The new science of religious change", *American Psychologist*, Vol. 76, No. 6, 2021。
[③] 参见 Kalland A. and Asquith P. J., "Japanese perceptions of nature: Ideals and illusions", *Japanese images of nature: Cultural perspectives*, 1997。
[④] 参见 Breen J. and Teeuwen M., *A new history of Shinto*, John Wiley & Sons, 2010。
[⑤] 参见 Kenney E., "Pet funerals and animal graves in Japan", *Mortality*, Vol. 9, No. 1, 2004。
[⑥] 参见 Kahn J., "Eros in the closet", *Psychological Perspectives*, Vol. 64, No. 3, 2021。
[⑦] 参见 MacDorman K. F., Vasudevan S. K. and Ho C. C., "Does Japan really have robot mania? Comparing attitudes by implicit and explicit measures", *AI & society*, Vol. 23, 2009。

制度，被称为"存在的大链"，这在历史上一直主导着西方思想。① 因此，宇宙是线性排列的，从岩石开始，然后是植物、动物、人类、天使，最后是上帝。值得注意的是，在秩序中，人类比无生命的实体更有价值。同样，西方人通常不认为非人类实体像人类一样拥有能力或道德关切。② 学者们认为，西方的人类例外论世界观已经演变为人类中心主义。③ 人类中心主义是一种广泛的信念，它主张人类是唯一具备固有价值的存在，而其他所有实体，其价值的衡量标准仅在于它们能否为人类所用，即它们对人类具有的工具性价值。这一思想与人类例外论相似，因为它继续坚持人类是独特而重要的假设。西方的主流思想清晰地区分了人类和非人类。但为什么这会引起对机器的厌恶呢？首先，人们将他人分为内群体和外群体，其中内群体成员拥有相同的社会身份，而外群体成员则没有，人们更倾向于善待自己的内群体，而歧视外群体。④ 通过人类例外论或人类中心主义信仰，人类和非人类之间的严格区分可能会加剧机器作为外群体的社会分类，引发不利的评价和反应。其次，考虑这些哲学的基本假设，即人类优于所有其他实体（除了神），机器的崛起可能被视为一种威胁。⑤ 人类一直被定位在秩序的顶端或中心——通常被认为是最聪明和最杰出的。近年来，随着机器能力的不断扩展和普及，它们被视作一种潜在的威胁，这种威胁既现实又具象征性。从现实层面看，机器的存在和进步威胁到了人们的就业和生计，使人们感到自己的工作岗位和收入来源可能受到冲击。而从象征性层面看，机器的崛起似乎也在挑战着人类作为独特且优越实体的地位，导致人们对与机器共存感到不安。因此，东方的万物有灵论可能通过强调共性来促进人与机器之间的互补和和谐关系，而西方的人类例外论和人类中心主义似乎强调差异，呈现一种更具竞争性的关系。因

---

① 参见 Nee S., "The great chain of being", *Nature*, Vol. 435, 2005。
② 参见 Laham S. M., "Expanding the moral circle: Inclusion and exclusion mindsets and the circle of moral regard", *Journal of Experimental Social Psychology*, Vol. 45, No. 1, 2009。
③ 参见 Daliot-Bul M., "Ghost in the shell as a cross-cultural franchise: From radical posthumanism to human exceptionalism", *Asian Studies Review*, Vol. 43, No. 3, 2019。
④ 参见 Tajfel H. et al., "Social categorization and intergroup behaviour", *European journal of social psychology*, Vol. 1, No. 2, 1971。
⑤ 参见 Floridi L., *The fourth revolution: How the infosphere is resha** human reality*, OUP Oxford, 2014。

此，即使这些传统信仰在今天不再像以前那样容易被接受，但东西方这种不同的宗教背景似乎在培养今天对机器的不同文化态度和行为方面发挥了重要作用。

可以看出，在讨论机器人接受度时，跨文化因素显然是一个不可忽视的关键因素，其中包括文化价值观、语言（高低语境）、宗教文化等多个方面。这些因素相互交织，共同影响着人们对机器人的态度和接受程度。首先，文化价值观在很大程度上决定了不同社会对机器人的接受度。具体来说，个人主义与集体主义的文化差异对机器人的接受度有着显著影响。在个人主义文化中，如美国和欧洲的一些国家，个人独立和自我表达被高度重视，人们可能更容易接受能够增强个人效率和独立性的机器人。而在集体主义文化中，如日本和中国，人际关系和集体和谐被更为看重，机器人在这些文化中可能需要更加注重促进人际互动和群体协作。因此，在设计机器人时，需要充分考虑这些文化特点，开发出能够满足不同文化需求的机器人。其次，语言的高低语境也是一个关键因素，决定了信息传递的方式，直接影响到机器人与用户之间的沟通效果。在高语境文化中，如日本和阿拉伯国家，沟通往往依赖上下文和非语言暗示，因此机器人需要能够理解和适应这些细微的沟通方式。而在低语境文化中，如德国和北欧国家，沟通则更为直接和明确，机器人应注重清晰、准确的信息传递。为此，机器人设计应灵活多样，能够适应不同语境的沟通需求，从而提高机器人的适应性和用户体验。此外，不同的宗教文化对新技术的接受提供了深层次的背景，影响着人们对机器人的信任和态度。某些宗教信仰可能对机器人的形象和功能有特定的期望或禁忌。设计者在开发机器人时需谨慎处理与这些方面相关的敏感问题，确保机器人的形象和功能不会触及用户的文化底线。

因此，我们可以明确指出，机器人的设计和推广需要充分考虑和尊重不同文化之间的差异。未来的研究应深入探讨不同文化下的用户期望和需求，进一步理解文化因素对机器人接受度的具体影响机制，同时，建立跨文化的研究框架，促进学术界和产业界之间的合作，共同寻求更具包容性和创新性的机器人设计。针对文化价值观，可以采用个性化的设计策略，以满足不同文化对机器人功能和交互方式的独特需求。在语言方面，应当采用灵活多样的交流方式，适应不同语境的沟通需求，提高机器人的适应性。考虑历史文化和宗教信仰，设计者需谨慎处理与这些方面相关的敏感问题，确保机器人的形象和功能不会触及用户的文化底线。总体而言，跨文化因素的综合考虑将有助于机器人更好地融入全球社会，服务于不同文化背景的用户，实现更广泛的应用和发展。

第四章　设计师的跨文化伦理责任意识养成[*]

对于人工智能伦理问题，除了以上探讨的通过构建跨文化人工智能伦理原则和考察消费者的跨文化产品接受度来预防各种风险之外，我们还需要进一步深思：这些风险的来源是 AI 本身还是 AI 的设计者，正如弗洛里迪等提出，我们是应当防止科学怪人还是其他的怪物造成的伤害？[①] 在本章中，我们将专门探讨人工智能的设计师问题。真正参与到人工智能系统研发的人——设计师——能够将自己的价值观念和道德偏好通过技术体现出来，因此，从设计师层面来解决跨文化人工智能系统的伦理设计问题应该是一条行之有效的路径。接下来，本章通过设计师的外在约束和内在道德能力的养成两个角度来论述跨文化人工智能伦理的设计何以可能的问题。

第一节　设计师的外在伦理约束

一　跨文化伦理原则手册

如何保证设计师在设计人工智能体的过程中既考虑人工智能技术的伦理问题，又能兼顾不同的文化传统呢？首先，可以为设计师提供相关的跨

---

[*] 参见王亮、马紫依《跨文化人工智能体的伦理设计何以可能？——基于设计师伦理责任意识的培养》，《自然辩证法研究》2024 年第 7 期。此处有改动。

[①] 参见 Floridi L. et al., "AI 4 People—an ethical framework for a good AI society: opportunities, risks, principles, and recommendations", *Minds and machines*, Vol. 28, 2018。

文化伦理原则手册进行参考。我们前面已经探讨过基于不同文化背景的人工智能伦理治理共同体所制定的伦理原则、政策等。其实这种跨文化沟通合作的模式最早来自跨国公司,为了在全球谋求最大的利益以实现合作共赢,跨国公司往往遵循当地的某些风俗和习惯从而制定相应的道德声明、框架和行为准则。奥斯兰等在其文章《如何在中国做生意》中就指出:跨文化商贸成功的最大障碍就是由文化差异导致的,其伴随的文化传播过程包含创建、发送、存储和传递信息这四个基本要素,一种文化共同体内部的成员自然可以探触到该文化的内涵,而外部人员最初无法理解某共同体文化,进而也就无法运用语言、实物和非语言行为进行交流。因此,为了成功地进行跨文化的商业贸易,发送者和接收者必须以相同的方式理解语言、对象和非语言行为,也就是创建一套共同认可的文化伦理原则。[1] 目前,这种跨文化伦理原则的制定也被视为是人工智能系统进行正确的道德设计、开发和部署的关键前提。乔宾等(Jobin et al.)在 2019 年,为了进一步推动人工智能伦理的全球化发展,绘制并分析了目前 84 份有关人工智能伦理原则的指南,并揭示出当前人工智能伦理原则在许多方面出现了全球趋同的趋势。[2] 由此可见,尽管各国在人工智能伦理方面存在着一定的价值观和文化上的差异,但在本质上仍然具备一定的共性。然而,尽管现实中已经存在如此多的跨文化伦理原则标准供设计师进行参考,我们仍然可以看到在人工智能的跨文化设计中存在着许多伦理问题,如:性别歧视、种族歧视、地域歧视等。斯坦福大学关于面部识别系统的研究表明:部分面部识别系统与政治倾向存在关联。[3] 而之所以跨文化伦理原则手册对实际负责设计人工智能算法人员的约束力有限,可以归结于一个原因,即,尽管我们有如此多的跨文化伦理原则手册供设计师进行参考,但却缺乏一个强有力的措施督促设计师们去执行这一跨文化伦理原则手册。莫利等(Morley J. et al.)在 2021 年做的一项实验调查中显示:

---

[1] 参见 Osland and Gregory E., "Doing Business in China: A Framework for Cross-cultural Understanding", *Marketing Intelligence & Planning*, Vol. 8, No. 4, 1990。

[2] 参见 Jobin A., Ienca M. and Vayena E., "The global landscape of AI ethics guidelines", *Nature Machine Intelligence*, Vol. 1, No. 2, 2019。

[3] 参见 Kosinski M., "Facial recognition technology can expose political orientation from naturalistic facial images", *Scientific Reports*, Vol. 11, No. 1, 2021。

人工智能设计师们普遍认为应当设计"有道德"的人工智能,然而他们也指出跨文化伦理原则手册的实用性与他们实际上的需求并不是特别匹配,因此他们很难在设计人工智能体时参考这些伦理原则手册。[①]

基于当前设计师遵循跨文化伦理原则手册所面临的问题,莫坎德和弗洛里迪(Mökander & Floridi)提出可以从"道德审计"治理机制入手,所谓"道德审计"是指一种治理机制,设计人工智能系统的组织和设计师们可以使用该机制来控制或影响人工智能体的相关行为,并且在实践过程中,通过结构化的流程去评估某实体的行为是否符合相关原则或规范。[②] 由此可见,正如任何一个企业的成功都必须具备相应的基础设施一样,道德审计机制通过对道德层面的基础设施进行审计和监管,推动了人与人之间的良性互动。因此,主要有三种形式去弥合伦理手册和设计师实际实践之间的不足。一是伦理的功能性审计。主要是负责对人工智能体决策背后所体现的伦理原则进行审计,并且允许采用适应特定情境的人工智能治理方法。二是代码审计。通过对人工智能算法、代码的源头进行审计,确保基于源代码做出的决策的正确性。三是影响审计。通过对人工智能系统输出结果所造成的影响范围、程度进行审计,如:(1)将结果可视化从而为设计师们做出正确的设计决策提供支持;(2)预视不好的结果,让设计师反推正确的做法从而规避风险。[③] 与此同时,道德审计机构作为独立于人工智能体生产商和消费者的第三方机构,它可以更好地平衡各方面的利益关系,此外,通过将敏感信息悬置于第三方机构,也可以进一步增强生产者和消费者之间的信任。由此可见,通过这三种形式的综合运用,我们就可以在设计前的伦理预置、设计中的代码编写,以及设计结束后的影响后果三方面增强跨文化伦理手册的应用。当然,道德审计机制在运用的范围和程度上也存在着一定的限制,其中最大的限制在于道德审计机制的"不稳定性"。伦理原则的多样性决定了其不可能成为一个确定的范本,这也就意味着对于

[①] 参见 Morley J. et al., "Operationalising AI ethics: barriers, enablers and next steps", *AI & SOCIETY*, 2021。

[②] 参见 Mökander J. and Floridi L., "Ethics-based auditing to develop trustworthy AI", *Minds and Machines*, Vol. 31, No. 2, 2021。

[③] 参见 Mökander J. and Floridi L., "Ethics-based auditing to develop trustworthy AI", *Minds and Machines*, Vol. 31, No. 2, 2021。

道德的审计不是一蹴而就的稳定形态。事实上，即使是同一个人在面对同一个场景时前后两次也可能做出不同的选择，因此道德审计机制应当是一个辩证、持续的过程。在此基础上设计师只需要给予道德的审计过程持续的监督和评估，从而确保其审计的合理性。总而言之，借助道德审计治理机制这一外部审查机制，我们可以优化设计师设计人工智能体的规范性流程，从而更好地将跨文化伦理原则内化于设计师们的实际运用之中。

二 制定工程性团体"誓言"

制定类似医学上的"希波克拉底誓言"来约束设计师的行为。工程师团体可以制定文化适应性的工程类"誓言"，需要解决的问题有两个：一是程序性问题，即"誓言"如何形成。在这里我们可以参考"希波克拉底誓言"的形成过程。"希波克拉底誓言"由医生希波克拉底创立，后因希腊政权的垮台而销声匿迹。在中世纪被重新发现并于1508年在维滕贝格大学的一个仪式上使用。1948年由世界医学协会（WMA）进行修订，即后来的《日内瓦宣言》。在第二次世界大战后，WMA开始为全世界的医生制定道德准则并做出承诺：

> 我不允许考虑年龄、疾病或残疾、信仰、种族血统、性别、国籍、政治派别、种族、性取向、社会地位或任何其他因素来干预我与他人之间的关系职责和我的病人。①

至此，举办"希波克拉底"宣誓仪式成为医学生中的"成人礼"。我们可以从"希波克拉底誓言"的形成过程中总结出一些规律：（1）由行业内道德高尚且专业的从业者制定；（2）在大学课程的培养过程中去实施，让从业者在学生时代便受到"誓言"的浸润，以此形成一种行业精神；（3）誓言应具备跨文化的共识性理念。基于此，"人工智能设计者的誓言"的形成也应当至少具备以上三个要素。

事实上，有许多的工程师誓言已经出台，比如2016年IEEE（电气和电

---

① Oxtoby K., "Is the Hippocratic oath still relevant to practising doctors today?", *BMJ*, Vol. 355, 2016.

子工程师协会）所做全球倡议报告指出①：

> 全球倡议的使命是确保参与自主和智能系统设计和开发的每个利益相关者都接受教育、培训并被授权优先考虑道德因素，以便这些技术为造福人类而进步。

该报告鼓励设计师在人工智能体的设计和研发过程中优先思考人类道德伦理问题，并且提出应当遵循人类利益、责任、透明性和教育等四原则。② 2018年在天津举办的雷克大会也发布了《人工智能创新发展道德伦理宣言》，其中，第三章"人工智能具体接触人员的道德伦理要求"专门针对人工智能体设计者和使用者提出了道德要求，同时也明确指出只要可以直接操纵或影响人工智能系统的人员都应当遵循相关原则。③ 然而，正如"希波克拉底誓言"所面临的实际效用的有限性问题，也有人质疑人工智能体设计师宣誓行为的有效性。罗伯特马丁在希腊敏捷峰会上就指出：很多程序员对他在2015年所做的"程序员誓言"很感兴趣，但大多数人认为其是荒谬和愚蠢的。④ 基于此，我们可以从两个方面去增强"誓言"的实用性。第一，通过宣誓仪式来提高设计师内心的成就感。正如每个人在结婚时都要进行庄重的婚前宣誓一样，人工智能体设计师可以通过举办一些庄重且有意义道德宣誓仪式来获得内心的充实感，从而增强其对于该行业的认同感和归属感，将誓言做到内化于心。第二，可以将誓言作为人工智能相关协会的入会门槛。例如IEEC为了确保其行业的规范性，为其软件开发人员建立了相应的认证规则，并协同ACM联合

---

① "IEEE GET Program™ Sign Up for Alerts GET Program for AI Ethics and Governance Standards", IEEE standards institute, December 2017, https://standards.ieee.org/industry-connections/ec/autonomous-systems/.

② 参见 "IEEE GET Program™ Sign Up for Alerts GET Program for AI Ethics and Governance Standards", IEEE standards institute, March 2019, https://sagroups.ieee.org/global-initiative/wp-content/uploads/sites/542/2023/01/ead1e.pdf.

③ 参见人工智能产业创新联盟《〈人工智能创新发展道德伦理宣言〉助力产业健康发展》，《机器人产业》2018年第4期。

④ 参见 Ben Linders, "Oath for Programmers", InfoQ, September 2017, https://www.infoq.com/news/2017/09/oath-programmers/.

组建了软件工程方面的道德规范原则,而不符合或者违背相关道德规范原则的开发人员将不被允许成为该协会会员。① 基于此,在"职业身份"上,誓言作为协会章程的一部分便起到了对设计师的外在约束作用。

需要解决的第二个问题是:"誓言"应当涵盖哪些内容?跨文化伦理誓言的内容应该涵盖在跨文化不可通约性基础上的伦理共识。目前所发布的许多"宣言"都十分重视这一点。例如,2011年英国工程与物理科学研究委员会(EPRSC)和艺术与人文研究委员会(AHRC)就为人工智能体设计师们发布了一套供参考的伦理原则,以确保人工智能体的相关生产过程能够参考一套共同的价值观和伦理原则。② 然而,我们不得不承认不同地区文化之间确实存在着许多不可通约性。比如欧洲对人工智能伦理通常采取怀疑论和义务论态度;美国人工智能伦理的出发点一般是功利主义;而东亚国家一般遵循儒家伦理文化。因此,誓言内容的制定会受到不同文化和伦理框架的影响,这就会导致在具体实践过程中会存在多种不同的誓言范本,从而影响誓言的统一性和传播力。尽管如此,不同文化地区的管理者们最关心的问题还是如何降低人工智能技术应用的风险,包括伦理道德风险。因此,我们可以从另一个角度思考"誓言"的跨文化伦理共识问题,即,如何设计"誓言"内容,从而使其成为降低伦理风险的工具?首先,我们需要明确人工智能体可能造成的两种伦理风险。一是由于客观上对环境等外在因素判断失误所造成的伦理风险,这属于技术上的问题。二是因为其主观故意的"恶行"所导致的伦理风险。"誓言"所包含的内容应当努力降低这两种风险的存在。因此,针对第一种风险,"誓言"中应当包含如何提高设计师总体工作质量的内容,即,设计师应当对自己可以在跨文化、跨专业情况下保持其专业性做出承诺。针对第二种风险,"誓言"中的内容应当有利于设计师与道德框架联系起来,从而降低其内在不道德的风险。而这又涉及一个道德框架的选择问题。这就需要设计师们做出努力学习跨文化知识,努力摒弃偏见、歧视,最终为实现"人

---

① 参见 Gotterbarn D., Miller K. and Rogerson S., "Computer society and ACM approve software engineering code of ethics", *Computer*, Vol. 32, No. 10, 1999。

② 参见 Ashrafian H., "AIonAI: A humanitarian law of artificial intelligence and robotics", *Science and engineering ethics*, Vol. 21, 2015。

类善"而努力的承诺。其次,由于"誓言"和"宣誓行为"并不只面向于设计师,更面向于受众群体,因此,"誓言"本身应当具备信服力,要能够被设计师和大众所接受,其内容中应当包含设计师工作内容的解释性和透明性,从而增强大众对设计师团体及其工作内容的理解,进一步提高"誓言"的可接受性。这种方法可以有效避免跨文化所导致的伦理差异性的影响,不同的国家可以在"誓言"的整体框架内根据自身的文化进行细微的调整和补充,做到既兼顾整体又统筹各方。

第二节 设计师内在跨文化道德能力的养成

一 设计师的人机交互道德体验

设计师并非哲学家,人工智能体的设计者通常关注的是智能系统能做什么,以及程序如何实现的问题。设计师通常利用已经预设好的伦理标准来思考人工智能伦理问题,这种"自上而下"的模式有很多弊端:(1)设计师很难做到对伦理标准的合理判断;(2)书面化的伦理标准也很难应付复杂多变的现实情境;(3)伦理标准本身的正确性也有待考证。因此,设计师需要一种"自下而上"的模式来重新思考人工智能伦理设计问题。蒙泰亚努等(Munteanu et al.)在2015年做了有关人机交互情境伦理的试验,结果发现既定的伦理原则往往与进行定性实地研究的现实情况不相符合,并通过四个实际案例说明了人机交互情境能够增强人工智能体设计师的伦理设计能力。[①] 科克尔伯格(Mark Coeckelbergh)也认为,要结合文化差异考察人工智能伦理问题,他倡导人们利用已有的人机交互"道德体验"和"道德想象力",构建"增进人类繁荣和福祉的人—机共同生活"。[②] 因此,本书认为人

[①] 参见 Munteanu C. et al., "Situational ethics: Re-thinking approaches to formal ethics requirements for human-computer interaction", *ACM*, No. 4, 2015。

[②] 参见 Coeckelbergh M., "Personal Robots, Appearance, and Human Good: A Methodological Reflection on Roboethics", *International Journal of Social Robotics*, Vol. 1, No. 3, 2009。

机交互道德体验是一种"自下而上"的模式，在这一模式下，设计师可以通过自身的人机交互体验或者通过观察测试者的人机交互体验来增加自身对相关伦理原则的理解和运用，从而推动自身内在道德能力的养成。

如何通过人机交互道德体验推动设计师内在道德能力的养成呢？设计师可以通过与自己设计的人工智能体之间的情境交互测试获得体验。这种人机交互情境体验可以增加设计师对产品的理解，并更好地领悟相关的伦理原则。事实上，许多行业尤其是游戏行业，在发布一款新产品之前都要经历一个内测阶段，设计师会根据内测的结果对产品进行一定的优化，从而更好地满足受众的需求，也会在一定程度上降低相关的伦理风险。梅可勒和霍恩拜克（Mekler & Hornbæk）设计了一个与产品交互的意义框架并指出：

> 通过与产品进行交互式体验，可以帮助人们提高对产品意义的理解以及进行有价值的计算，从而有助于体验者福祉的实现。①

然而，由于体验感的主观能动性，我们仍不能保证一个设计师可以通过产品自测实现道德感的内化。试想一下：一个极端民族主义者或者是对他国文化不甚了解的设计师设计出明显带有对其他民族偏见化的人工智能体，即使让该设计师与自己的产品进行人机交互道德体验，他也不会觉得有何不妥，甚至认为这是一件非常正确的事情。例如，西方影视作品中的东方形象大多为"眯眯眼"造型，这在许多西方人眼中可能是"东方美"的象征，然而在东方受众眼中该形象却带有明显的文化地域歧视倾向；再比如，红色在东方通常被认为蕴含着喜庆、快乐等正面含义，而在西方则是危险、暴力、停止的象征，这就使得如果将红色作为停止或者危险的标识运用到一些跨文化设备上时，东方受众的认可度会低于西方。因此，在提倡设计师进行产品自测的基础上，还需要调查、了解更多其他用户的人机交互体验。这就要求设计师应认真观察不同客户或同事在人机交互过程中对其设计产品的态度和行为，

---

① Mekler E. D. and Hornbæk K., "A framework for the experience of meaning in human-computer interaction", *Proceedings of the 2019 CHI conference on human factors in computing systems*, 2019。

在理解的基础上形成与他们基本一致的行为逻辑和价值观。例如，在儿童智能玩具的设计中，设计师们往往被要求有一定的同理心，并善于观察儿童在与智能玩具交互过程中的态度、表现以及相关举动的动机。与此同时，在该过程中设计师们也可以有目的地去关注其中的跨文化差异，从而增强自身的文化敏感度，以避免犯一些文化相关的常识性错误。

此外，为保证人机交互道德体验的跨文化特性，设计师可以选择不同文化背景的测试者。罗伯逊（Robertson）指出，在面对"道德困境"时，个体如何做决策与自身的文化水平有关。① 测试者的文化价值观非常影响人机交互实践的测试结果。比如，我们可以参考霍夫斯泰德提出的四种文化价值维度来挑选测试者，包括：个人主义、不确定性规避、男子气概和权力距离。② 依据这四种维度，设计师可以有目的地挑选不同文化维度的测试者：（1）测试者偏向于个人主义还是集体主义？（2）测试者对于不确定性是否容易感到威胁？（3）测试者偏向于男子气概还是女性气质？（4）测试者更接受大权力距离还是小权力距离？通过测试者的挑选，人机交互道德实践的跨文化特性将得到进一步保障。此外，还有直接依据国家、地区进行的测试者分类，最典型的例子如，由阿瓦德等学者（Awad et al.）所带领的来自哈佛大学和麻省理工学院的团队模拟无人驾驶汽车道德决策场景，在线调查了全球233个国家和地区数百万人的道德决策偏好，得出的结论认为，不同地区的文化传统、经济、法治状况与人的道德决策偏好紧密相关。③

二 设计师的道德想象力

道德想象力指的是一个人能够意识到自己行为所包含的道德含义，并且能够通过构造相关的道德情境和创造道德替代方案以克服出现的问题的能力。莫伯格和考德威尔（Moberg & Caldwell）将道德想象力分为三个子认识系统：

---

① 参见 Robertson C. J. et al., "Situational ethics across borders: a multicultural examination", *Journal of Business Ethics*, Vol. 38, 2002。

② 参见 Hofstede G. et al., *Culture's consequences: International differences in work-related values*, London: Sage Publications, 1984。

③ 参见 Awad E. et al., "The moral machine experiment", *Nature*, Vol. 563, No. 7729, 2018。

一是道德敏感性，即能够对不同情境中所涉及的道德伦理原则、意义进行敏锐捕捉和识别判断的能力；二是观点截取能力，即能够超越自身角色界定，并站在一切利益相关者的立场上去考虑不同行为可能造成的影响和后果的能力；三是创造性想象的能力，即能够脱离具体情境去发散思考不同的结果，甚至创造出全新可能的能力。① 归根到底，道德想象力不仅包括产生实用性想法的能力，还包括形成关于何为善、何为道德的想法的能力，并且可以将最符合实际情况的道德想法付诸行动，最终为他人服务的能力。

那么，为什么要充分发展这种道德想象力呢？首先，对于设计师而言，特定情境下运用何种道德伦理往往不是一个选择性的问题，而是一个动态的预判过程。这就需要设计师具备一定的道德想象能力，设计师能够通过预测后果来辅助自己进行正确的人工智能体设计。正如杜威指出：

> 想象可以看作是一场戏剧排练，人们创造性地探索和排练不同的行动方案，而预想的可能性结果和对他人的影响将指导人们做出相应的道德决策。②

其次，增强设计师的道德想象力可以进一步拓宽设计师的视野，减轻其"微观视觉"带来的弊端。"微观视觉"通常用于文学创作中，指诗歌写作中章、节、句等构成成分的具体角度，局部视角服从于宏观视角，也有相对的独立性。③ 在工程类团体组织中，"微观视觉"通常指专注于所从事的领域，而对更广泛的社会问题则"视而不见"。正如我们每个人在社会上都具备不同的社会身份，大部分时候我们都局限于目前的身份而无法想象、感受身份之外的事情。比如还未做父母的年轻人就很难感同身受父母对孩子的一些做法。戴维斯（Davis）指出，造成恶的结果的人，并不一定是因为其意志力比较薄弱或者是本身带有恶的念头，而是因为其视野过于狭窄，无法预见更多的

---

① 参见 Moberg, D. and Caldwell D. F., "An Exploratory Investigation of the Effect of Ethical Culture in Activating Moral Imagination", *J Bus Ethics* 73, 2007。
② ［美］斯蒂文·费什米尔：《杜威与道德想象力——伦理学中的实用主义》，徐鹏、马如俊译，北京大学出版社 2010 版。
③ 参见尹均生主编《中国写作学大辞典》第二卷，中国检察出版社 1998 版。

后果。①

最后，道德想象力的发展也显示着一个人道德的成熟度。一个人是否在道德上成熟取决于他是否能够想象自己的行为如何影响他人、是否能够共情并理解他人，以及是否在必要时能够设想其他行动方案。费尔贝克（Peter-Paul Verbeek）指出可以从"道德想象力"上对设计人员提出责任要求，他认为，"当设计人员试图想象他们所设计的技术在用户行为中可能扮演的中介角色时，他们可以将预期反馈到设计过程中"②。由此可见，设计师道德想象力的培养十分重要，并且道德想象力也体现了创造力和道德决策之间的关系。

如何培养设计师的道德想象力呢？雷斯特（Rest）设计了一个道德推理模型，并判定道德行为依赖四个心理过程：首先是认识道德问题，其次形成自己的道德判断，再次根据自己的道德判断确立道德意图，最后遵循自己的内心做出相应的道德行为，并且只有当这四个部分都出现的时候，才能形成一个道德行为。③ 根据雷斯特提出的道德推理模型，我们可以得出增强设计师道德想象力的四个步骤：第一步，设计师应当扩大其道德共同体的范围，通过观察他人不同的道德伦理想法和观点来增强自己的道德敏感性，并进一步发现设计过程中所存在的道德问题；第二步，设计师们应当根据所面临的实际情况不断地提高自己的道德判断能力，进而增强自己的道德想象能力；第三步，设计师需要参照自己的道德判断进一步反思自己的道德意图；第四步，设计师基于自己的道德意图做出相应的道德行为。经过多次这样的道德活动训练，设计师最终获得比上一次更为丰富的道德体验和经验，这样的道德成长有益于设计师提升道德想象能力。

当然，在培养设计师道德想象力的过程中也会遇到一系列困扰：（1）我们如何获取未发生事件以及自身之外事件的主观体验；（2）道德想象可能不足以使行为合乎道德自主，例如在遵循道德推理的过程中，人工智能体设计师的行为可能会违背他们个人的直接利益或者其他部分人的利益，这需要很

---

① 参见 Davis M., "Explaining wrongdoing", *Journal of Social Philosophy*, No. 20, 1989。
② Verbeek P. P., *Moralizing Technology: Understanding and Designing the Morality of Things*, Chicago: University of Chicago Press, 2011, p. 99.
③ 参见 Rest J. R., *Moral development: Advances in Research and Theory*, New York: Praeger, 1986。

大的道德力量；（3）道德想象力的发展可能会进一步固化人们的某种道德观念，正如前文提到的，受"微观视觉"影响，人们很难想象自己认知以外的情境，而在狭窄视野下，过度发展想象力，反而会进一步增强人们已形成的"刻板印象"。以上这种情况往往出现在辩论比赛中，辩论双方根据自己已有的辩题展开想象力，进行各种争辩，并在赛前准备时预设对方可能会提出的各种论点，其目的和结果最终加深了己方对原有观点的认可度。

在设计师道德想象力的培养上，如何解决这些问题呢？第一，设计师需要对人工智能体所造成的道德影响保持高敏感度，需要想象不同的行动选择及其会造成的后果和影响。而我们获取他人主观体验的关键一步在于培养我们对细节的感知力，以及要学会随着细节变动而调整相关举措。默多克（Murdoch）指出：这种感知力很大程度上取决于一个人习惯将自己的注意力放在哪里，如果一个人的注意力被感知到的威胁线索所吸引，那么道德知觉就会缩小到自我保护的范围。[1] 因此，设计师们为了更好地增强自己的道德想象能力，首先需要有意识地使自己的注意力突破自身角色的局限性，并拓展至整个社会关系网中。这种感知力的培养可以先从设计师周围的人际关系网开始，然后再慢慢拓展边界。第二，道德想象能力不仅仅指头脑中对各种情境后果的预演和思考，更包含着将信念和理想化的目标付诸实际的勇气和决心。有学者曾作出"道德想象的神经生物学根源"假定，在这个假定根源中，个体可以利用前额叶皮层进行自我调节，并通过"自由意志"防止有害行为，参与反思抽象。[2] 当然，这种将想象付诸实际的勇气和努力不仅仅依靠设计师的自主性，更需要运用前面章节所提出的一系列外部约束。如果没有对设计师的自主性进行恰当的约束，设计师的想象就会沦为"想当然"，即想当然地认为设计师能够根据想象的效果来调节行为，并检查信念的行动价值。第三，针对在"微观视角"下的道德想象力可能会加剧设计师的刻板印象这一问题，有学者认为，"协调"往往会在处理自主性和社区等多元价值观方面起着重要的作用，并指出：

---

[1] 参见 Murdoch I., *The sovereignty of good*, London: Routledge, 1970。
[2] 参见 Narvaez D. and Mrkva K., "The development of moral imagination", *The ethics of creativity*, 2014。

情感和理性的协调、人的主观思考能力和无意识的被动适应能力的协调都是十分重要的。①

通过这种协调能力，个体可以利用有关道德情感的力量和智力，同时使用调节和元认知来确保它们引导行为朝着实现道德目标和美德的方向前进。②

由此可见，设计师需要进一步发展协调自身与社会、道德情感与认知的能力，通过这种协调能力，实现自身"微观视角"的突破，从而进一步提高自己的道德想象能力，发展自己的多元价值观。

此外，设计师道德想象力的培养与其文化理解力的提升是正相关的。木村刚（Takeshi Kimura）认为机器人工程师只有熟悉了不同的社会、文化和伦理内涵，才能在产品设计过程中自觉地考虑伦理问题。③ 设计师可以通过短期和长期两种模式进一步提升自己的文化理解力。短期模式包括以下几种。（1）设计师需要定期接受"全球公民培训"，这种培训的课程应当包括沟通方式、商务礼仪等内容。埃文斯等（Evans et al.）认为，全球公民教育应当进行诸如"世界意识"的身份和会员资格、全球背景下的权利和责任、信仰和价值观的多样性、重要的公民素养能力、管理和理解冲突、公平和社会正义等方面的教育。④（2）要尽可能地增加设计师团队组成人员的多样性，使其能够完全代表相关用户群中身份群体的多样性和交叉性。而之所以要增加设计师团队的组成人员，是因为设计师团队属于"嵌入式用户"。所谓"嵌入式用户"，特指公司的员工，他们同时也是公司产品的用户；由于他们被嵌入企业内部和企业外部的使用环境中，他们还拥有了相关需求和解决方案的知识。⑤ 他们

---

① Narvaez D. and Mrkva K., "The development of moral imagination", *The ethics of creativity*, 2014.
② N arvaez D. and Mrkva K., "The development of moral imagination", *The ethics of creativity*, 2014.
③ 参见 Kimura T., "Roboethical arguments and applied ethics: Being a good citizen", *Cybernics: Fusion of human, machine and information systems*, 2014。
④ 参见 Evans M. et al., "Mapping the global dimension of citizenship education in Canada: the complex interplay between theory, practice, and context", *Citizenship Teaching & Learning*, Vol. 5, No. 2, 2009。
⑤ 参见 Schweisfurth T. G. and Herstatt C., "How internal users contribute to corporate product innovation: the case of embedded users", *R & D Management*, Vol. 46, No. S1, 2016。

可以为人工智能体设计提供更多的创新思路，既兼顾公司所要求的市场效益，又能根据自身情况充分理解某些隐形歧视或者由于文化障碍所导致的不道德问题，从而解决人工智能体在设计过程中所面临的跨文化伦理问题。而长期模式主要是指对设计师实施跨文化教育从而培养其跨文化好奇心，减轻其以自我为中心的态度。例如，欧洲委员会举办的 LIAM（成年移民语言融合）项目通过一系列开放性措施帮助成员国制定基于欧洲委员会共同价值观的包容性语言政策，增强各成员国对他国文化的理解与包容。[1] 此外，立足于长期模式，还应当培养设计师们开放、主动思考的态度，并增强其反思批判的能力，以便其学会更积极地理解他国文化，从而正确地处理和应付所遇到的跨文化伦理问题。

第三节　设计师的伦理设计自主权

韦斯特鲁姆（Westrum）认为具有"开放文化"的组织通过鼓励员工在看到需要纠正的事情时采取积极的行动或者积极鼓励员工们利用自己的想象力去探究各种产品的潜在问题的方式，可以有效地验证正在开发的系统的好坏，并防止坏的后果发生。这种防范措施的关键在于组织赋予了员工自主权，因此员工得到了自主思考的许可，从而他们能够充分发挥自己的能动性以调查可能出错的事情。[2] 然而，现实却是人工智能设计师作为同辈群体、组织、职业和社会的一部分，他们经常直接或间接地受到严格的外界约束，在很多情况下不具备充分的自主权。当个体处在一个非常严密的系统中时，个体所作的一切行为（无论好与坏）仅是在执行一个特定的步骤罢了，其根本没有自主选择的权利。这不利于设计师内在道德能力的养成，甚至会造成恶的后果。权力与责任是不可分割的一个整体，有权力，必须有对应的责任，有责

---

[1] 参见 "Reference guide on Literacy and Second Language Learning for the Linguistic Integration of Adult Migrants（LASLLIAM）", Council of Europe, June 2022, https://www.coe.int/en/web/lang-migrants。

[2] 参见 Westrum R., "Cultures with requisite imagination", in John A., Wise V. and David Hopkin, eds. *Verification and validation of complex systems: Human factors issues*, Springer Berlin Heidelberg, 1993。

任,必须有对应的权力,权力为其责任而执行,责任为其权力而负责,而承担后果。设计师内在道德能力养成的前提是其具有一定的伦理设计自主权,只有当设计师被赋予这种权力并自主地做出一系列伦理设计决策时,他们才会更多地考虑自己设计的产品会导致何种后果,并努力确保自己设计的产品是合乎道德的。

事实上,向"员工赋权"并非新鲜事,学界很早就已经从不同维度探讨了"员工赋权"这一概念。员工对自身工作的自主权、公司团队合作形式的变化、将薪酬与绩效挂钩的薪酬体系都可以被称为"授权","授权"的好处就在于它能够提升整个组织的工作效率和决策正确性。本尼斯(Bennis)认为,"员工授权"可以作为有效管理和组织公司的一种领导方法。[1] 坎特(Kanter)认为,向员工授权,公司内部权力和控制的共享可以有效提升整个组织的运行效率。[2] 梅农(Menon)通过调查一家公司的311名员工后发现:(1)授权的强弱取决于员工的工作自主性以及其感受到的工作意义;(2)上司的询问、理解、鼓励和指导行为可以减轻授权的不良因素的影响,有利于"员工授权";(3)授权越大,内部工作动机越高,员工的工作满意度也就越高,与此同时员工所感受到的工作压力也就越低,个人超出规定工作的投入越多。[3] 然而,赋予员工更多的权力也会导致一系列的问题,比如,即使公司总裁将权力赋予员工,但若做不到完全支持员工团队,并努力解决赋权员工与公司管理阶层直接的矛盾,这种赋权的行为依然不起作用。更有学者认为将权力赋予员工的做法在某种程度上加剧了对员工的剥削以及造成事故责任的推诿。帕克和斯劳特(Parker & Slaughter)认为,把权力放给员工实际上运用的是一种压力管理的方法,这种方法通过向员工施压从而迫使员工进行更多的思考工作,最终会导致员工和系统的崩溃。[4]

基于此,当设计师被赋予伦理设计自主权时也需要考虑一系列的问题。

---

[1] 参见 Bennis W. G., "Changing Organizations", *The Journal of Applied Behavioral Science*, No. 3, 1966。

[2] 参见 Kanter R. M., "Power Failure in Management Circuits", *Harvard business review*, No. 4, 1979。

[3] 参见 Menon S. T., *Employee empowerment: definition, measurement and construct validation*, Montreal: McGill University press, 1995。

[4] 参见 Parker M. and Slaughter J., "Management-by-tress: The team concept in the US auto industry", *Science As Culture*, Vol. 1, No. 8, 1990。

第一，如果设计师的伦理设计决策与组织上级发生冲突，应该如何抉择？第二，当设计师对于产品可能诱发的不同后果产生不同的价值观取向时，该如何保障何种价值观更正确呢？如何确保设计师不是出于外界压力，而是发自内心做出的伦理设计决策呢？第三，由于人工智能产品的受众也具备自主权，他们也会判断该产品是否符合自己的道德期望，因此设计师必须尊重受众的意愿，然而，当设计师的道德观与受众的道德观不一致时，设计师们又该如何运用自己的伦理设计自主权呢？这些问题归根到底在于如何把握赋予设计师伦理设计自主权的度，即如何平衡外在约束和设计师道德自洽的关系。设计师们的伦理设计自主权指的是在一定的外部监督下的一种兼容行为，即在一定的语境下做出兼顾专业性和道德性的判断能力，并不是绝对自由。而之所以如此，是因为这种适当的监督不仅可以为工程师的某些行为进行辩护，更能让他们对抗一定的管理压力。比如政府规定企业应当兼顾社会效益和经济效益，那么设计师们在设计人工智能系统过程中，就可以更多地考虑道德问题兼顾社会利益，尽管其所在的公司更多地强调经济效益。

目前，平衡外部监督和设计师团体道德决策自洽关系的常见做法是提供一套规则来赋予设计师一定的伦理设计自主权。然而，这套规则不同于上述章节中所提出的伦理原则手册。在此，我们可以参考医学伦理中常见的护士道德自主权案例，贝尔根（Mary A. Blegen）在1993年对1086个护士进行调查，调查结果显示了护士自主道德决策的四个偏好：（1）需要将一系列具体的决定移交给护士，该决定应当是关于制定政策、程序、单位目标、工作描述和质量保证的标准；（2）护士希望对医院该如何运作这一问题有更多的发言权；（3）管理人员要尽可能地增加护士的参与度，并在这方面鼓励和协助他们，同时要就此制定相关规定；（4）护士长应该注意到并期望有学士学位准备的护士和那些参与专业组织的护士有更大的参与愿望。①

结合该调查结果，本书认为赋予设计师伦理设计自主权的规则应当包含以下几个内容。（1）能对设计师的决定做出是否具备道德的判断。（2）对设

---

① 参见 Blegen M. A. et al., "Preferences for Decision-Making Autonomy", *Image—the journal of nursing scholarship*, Vol. 25, No. 4, 1993。

计师的决定做出是否符合道德原则的判断并说明理由（若不符合是选择放弃，还是修改）。（3）决定什么样的替代设计或什么样的改变是合适的和合乎道德的。（4）企业的管理人员应当鼓励和支持设计师自主做出伦理设计决策。事实上，赋予设计师伦理设计自主权也是一种参与式管理的扩展行为，即设计师们参与了组织的部分决策，他们在组织整体文化中行使自己的道德决策权，从而进一步增强自己的道德敏感性、文化理解力和道德想象力，推动自己内在道德能力的养成。

第四节　儒家伦理对设计师跨文化道德能力养成的启示

相较于西方伦理注重道德抽象知识、原则，中国儒家伦理更注重道德经验和实践，并且这些都是根植于自身在家庭、社会关系中所承担的重要角色，即从所承担的社会角色中找到道德行动的"指南"。[①] 齐景公向孔子请教为政之道时，孔子用一句话概括了不同身份角色应当承担的义务："齐景公问政于孔子。孔子对曰：'君君，臣臣，父父，子子。'"（《论语·颜渊》）华人学者刘纪璐认为，"社会角色不只是社会任务（social assignment）；它还是道德任务（moral assignment）"[②]。君尽君道，臣尽臣道，父尽父道，子尽子道。这里面不仅包含了不同身份角色所对应的职责，也包含了其应有的道德责任，比如君王关爱体恤百姓，大臣忠心辅佐君王，父母抚养教育孩子，孩子要孝敬双亲。设计师不仅是一个职业，也是一个重要社会角色，其能够通过设计的技术产品影响社会，设计师的道德责任至少包含两个层次：一是对客户和用户负责，二是承担社会道德责任。前者是从具体的人工智能产品用途出发，需要设计师遵循职业道德或行为准则，以避免人工智能伦理风险的发生；后者是基于技术对社

---

① 参见［美］安乐哲《儒家角色伦理学——一套特色伦理学词汇》，［美］孟巍隆译，田辰山等校译，山东人民出版社2017年版。
② Liu J., "Confucian robotic ethics", *The Relevance of Classics under the Conditions of Modernity: Humanity and Science*, 2017.

会的塑造性、系统性影响,设计师要主动肩负起责任,将道德或价值纳入设计过程中,比如将隐私、安全、人的自主性等理念贯彻于人工智能产品设计全过程,最终实现人工智能产品对个人、社会或环境的整体性目标。①

然而,"以对道德负责的方式进行设计是一个进化的过程,我们不能一概而论地试图按部就班地遵循预先确定的规则,因为环境在变,人在变,整个系统也在进化"②。作为设计师该如何应对这一动态的变化性呢?在儒家文化中"学"既是人的道德养成路径,也是在动态的变化中寻找"恰当性"的重要方法。在《论语·阳货》中记载了一段孔子与仲由的对话:"子曰:'由也,女闻六言六蔽矣乎?'对曰:'未也。''居。吾语女。好仁不好学,其蔽也愚;好知不好学,其蔽也荡;好信不好学,其蔽也贼;好直不好学,其蔽也绞;好勇不好学,其蔽也乱;好刚不好学,其蔽也狂。'"可见,在孔子眼中"学"不仅是一种知识的掌握,更是要结合具体的情境来学习并践行道德行为,不懂得道德行为的"恰当性"就会走向另一种极端。设计师在面对动态变化且是"跨文化"的道德情境时,也要"学",具体来说,有以下几个发力点:(1)设计师需要细致入微地观察不同文化的特点以及在其背景下人们倾向于做出的道德决策,以更全面地了解各种文化的价值取向和偏好;(2)设计师需要积极参与跨文化的交流,倾听不同文化背景的人对人工智能体伦理原则嵌入的看法和反馈,拓宽自己的设计视野;(3)设计师要在观察的基础上对不同情况下的不同道德决策进行批判性反思和评估,能够更好地理解自己的伦理取向;(4)设计师通过实践整合过往的经验,逐步发展自身的道德敏感性,能够更加敏锐地察觉潜在的伦理问题,进而可以在跨文化的设计环境中做出恰当的伦理决策。

此外,儒家所提出的"恕""和"等伦理思想本身就蕴含着跨文化包容性设计理念。何谓"恕"?子曰:"其'恕'乎!己所不欲,勿施于人。"(《论语·卫灵公》)这样一种"道德金律"至少可以从两个方面为设计师跨文化道

---

① 参见 Fiore E., "Ethics of technology and design ethics in socio-technical systems: Investigating the role of the designer", *FormAkademisk*, Vol. 13, No. 1, 2020。

② Fiore E., "Ethics of technology and design ethics in socio-technical systems: Investigating the role of the designer", *FormAkademisk*, Vol. 13, No. 1, 2020.

德能力养成带来启示。一是尊重差异。杜维明认为,"恕道首先是尊重他者。有了尊重才能承认差异,才能够互相学习和交流"①。不同文化之间必然存在差异,如果不尊重彼此的差异,对话很难展开。设计师需要在设计过程中有意识地考虑不同文化和价值观的差异,并学会尊重差异,在制定人工智能体的行为准则和决策模型时兼顾跨文化道德差异性。二是表达社会的共同诉求。"己所不欲,勿施于人"就是将心比心,推己及人,自己不愿意的,就不要施加给别人。考虑跨文化道德设计时不仅要考虑彼此的差异,还要看到不同文化中的道德共性。"恕"正是凭借着"对人的内在的没有强制性的表达与诉求",而"可能成为整个社会的表达与诉求",因此,可以"作为我们社会每一角色所遵守的'最低伦理准则'"②。另外,儒家还倡导"和而不同",它体现了差异性与共性之间的辩证统一。"和"不是机械地通过"削弱"差异性的"和合",而"是一个创造性与丰富性结果——差异性被协调为导致出一种最佳状态"③。就跨文化人工智能伦理设计来说,这种"最佳状态"是不同文化、文明互鉴的结果。因此,设计师应当通过学习、理解多元文化,培养自身对不同文化背景下伦理、价值观的宽容态度,最终设计出更具包容性的人工智能产品,这些产品不仅能够更好地满足全球用户的需求,更在跨文化伦理适应和社会互动方面展现更高的成熟度。

随着人工智能技术的跨文化发展,因不符合当地文化传统而导致智能歧视、算法偏见的伦理事件时有发生。本章从设计师伦理责任意识培养的角度出发,认为设计师是直接影响跨文化人工智能伦理设计的关键要素之一。而培养设计师的伦理责任意识可以从外在伦理原则和内在道德能力两个方面入手,具体而言,外在约束可以通过构建跨文化伦理原则、文化适应性工程类"誓言"推动强化设计师伦理责任的落实。其中,需要解决两个问题:第一,设计师跨文化伦理原则如何从理论落实到实践中;第二,文化适应性工程类"誓言"的相关内容如何内嵌于设计师伦理责任意识的培养过程中。本章提出

---

① 杜维明:《儒家的恕道是文明对话的基础》,《人民论坛》2013年第36期。
② 刘火:《"恕"的当代意义——兼议〈儒家角色伦理学〉》,《文史杂志》2022年第1期。
③ [美]安乐哲:《儒家角色伦理学——一套特色伦理学词汇》,[美]孟巍隆译,田辰山等校译,山东人民出版社2017年版。

了不同的解决路径，针对第一个问题，笔者主要从构建道德审计治理机制入手，提出解决方案；针对第二个问题，笔者从"誓言"的内容设计入手，提出解决方案，其中最关键的是增强誓言内容设计的透明度，以及增强"誓言"的可接受性。而设计师内在道德能力的提升可以通过"授予"设计师一定的伦理设计自主权，以及通过培养设计师的文化理解力、道德敏感性、"道德想象力"等途径来实现，这些途径从内部保证了设计师的跨文化视野、伦理自觉以及伦理道德责任。此外，儒家伦理基于生活实践、身份角色的道德养成路径，以及"恕""和"等包容性伦理思想为设计师跨文化道德能力养成提供了丰富的理论资源。总之，通过强调设计师在跨文化人工智能伦理设计过程中的重要作用，进一步突显了人类在人工智能系统开发中的重要性。然而，随着 ChatGPT、Sora 等 AI 大模型的快速迭代，人工智能体的智能自主化程度明显提升，它们自身也可以通过伦理算法、机器学习等方式来自主学习人类的道德伦理，这对我们进一步深入思考跨文化人工智能伦理设计提出了新挑战，我们将在人工智能伦理代理相关章节中再深入分析。

第五章 人工智能的义务论算法、功利主义算法及其跨文化情境局限

除了设计师的跨文化视角能直接影响人工智能的伦理设计外,道德理论的选择也很关键,在人工智能的伦理设计思路中常被考虑的道德理论主要包括义务论、功利主义和美德伦理,然而义务论的抽象原则和功利主义的伦理计算都忽视了道德情境的复杂性,最终表现出缺乏"跨文化情境敏感性",本章将具体指出跨文化情境人工智能义务论算法与功利主义算法的局限所在。

第一节 人工智能道德决策的复杂跨文化情境

将伦理原则嵌入机器或者让机器自主学习伦理原则的根本目的是教会智能机器能够在复杂道德情境中进行道德决策。人工智能道德决策是当今人工智能伦理研究的热点问题之一,一种常见的思路是通过"电车难题"道德困境(moral dilemmas)来探索人工智能道德决策设计的伦理依据、实施路径等。许多学者甚至试图将"电车难题"作为人工智能道德决策的核心范式,认为无人驾驶汽车的出现使得原本抽象的"电车难题"思想实验变为现实。[1] 阿瓦德等(Awad et al.)也利用类似道德困境开展了"道德机器实验",在线调查了全球 233 个国家和地区数百万人的道德决策偏好。[2] 但与传统"电车难题"不同的是,阿瓦德等将研究的重点转移至道德决策情境的复杂性,尤其

---

[1] 参见 Nyholm, Sven, and Jilles Smids, "The ethics of accident-algorithms for self-driving cars: An applied trolley problem?" *Ethical theory and moral practice*, 2016。

[2] 参见 Awad, Edmond, et al., "The moral machine experiment", *Nature* 563.7729, 2018。

第五章　人工智能的义务论算法、功利主义算法及其跨文化情境局限

注重分析跨文化情境对人工智能道德决策的直接影响。尽管他们的设计思路也是基于"不可避免的伤害",但他们所设计的道德困境不仅仅限于人数对比,而是扩大到性别、年龄、职业、身份等更接近现实的人物特征差异,并且考虑了"道德决策者"的文化差异。相比较而言,阿瓦德等的"道德机器实验"是对传统"电车难题"的突破,从某种意义上说,这也是将人工智能道德决策问题的跨文化情境彰显出来,让其成为人工智能伦理研究中的显性问题之一。事实上,如果过于依赖"电车难题"研究范式,就会遮蔽人工智能道德决策的跨文化情境问题。

"电车难题"可以表述为:在一辆"失控"的电车上,电车司机可以把车开向一条轨道牺牲一个人而拯救五个人,或者开向另一条轨道牺牲五个人而拯救一个人。[①] 可以看出,在"电车难题"的设计中电车司机根本不涉及跨文化差异。而阿瓦德等的"道德机器实验"则不同,他们是将无人驾驶汽车的道德决策权交给了世界各地不同文化背景的"道德决策者"。相同的道德困境,不同文化的"道德决策者"会做出不同的道德选择。尽管"电车难题"和"道德机器实验"的核心假设是"不可避免的伤害",无论做出哪种道德决策,最终的结果都会造成伤害。但"电车难题"却忽略了"道德决策者"的文化背景,而"道德机器实验"将文化背景作为无人驾驶汽车道德决策的重要影响因素,因此更符合真实的道德决策情境。事实上,"电车难题"的问题域不是关于能否以及如何解决电车碰撞过程中的道德问题,而是以确定性的道德困境为手段,考察关于道德的"不同规范性问题",如道义论和功利主义的区别,"'积极'义务和'消极'义务的区别"等。[②] 而"道德机器实验"试图将静态、抽象的道德困境难题变得更为动态、具体,更加贴近人工智能技术在世界跨文化地区广泛应用的现实。

人工智能道德决策不是靠想象出来的,而是立足于真实的跨文化道德情境。此外,随着人工智能技术的深度应用,无人驾驶汽车道德决策情境的跨

---

①　参见 Foot, Philippa, *The problem of abortion and the doctrine of double effect*, Oxford: Oxford University Press, 1967。

②　参见 Nyholm, Sven, and Jilles Smids, "The ethics of accident-algorithms for self-driving cars: An applied trolley problem?" *Ethical theory and moral practice*, 2016。

文化特性甚至还远超于传统人类驾驶员道德决策情境，例如，智能助理、社交机器人等技术使"人—机"技术在世界范围内广泛应用，并且使得不同文化广泛传播、彼此之间深度交融。"如果人工智能时代'人机共生'社会出现，那么'人机共生'关系将会成为认识道德判断复杂性的起点。"① 这种基于现实道德决策情境的跨文化特性和基于"技术—道德"动态变化所裹挟的文化融合性都对人工智能道德决策构成了复杂性挑战，因此，人工智能道德决策问题被凸显为：如何使人工智能体能够在复杂跨文化道德情境中进行高度适应的灵活道德决策，最终实现与文化特征相匹配的道德化结果？为人工智能体设计合适的伦理算法以适应复杂跨文化道德情境是一条可行的路径。依据经典道德理论，伦理算法至少可以分为三种：义务论算法、功利主义算法、美德伦理算法。哪一种更为可行呢？下面将分别予以考察。

第二节　义务论算法局限：普遍道德法则难以适应跨文化差异②

康德是道德义务论的代表，他的思想影响深远。关于什么是义务，有两点值得我们去考虑。一方面，康德认为义务"包含着一个善的意志的概念"；另一方面，"义务就是出自对法则的敬重的一个行为的必然性"。③ 而要以"善的意志"为出发点来设计人工智能道德将会面临巨大的挑战，甚至是不可能完成的任务，因为人工智能体的意志问题在理论上悬而未决，争论较大，后面将详细论述。那么能否从"法则"入手来设计人工智能道德呢？康德提出了一条非常有名的"定言命令式"，即"要只按照你同时能够愿意它成为一个普遍法则的那个准则去行动"④。而这一"命令式"就是义务遵循的法则，

---

① 胡术恒、向玉琼：《人工智能体道德判断的复杂性及解决思路——以"人机共生"为视角》，《江苏大学学报》（社会科学版）2020年第4期。
② 参见王亮《人工智能体道德设计的美德伦理路径：基于道德强化学习》，《自然辩证法研究》2022年第10期。此处有改动。
③ 李秋零主编：《康德著作全集》第4卷，中国人民大学出版社2005年版，第403—407页。
④ 李秋零主编：《康德著作全集》第4卷，中国人民大学出版社2005年版，第428页。

第五章　人工智能的义务论算法、功利主义算法及其跨文化情境局限

是"义务的一切命令式的原则"①。简单来说，从"法则"入手来设计人工智能道德至少有两个步骤：（1）存在一种道德准则；（2）这一道德准则能够接受普遍法则的检验，或者说道德准则可以普遍化。顺利完成第一步骤是没有问题的，因为"准则是行动的主观原则"，主体可以对其进行规定②。比如，设计师在设计社交机器人时规定它"不能说谎"。但第二步骤往往难以实现，因为现实的道德情境往往是复杂多样的，将具体道德准则抽象化为普遍法则面临着极大的挑战。考虑道德情境理论中的一个经典案例，假设"不能说谎"是道德准则，但在"二战"中一些人为了帮助拯救犹太人的生命而不得不向纳粹撒谎，此时如果不说谎话就成了纳粹的帮凶。在现实生活中我们也经常使用善意的谎言，"不能说谎"显然无法成为普遍法则。阿瓦德等模拟无人驾驶汽车道德决策场景的实验结果也直接证明了很难在文化差异地区使用一种普遍化的无人驾驶汽车道德行为准则。③

尽管如此，义务论逻辑具备将道德规则或者原则形式化的优势，④ 而算法本身就是一种形式化框架，因此，利用算法为人工智能体设置义务论道德指令，并让它们按照指令行动是一种较为成熟的机器道德决策方法。不少学者为此付出了努力，但有利有弊，义务论算法的这一优势也决定了其自身的限度，在面向跨文化复杂道德情境时，义务论算法的限度尤其明显。下面将例举一些学者的观点进行讨论。

芭芭拉·赫尔曼（Barbara Herman）在《道德判断的实践》一书中设想了"康德式道德机器"设计方案：（1）道德机器必须"具有一种自然的描述性语言"；（2）道德机器的核心是拥有"道德上突出的特征的清单"；（3）道德突出特征与自然描述之间具备"恰当的相互关系的映射指令"。⑤ 例如，机器对"A 打 B 的鼻子"这一事件做出道德判断，它能凭借内置道德清单识别

---

① 李秋零主编：《康德著作全集》第 4 卷，中国人民大学出版社 2005 版，第 429 页。
② 李秋零主编：《康德著作全集》第 4 卷，中国人民大学出版社 2005 版，第 429 页。
③ 参见 Awad, E. et al. , "The moral machine experiment", *Nature*, Vol. 563, No. 7729, 2018。
④ 参见 Bringsjord, Selmer, Konstantine Arkoudas, and Paul Bello, "Toward a general logicist methodology for engineering ethically correct robots", *IEEE Intelligent Systems*, Vol. 21, No. 4, 2006。
⑤ ［美］芭芭拉·赫尔曼：《道德判断的实践》，陈虎平译，东方出版社 2006 年版，第 118—119 页。

出这一事件中的"伤害"道德突出特征,并按照映射指令做出反应。① 可以看出,赫尔曼的这一设想十分有吸引力,但问题是它是否就是"康德式"的道德机器呢?或者说内嵌于机器的道德突出特征清单能否与康德的道德法则相类比?赫尔曼关于"康德式道德机器"的设想与其"道德显著规则"(rules of moral salience,RMS)理论一脉相承,她认为这一理论能够解决康德义务论的"义务冲突问题"。② 如上述所例举的通过撒谎拯救犹太人的事件,在这一事件中"仁慈"与"诚实"就是一种义务冲突,而道德行为者只有凭借"道德显著规则"才能将这一"义务冲突"凸显出来,并且权衡特定情境中不同义务的"分量",为最终的道德判断提供依据。③ "道德显著规则"之所以能够使道德行为者具备这样的"道德敏感性",是因为"这些规则在一种道德教育中经习得而作为要素,它们把一个行为者对他情形的感知结构化,以使他所感知到的是一个具有道德特征的世界"④。这也是赫尔曼在道德机器中设置道德突出特征清单的理论来源,道德清单使机器也具备一定程度的"道德敏感性",进而为复杂道德情境中的道德决策提供依据。也可以看出,"道德显著规则"是通过一种"自下而上"的经验习得获得的,不仅如此,赫尔曼也并不否认"情感敏感性"对"道德显著规则"形成的积极作用。⑤ 而这样一种观念完全不符合康德道德学说的本意。康德之所以如此强调道德的普遍法则,意欲彰显人的理性的力量,并且道德法则只有依据"先天原则"才能有效,而人类的经验只是一种道德"见证",它不构成"道德形而上学"根据,更不是道德感知结构化的关键,在康德那里,道德法则、内在道德感知结构只能通过"自上而下"的方式获得。⑥ 因此,赫尔曼与康德道德思想背道而驰的道德机器只能是一种伪"康德式道德机器"。

其实,解决义务冲突最典型的方法是进行义务优先性排序,最广为流传

---

① 参见[美]芭芭拉·赫尔曼《道德判断的实践》,陈虎平译,东方出版社2006年版,第118页。
② [美]芭芭拉·赫尔曼:《道德判断的实践》,陈虎平译,东方出版社2006年版,第123页。
③ 参见[美]芭芭拉·赫尔曼《道德判断的实践》,陈虎平译,东方出版社2006年版,第123—125页。
④ [美]芭芭拉·赫尔曼:《道德判断的实践》,陈虎平译,东方出版社2006年版,第121页。
⑤ [美]芭芭拉·赫尔曼:《道德判断的实践》,陈虎平译,东方出版社2006年版,第129页。
⑥ 李秋零主编:《康德著作全集》第5卷,中国人民大学出版社2007版,第222—224页。

第五章　人工智能的义务论算法、功利主义算法及其跨文化情境局限

的义务论框架是阿西莫夫机器人三定律，其具体表述如下：

一、机器人不得伤害人类，或因不作为而使人类受到伤害。
二、除非违背第一法则，机器人必须服从人类的命令。
三、在不违背第一及第二法则的情况下，机器人必须保护自己。①

阿西莫夫机器人三定律的义务层次分明，它将保护人类作为最优先义务，将服从命令和保护机器人分别作为第二、第三义务。有学者通过类比将其改造为无人驾驶汽车紧急碰撞时的道德义务定律：

一、无人驾驶汽车不得伤害人类，或因不作为而让人类受到伤害。
二、无人驾驶汽车必须服从人类的命令，除非这种命令与第一定律相冲突。
三、无人驾驶汽车必须保护自己的存在，只要这种保护不违反第一或第二定律。②

在技术设计上，一些人工智能研究者已经将道德义务定律嵌入智能机器中，例如，布林斯乔迪等（Bringsjord et al.）做了一些技术性工作，他们开发了一套"Natural Deduction Language, NDL"程序设计语言，将自然语言的义务论框架抽象为逻辑函数，并进一步编码为计算机可以操作的运算符进行运算。③ 阿库达斯等（Arkoudas et al.）将"道义逻辑"编码并通过计算机的"自动化定理证明（ATP）"程序进行运算，最终验证了机器遵循义务论道德推理的有效性。④ 布里格斯和朔伊茨（Briggs & Scheutz）也通过逻辑函数编码

---

① ［美］艾萨克·阿西莫夫：《银河帝国 8：我，机器人》，叶李华译，江苏文艺出版社 2013 年版，扉页。
② Goodall N. J., "Ethical Decision Making During Automated Vehicle Crashes", *Transportation Research Record: Journal of the Transportation Research Board*, Vol. 2424, No. 1, 2014.
③ 参见 Bringsjord, Selmer, Konstantine Arkoudas, and Paul Bello, "Toward a general logicist methodology for engineering ethically correct robots", *IEEE Intelligent Systems*, Vol. 21, No. 4, 2006。
④ 参见 Arkoudas K., Bringsjord S. and Bello P., "Toward ethical robots via mechanized deontic logic", *AAAI fall symposium on machine ethics*, Menlo Park, CA, USA: The AAAI Press, 2005。

的方式开发了"DIARC/ADE"义务"拒绝"型机器架构,并通过"机器人拒绝前行命令"人机交互实验证实了这套义务论算法的有效性。①

但仔细考察,在现实的跨文化复杂道德情境中,这种义务排序是否真正解决了义务冲突问题呢?首先来看第一条定律——"不得伤害人类",如何来定义伤害?如果是轻微的伤害是否也应当避免?考虑人类可接受的轻微伤害与不可接受的重大财产损失之间的冲突,并不是所有人都愿意因避免伤害而遭受巨大经济损失。②另外,正如道德困境中所描述的,有时伤害不可避免,是避免乘客受伤害还是行人呢?按照阿瓦德等"道德机器实验"的分类,他们又可以区分为婴幼儿、老人、无家可归者、社会精英、男人、女人等,到底应当让谁避免受到伤害?不同文化地区的人对此有不同的思考,比如"道德机器实验"结果显示,儒家传统地区的人更趋向于保护老年人,这显然受到了儒家"尊老爱幼""孝"等文化影响;而西方文化更重视自然竞争法则,更趋向于保护年轻人或孩子。此外,为了避免道德义务冲突,是否可以依据跨文化差异再针对具体情境进行更细致的优先排序呢?例如,将行人排在第一,乘客排在第二,其他排在后面;进一步,将行人中的婴幼儿排在第一,其他排在后面……总之,随着情境的复杂程度增加,需要添加的道德规则也增加了。其次,考虑第二条定律——"无人驾驶汽车必须服从人类的命令",这个很难做到,因为在紧急事件中结果往往难以预估,有时人类的判断还不及无人驾驶汽车准确。考虑一种迎面来车碰撞事故,当无人驾驶汽车智能系统的计算和响应能力强于人类,并且不受情绪干扰,它们能够更合理、迅速、精准地规划路线和速度,此时是否应当将控制权交给智能系统呢?如果针对已预测到的风险不是由智能系统来控制,而是由缺乏经验的人类驾驶员控制,这是否符合不同文化地区的道德规范呢?③但如果完全相信智能系统也会存在风险,智能系统太过于灵敏或者突然失灵也会造成事故,酿成悲剧。

---

① 参见 Briggs, Gordon Michael, and Matthias Scheutz, ""Sorry, I can't do that": Develo** mechanisms to appropriately reject directives in human-robot interactions", *2015 AAAI fall symposium series*, 2015。

② 参见 Gerdes J. Christian and Sarah M. Thornton, "Implementable ethics for autonomous vehicles", *Autonomes Fahren: Technische, rechtliche und gesellschaftliche Aspekte*, 2015。

③ 参见 Gerdes J. Christian and Sarah M. Thornton, "Implementable ethics for autonomous vehicles", *Autonomes Fahren: Technische, rechtliche und gesellschaftliche Aspekte*, 2015。

第五章　人工智能的义务论算法、功利主义算法及其跨文化情境局限

可见，当我们将跨文化差异维度嵌入其中，考察的情境越具体、细致，道德义务冲突就越多，我们就需要越多的规则来避免这种冲突。这样至少会存在两个问题：第一，我们能否穷尽文化差异背景下的所有情境？第二，即便穷尽了，我们能否通过道德规则设计来覆盖所有情境？就第一个问题而言，显然做不到，因为单一文化背景下的情境就难以穷尽，跨文化差异情境更加复杂多样。即便所有情境都考虑周全了，也很难用已有的道德规则完全覆盖它们，正如古道尔（Noah J. Goodall）所强调：

> 虽然义务伦理学可以在许多情境下提供指导，但它不适合作为一个完整的伦理体系，因为任何一套规则都是不完整的，而且将复杂的人类伦理表达为一套规则是很困难的。[1]

这种困难不仅体现在义务论所固有的完整性、表达性缺陷上，而且还体现在工程设计上。因为义务论道德推理不可能覆盖全部情境，它只能在特定的情境中起作用，而"每一个情境都必须被明确地编入知识表征或关联它们的推理模式中"，它需要"无限复杂的知识数据库"，因此，"要掌握义务论系统的所有情境就需要极大的工程工作量"。[2]

总之，通过义务论算法嵌入伦理原则有三方面局限。第一，义务论逻辑和计算指令都是一种"硬"推理，它适用于精确且显性的道德规则，而在面向跨文化复杂道德情境时，道德决策过程变得较为模糊，除了逻辑，道德决策过程还受到文化、直觉等"软"条件影响。第二，我们无法穷尽所有道德规则来覆盖全部跨文化道德情境，这是个体认知局限在道德领域的体现，"虽然义务伦理学可以在许多情境下提供指导"，但要将其表达为一套完整的规则是很困难的。[3]

---

[1] Goodall N. J., "Ethical Decision Making During Automated Vehicle Crashes", *Transportation Research Record: Journal of the Transportation Research Board*, Vol. 2424, 2014.

[2] Klincewicz M., "Challenges to Engineering Moral Reasoners: Time and Context", Patrick Lin, Ryan Jenkins, & Keith Abney (eds.) *Robot Ethics 2.0: From Autonomous Cars to Artificial Intelligence*, Oxford: Oxford University Press, 2017, pp. 251-252.

[3] 参见 Goodall N. J., "Ethical Decision Making During Automated Vehicle Crashes", *Transportation Research Record: Journal of the Transportation Research Board*, Vol. 2424, 2014。

第三,即便机器通过"算力"能够穷尽已有道德规则,义务论算法从设计到实践仍然存在"设计期知识鸿沟(design-time knowledge gap)",在传统计算机编程范式中义务论逻辑及其编码是被提前设计好的,然而在算法的"原地决策"过程中,总有跨文化动态差异,文化本身也会随技术的革新而发生变化,伦理学家和工程人员并不总是能够准确预测这些未知变化,此时依据已有文化传统设计的"旧"道德算法就会失灵。① 总之,对于简单道德推理问题,义务论算法能够简化、抽象并完成推理,但这样的抽象化道德算法难以适应具体、复杂、动态的跨文化道德情境。接下来,我们将目光转向功利主义算法。

第三节 功利主义算法局限:难以计算的幸福体验②

功利主义对以算法为核心的道德机器设计似乎有着天然的优势,边沁(Jeremy Bentham)很早就提出,注重结果的功利主义实则是一种"道德运算(moral arithmetic)"③。有学者利用"享乐行为功利主义"的"道德运算(moral arithmetic)"设计了可以计算行为后果的道德机器,其基本设想是以相关参数为衡量指标,求取最大化"净善(net good)"值,对应的函数是"总净快乐=Σ(强度×持续时间×概率)",最终通过计算挑选出最大总净快乐值并依此进行决策。④ 相比较而言,克鲁斯(Cloos)设计的功利主义算法——"福祉软件网络(Wellnet)"更为复杂,它包含了四大模块,前两个模块是利用"贝叶斯网络(Bayesian networks)"来模拟环境状况,第三个模块是"决策网络(Decision Network)",最后一个模块是"Wellnet Planner",其主要作用是

---

① 参见 Héder M.,"The epistemic opacity of autonomous systems and the ethical consequences",*AI & SOCIETY*, 2020。

② 参见王亮《人工智能体道德设计的美德伦理路径:基于道德强化学习》,《自然辩证法研究》2022 年第 10 期。此处有改动。

③ Anderson M. and Anderson S. L.,"Machine Ethics: Creating an Ethical Intelligent Agent",*AI Magazine*, 2007, Vol. 28, No. 4.

④ Anderson M., Anderson S. L. and Armen C.,"Towards machine ethics: Implementing two action-based ethical theories",*Proceedings of the AAAI 2005 fall symposium on machine ethics*, 2005, p. 2.

第五章　人工智能的义务论算法、功利主义算法及其跨文化情境局限

"计算潜在行动方案的效用",总体来说,"福祉软件网络"的基本操作步骤也是通过四大模块之间的建模、输入、输出值来求取最优解。① 支持功利主义算法的学者认为它至少具备这些优点:第一,处理精确且复杂的计算是人工智能系统的优势,而人类却不擅长,因此机器计算的结果更准确,相应的决策依据也更可靠;第二,机器更为客观,人类则有偏好倾向;第三,人类的计算能力和预测能力无法和机器相媲美,机器具备预测出所有可能结果的潜力;第四,机器具备速度优势,能最快地计算出结果并进行决策。②

功利主义的这些优点十分具有理论的吸引力,但在具体跨文化道德实践中它却难以真正实现。我们将从功利主义的特征入手,结合功利主义算法的工程学设计思路,找出其理论的局限性。与其他伦理学理论相比,功利主义有三个较明显的特征:第一,有明确的推理程序来推测行为后果;第二,"更为重视行为的后果";第三,追求功利最大化。③ 明确的推理程序是指功利主义内含一套将行为与后果联系起来的"计算"规则或者公式。第二个特征则突出了后果尤其是后果的预期价值对于功利主义道德决策至关重要。第三个特征突出了功利主义的根本指向,通过对后果的比较、分析选择能够实现功利最大化的行为。将这些特征贯彻到功利主义算法的工程学设计中:

第一步,具体说明可能的行为方针 $A_1…A_n$ 或者行为规则 $R_1…R_n$;

第二步,确定(预测) $A_1…A_n$ 或 $R_1…R_n$ 的可能的后果 $C_1…C_n$;

第三步,运用最大幸福原则(GHP),从 $C_1…C_n$ 中挑选出 C_x,这就是得到最大幸福和/或最少不幸的结果;

第四步,对应地选择行为方针 A_x 或规则 R_x。④

---

① 参见 Cloos C., "The Utilibot project: An autonomous mobile robot based on utilitarianism", 2005 *AAAI fall symposium on machine ethics*, 2005。

② 参见 Anderson M. and Anderson S. L., "Machine ethics: Creating an ethical intelligent agent", *AI magazine*, Vol. 28, No. 4, 2007。

③ 参见姚大志《规则功利主义》,《南开学报》(哲学社会科学版) 2021 年第 2 期。

④ Klincewicz M., "Challenges to Engineering Moral Reasoners: Time and Context", Patrick Lin, Ryan Jenkins, & Keith Abney (eds.) *Robot Ethics 2.0: From Autonomous Cars to Artificial Intelligence*, Oxford: Oxford University Press, 2017, p.245.

就第一步来说，行为规则很有可能表现出与实际跨文化道德情境不符，因为（1）行为规则具有滞后性，与义务论算法类似，人工智能系统所嵌入的规则是由设计师在规则实施之前就设定好的，具有独特文化背景的道德情境随着时间推移、空间变换而发生变化，滞后的行为规则不一定适应于当前、当地文化背景的道德情境；（2）行为规则具有简单性，与义务论相似，功利主义行为规则也是通过"自上而下"的方式嵌入智能系统之中，受理论和工程的挑战，所嵌入的规则往往是简单、抽象的，而现实跨文化道德决策情境是多样、动态的，显然，在复杂的跨文化道德情境中简单规则很难起作用。此外，行为规则"算法的自由设置权"消解了行为规则的客观性和公正性，因为很难保证设置算法的工程人员不带有跨文化偏好倾向。①

而第二步中的后果（$C_1...C_n$）只是作为一种预测性的结果出现，它的准确性与行动方针或行动规则的应用情境紧密相关，如果具体跨文化道德情境复杂、模糊，预测的难度就相对较大，预测的结果就不准确。在《奇点临近》这本书中，库兹韦尔（Ray Kurzweil）提出了"加速循环规则"，指出了人类所创造的技术正在以指数级的速度加速演进，其将促使人类社会产生根本性变革，人工智能、人类增强、纳米技术等将会出现爆炸式突破，最终将人类带入前所未有的"奇点"。这一前景是好是坏？当代伦理学家维乐（Shannon Vallor）认为技术的加速演进必将造成"技术社会模糊性（technosocial opacity）"，亦即我们无法准确预测采用新技术将如何改变我们的社会，包括我们的文化。② 至少在道德领域将会表现出如下"模糊性"或者说预测的不准确性。

第一，幸福体验模糊。当我们在享受智能化设备提供给我们的沉浸式体验，同时又懊悔"注意力"资源被过度消耗时，我们内心充满了矛盾。机器不仅能够替代人进行劳动，它们也能帮助人写诗、作画，当人工智能充当我们生活的助手时，我们享受着它带来的便利，但另一方面，当它充斥着我们生活的方方面面，就会过多挤占我们实现生活意义、获得幸福体验的空间，

---

① 参见隋婷婷、张学义《功利主义在无人驾驶设计中的道德算法困境》，《自然辩证法研究》2021年第10期。

② 参见［美］仙侬·维乐《论技术德性的建构》，陈佳译，《东北大学学报》（社会科学版）2016年版第5期。

第五章 人工智能的义务论算法、功利主义算法及其跨文化情境局限

让我们主观的幸福体验变得短暂、浅薄，甚至走向反面，变得倦怠和无聊。当我们在审视机器深度参与的人—机交互社会生活与人类深度参与的传统社会生活时，我们仿佛被两种不同的"幸福"拉扯，在获得与失去之间幸福变得模糊。与此同时，跨文化差异维度更是放大了幸福体验的模糊性，在跨文化差异下我们很难用无差异的参照值来对幸福体验进行统一描述或衡量。

第二，技术效果模糊。"技术并不仅仅是由机械和电子设备组成的集合体，而是汇集了物体、人、实践和意义的复杂系统。"[①] 这种复杂性导致很难通过技术单一设计来预测技术效果，相反，技术效果由于各方力量的渗透融合而变得模糊。此外，随着技术的加速演进，某些技术体系本身将变得异常复杂，复杂性增加了技术应用不可预见的风险。模糊的技术效果在为人类创造"善"的生活过程中，往往也会产生新的跨文化伦理问题，例如，信息技术的广泛应用，在为人类带来通信便利的同时也在全球范围内产生了跨文化"信息隐私"伦理问题。更进一步，考虑"奇点"之后人工智能体的高度自主性、人机深度融合，人与智能机器之间的边界变得模糊不清，文化特征同时被嵌入人和技术之中，人—机共同行为很难让人分清到底是人的效果还是技术的效果，这种模糊性最终会导致与之相关的道德责任归属、分配的模糊。

第三，道德的"远距离"模糊。"远距离"首先体现在空间上，传统的技术道德风险限于特定的专业领域，比如交通、医学、工厂等，并且体现为可量化的直接道德后果，但新兴技术凭借着其高度的跨学科交叉性、广泛应用性，渗透到我们生活的方方面面，未来技术的加速发展会扩大这一趋势，越来越多的技术将进入我们的"私人领域"，发展成为"亲密型技术（intimate technologies）"，例如当今备受追捧的社交机器人，它们"越来越接近我们的身体、思想和生活世界"，技术的"空间"拓展意味着技术道德风险覆盖面更广、更复杂，其跨文化特征更为明显，道德风险的不确定性在增加。[②]

[①] 朱勤、王前：《社会技术系统论视角下的工程伦理学研究》，《道德与文明》2010年第6期。
[②] 参见 Swierstra T., "Identifying the Normative Challenges Posed by Technology's 'Soft' Impacts", *Etikk i praksis-Nordic Journal of Applied Ethics*, Vol. 9, No. 1, 2015。

"远距离"还体现在时间上,目前新兴技术大多还处于初步应用阶段,还不足以颠覆或者重塑我们的文化、道德价值观念,但"技术—道德变化(technomoral change)"是技术深度融入社会的必然趋势,一方面道德可以影响、规范技术发展,另一方面技术也会产生新问题,引起文化、道德变革,但由于这种变革的滞后性,我们来不及做出相应调整,难以确定该用何种文化价值、道德标准来处理这些影响,"因为有关的技术剥夺了这些标准不言自明的相关性和真理性"①。"远距离"道德时空还造成了另外一个问题——道德的不在场,我们只能远远地"想象"道德情境,剥离具体的跨文化特征,并依此制订可能的道德方案,推演模糊的道德后果。

另外,"道德运算"的第三步也很难实现,因为"幸福"本身就难以量化,我们在跨文化背景下很难确定什么是"最大幸福"。"幸福"能够量化的第一个前提是它有一个公认的统一定义。亚里士多德尝试从美德伦理的角度定义"幸福(eudaimonia)",这一单词常被拓展为"人类的幸福(human happiness)、福祉(well-being)、兴旺(thriving)或繁荣(flourishing)",这些定义不仅多样而且模糊,每一种翻译都包含不同层次、不同角度的"幸福"描述。② 康德通过"自由意志"切断了"幸福"与道德动机的联系,并且否认了在现实生活中人类幸福的实现,肯定了幸福的彼岸性。③ 对于彼岸的幸福该如何定义呢?这是非常具有挑战的问题。功利主义对"幸福"的定义也不断更新,边沁尝试用简单的方式来定义"幸福",即借助"快乐与痛苦的享乐主义概念",米尔(John Stuart Mill)则在此基础上对快乐进行了高低层次区分。④ 其实,无论是哲学家还是心理学家对"幸福"都没有统一的定义,这里就不一一例举。造成这种现象的根本原因就在于"幸福"与我们生活、文化紧密相关,"幸福的概念在生死观以及政治和宗教教义中起着核心作用",对"幸

---

① Swierstra T., "Identifying the Normative Challenges Posed by Technology's 'Soft' Impacts", *Etikk i praksis-Nordic Journal of Applied Ethics*, Vol. 9, No. 1, 2015.
② 参见 Bok S., *Exploring Happiness: From Aristotle to Brain Science*, New Haven: Yale University Press, 2010。
③ 参见杨秀香《论康德幸福观的嬗变》,《哲学研究》2011 年第 2 期。
④ 参见 White M. D., "The Problems with Measuring and Using Happiness for Policy Purposes", *Mercatus Research*, No. 7, 2017。

第五章　人工智能的义务论算法、功利主义算法及其跨文化情境局限

福"的定义反映了人类对生活经验、文化价值、愿望的多层次理解。①

即便如此，还有学者仍然孜孜不倦地定义"幸福"。但"当我们适度精确地说出我们对幸福等词语的含义时，我们仍然不能确定两个声称幸福的人是否有相同的体验，或者我们当前的幸福体验确实与我们过去的幸福体验不同，或者我们根本就有幸福的体验"②。这里至少表达出了量化"幸福"的三大难点。第一，幸福存在跨文化个体差异。这里所指的不仅是跨文化个体对幸福的关注点不同，而且就同一幸福指标而言，个体感受可能是不同的。常见的幸福度调查将其分为"幸福""中等""不幸福"3档，甚至有的还将幸福分为10档，那么"幸福"之外是否还有"非常幸福"，"不幸福"之外是否还有"极度不幸福"呢？③ 就算是都量化为"幸福"，因为跨文化个体对幸福感受各异，在不同文化传统下，依然是各有各式的幸福，同样，不幸的人各有各式的不幸。第二，幸福存在跨文化空间维度差异。由于跨文化差异，世界各地区的"幸福"标准各异，正如本书开始所提及的全球无人驾驶汽车道德决策实验，"幸福"同样存在跨文化差异。此外，"幸福"容易被空间挤压，这种被挤压的"幸福"通常表现为对环境焦虑的习惯适应性，或者说是建立在焦虑的"反思性失明（reflective blindness）"基础上的，当我们跳出某一特定文化空间之后更容易获得"精神拓展（expansion of spirit）"式幸福。④ 第三，幸福表现出时间维度差异。由于人类存在对幸福进行评估的"认知缺陷"，我们不能准确地描述或者比较过去和现在的幸福体验，"当我们试图预测未来的幸福时，这些缺陷就变得更加复杂"⑤。另外，还要考虑一种宏观的变化，随着技术的加速演进，新兴技术为我们创造了巨大的物质财富，同时

---

① 参见 Bok S., *Exploring Happiness: From Aristotle to Brain Science*, New Haven：Yale University Press, 2010。
② Gilbert D., *Stumbling on Happiness*, New York：Vintage Books, A Division of Random House, Inc., 2005, p.70.
③ 参见 White M. D., "The Problems with Measuring and Using Happiness for Policy Purposes", *Mercatus Research*, No.7, 2017。
④ 参见 Haybron D. M., *The Pursuit of Unhappiness: The Elusive Psychology of Well-Being*, New York：Oxford University Press, 2008。
⑤ White M. D., "The Problems with Measuring and Using Happiness for Policy Purposes", *Mercatus Research*, No.7, 2017.

也为我们重塑了文化价值,总之技术革新使人们越发注重更高层次的需求,相对于低技术时代基于"刚性"需求的幸福指标而言,新兴技术时代的高层次"软性"需求的幸福指标更模糊且容易被忽视。① 如前所述,克鲁斯将功利主义机器人(Utilibot)的发展分为三个阶段:Utilibot 1.0 通过"生理健康"指标计算人类福祉,Utilibot 2.0 将幸福函数从"生理"扩展到"心理体验",Utilibot 3.0 则将道德后果的计算进一步扩展到"社会关系"。② 因为人的"生理健康"指标完全可以通过医学的方式量化,Utilibot 1.0 的道德后果是可以精确计算的,而与"心理体验""社会关系"相关的幸福反映了人类对生活经验、文化价值的多层次理解③,很难被精确化和量化,因此,随着人工智能技术深度融入我们的生活,人类高层次"软性"需求的幸福指标与个人对文化价值的追求结合得更为紧密,也更模糊,在技术与文化的动态作用下,功利主义算法的道德后果反而越来越不容易被精确计算和简单比较。

综上所述,义务论和功利主义跨文化道德机器设计方案的失败,并不是这些理论自身不自洽,而是这两种思路设计出来的道德机器都不能面向新兴技术时代的跨文化道德情境,即,义务论和功利主义过于注重道德规则,强调规则的抽象性、框定和推算功能,然而真正的困难在于现实跨文化道德情境是具体且复杂的。我们如何让道德机器适应跨文化道德情境呢?挑选合适道德理论的思路是:(1)如果某种道德理论能够调适跨文化道德情境,那么它就可以应用于道德机器设计;(2)X 道德理论具备调适跨文化道德情境的特征;(3)因此 X 是应用于道德机器设计的最佳理论。

显然这里的 X 既不是义务论,也不是功利主义,如果我们假定 X 是美德伦理,那么就需要证明美德伦理具备调适跨文化道德情境的特征。

---

① 参见 Swierstra T., "Identifying the Normative Challenges Posed by Technology's 'Soft' Impacts", *Etikk i praksis-Nordic Journal of Applied Ethics*, Vol. 9, No. 1, 2015。

② 参见 Cloos C., "The Utilibot project: An autonomous mobile robot based on utilitarianism", *2005 AAAI Fall Symposium on Machine Ethics*, 2005。

③ 参见 Bok S., *Exploring Happiness: From Aristotle to Brain Science*, Yale University Press, 2010。

第六章　跨文化人工智能美德伦理代理

第一节　跨文化美德伦理

一　多元文化背景下的伦理解决方案[①]

面对当今包罗万象的多元文化背景，学者们纷纷提出了不同的理论模型来解决伦理与其相适应的问题。奥斯陆大学的查尔斯·艾斯教授（Charles Melvin Ess）为此作出了积极的贡献。他作为国际互联网研究者协会（AoIR）和国际伦理与信息技术学会（INSEIT）的前主席，在解决多元文化背景下的人工智能伦理问题方面有着十分深厚的理论功底和丰富经验，他通过分析中西方古代美德伦理理论，构建了一个跨文化伦理多元主义范式。针对多元文化，查尔斯认为，第一个做出反应的当数"伦理相对主义（ethical relativism）"。"伦理相对主义"的提出基于两点：一方面是试图解决多元文化中"不可通约的差异（irreducible differences）"，"不可通约"是相对主义重要的理论支撑，因此"伦理相对主义"对于不同的伦理传统间的"不可通约的差异"具有天然的解释力；另一方面是反对"伦理教条主义（ethical dogmatism）"。

> 这种教条主义简单地谴责一切不同的意见、观点、方法、规范等，

[①] 参见王亮《全球信息伦理何以可能？——基于查尔斯跨文化视野的伦理多元主义》，《自然辩证法研究》2018年第4期。此处有改动。

就像它们是错误的,因为他们不同意一组假定的普遍真理和价值。教条主义这一不宽容的结果,恰恰激发了相对主义者努力去构建和论证一种宽容,这种宽容就是一种观点、信仰、实践和文化的广泛多元化。①

伦理宽容的缺失是伦理教条主义最致命的弱点,而它恰恰是伦理相对主义的优点。正如查尔斯所指,相对主义者所构建的"宽容"是指向包括文化在内的"广泛多元化"。伦理相对主义的意义就在于,它能立足于全球多元文化传统的现实,为全球伦理的挑战提供一种广泛多元化的视角,将连通自我与他者的宽容品质圆融于整个理论进路之中,为不同文化传统的沟通与对话构建重要思想基础和理论前提。因此,"在面对表现于当代计算机和信息伦理之中的显然不可通约的多元伦理系统时,相对主义的转向可能是诱人的"②。

然而,有利就有弊,查尔斯从三个方面对伦理相对主义进行了批判。首先,逻辑上不连贯,逻辑的问题体现于两点。第一,伦理相对主义的宽容品质与宽容的相对价值相矛盾。正如上文所讨论的,"宽容"是伦理相对主义的特有品质,是相对主义者所努力构建并普遍遵循的品质。而"宽容"本身就是一种伦理道德:

> 因此,伦理相对论的立场似乎陷入了根本的矛盾:如果所有的伦理价值观、规范和实践都只有在特定的文化或时间方面确实是有效的或合法的,那么看来宽容就必须被视为只拥有相对价值。因此,如果有一些人在某些方面固执且不宽容——例如,十八世纪的白人种族主义者对于其他有色人种的不宽容——根本就无法搞清楚伦理相对主义者如何能继续坚持认为作为某个特定文化和时间下的这些人宁愿去行使宽容。③

简而言之,如果伦理相对主义者承认伦理道德的相对性,也就必然要承

---

① Ess C., "Ethical pluralism and global information ethics", *Ethics and Information Technology*, Vol. 8, No. 4, 2006.
② Ess C., "Ethical pluralism and global information ethics", *Ethics and Information Technology*, Vol. 8, No. 4, 2006.
③ Ess C., *Digital Media Ethics*, Cambridge: Polity, 2013, p.215.

认"宽容"的相对性,而这反过来与伦理相对主义的理论旨趣相违背。

第二,伦理相对主义犯了"肯定后件谬误(the fallacy of affirming the consequent)"的逻辑错误。查尔斯用形式逻辑的方式列出了伦理相对主义的主张:

- (前提1):如果没有普遍有效的价值观,实践,信念,等等,然后我们会期待在不同的文化和时代中找到不同的伦理价值观,实践,信仰,等等。
- (前提2):我们确实发现了在不同的文化和时代中不同的伦理价值观,实践,信仰,等等。
- (结论):因此,没有普遍有效的价值观,实践,信念,等等。[1]

很显然,对于一个充分条件假言推理而言,肯定前件能够肯定后件,而肯定后件未必能肯定前件。也就是说,我们并不能因为伦理相对主义而否定了普遍伦理的存在。

其次,过多地强调伦理相对主义容易将伦理"碎片化"。查尔斯认为,"在地球都市中,众多的多样性可能被容忍和喜爱,为了让地球都市发挥作用,这些多样性应当进一步的共享其一致性和伦理标准,而不是分裂为伦理的贫民区"[2]。尽管伦理相对主义与生俱来就有宽容优点,但宽容只是为不同伦理传统之间沟通和融合创造了可能,一致性是不同伦理得以沟通的必要条件,只有相对性而无一致性的伦理观念是无法进行沟通和对话的。因此,一味地强调伦理传统的相对性而忽视其一致性只能导致"公说公有理,婆说婆有理"的尴尬局面。

最后,这一"各执其理"的结果导致了伦理相对主义的第三点缺陷——"道德判断的瘫痪"。"首先,伦理相对主义——通过设计——不会让我们对'对方'做出任何道德的判断。"[3]"这样,伦理相对主义就会导致道德判断的

---

[1] Ess C., *Digital Media Ethics*, Cambridge: Polity, 2013, p.215.
[2] Ess C., "Ethical pluralism and global information ethics", *Ethics and Information Technology*, Vol.8, No.4, 2006.
[3] Ess C., *Digital Media Ethics*, Cambridge: Polity, 2013, p.216.

瘫痪——这一瘫痪（所引起的后果）需要我们去接受。"① 诚然，不同文化背景下的伦理传统应当彼此尊重，但是当有些伦理传统在违背人类道德的情况下，不应当凭借"伦理相对主义"的借口而逃离道德审判，"一切都是对的"不应当成为免死金牌，它所体现的是相对主义的诡辩。究其根本，伦理相对主义忽略了伦理道德的客观性。尽管不同的伦理道德本身是在不同文化传统、不同地域下约定俗成的，甚至被看作某种"契约""协议"等，具有一定的主观性。但是，对于伦理道德的评价标准却是客观的，它是基于这样一种事实：伦理道德的制定主要是促进人类的福祉，促进社会的发展和文明的进步。因此，对于伦理道德的优劣评判标准是有其客观的事实依据的，不能将伦理道德规范的形成误认为是伦理道德的全部，更不能只因看到其主观性而忽略其客观性，从而逃离对它的评判，最终只能导致"道德判断的瘫痪"。

当然，我们在批判伦理相对主义的时候也要避免滑入"伦理绝对主义（ethical absolutism）"或者"伦理一元论（ethical monism）"。与伦理相对主义相反，伦理绝对主义最大的诱惑力莫过于对普遍有效、永恒不变的伦理原则的执着追求。在查尔斯看来，伦理绝对主义所坚持的观点是，"存在普遍有效的规范、信念、实践，等等。——也就是，这样的规范、信念、实践，等等，在任何时间、任何地方，对所有人来说规定了什么是对的和好的"②。与伦理相对主义相比，它的主要优点是，"伦理绝对主义可以连贯地、直接地赞同或谴责其他的价值观、信念、实践，等等"②。它不会像伦理相对主义一样去包容一切，从而无法做出应有的道德判断（赞同或谴责）。然而优点亦是缺点，从伦理绝对主义产生的效果看，它对不同于自己的伦理原则"不宽容（intolerance）"。

> 绝对主义者为那些赞成他们的普遍有效的观点的理念和行为而鼓掌，对那些与自己的观点不同的理念和行为进行谴责。③

这一"不宽容"的直接后果便是容易造成伦理"霸权主义"、伦理"极

---

① Ess C., *Digital Media Ethics*, Cambridge: Polity, 2013, p. 217.
② Ess C., *Digital Media Ethics*, Cambridge: Polity, 2013, p. 219.
③ Ess C., *Digital Media Ethics*, Cambridge: Polity, 2013, p. 219.

权主义"等伦理危机,将所谓的"普遍永恒有效伦理原则"等强加于人。需要注意的是,尽管一些伦理原则由于不同的地区社会发展的相似性以及伦理道德的继承性,而表现出跨地域、跨时代的共同性,但不能因此而将这些伦理原则过于夸大、抽象。伦理绝对主义产生的根本原因就在于其脱离了社会生活的实际,夸大伦理共性,沉迷于构造类似于"道德律令"的抽象道德伦理原则。在全球信息化、智能化、文化多元化的大背景下,具有"伦理一元论"色彩的"伦理绝对主义"显然与时代的主题和现实格格不入。

然而,在这多元化的大背景下存在另一个有诱惑力的理论路径,它便是"权宜之计多元论(modus vivendi pluralism)"。"这一理论模型简单地让这些差异都存在,并且接受那些没有更深的共同基础的多元观点、方法、规范等。"[1] 针对这一理论模型,查尔斯认为,"虽然乍看它要比单一伦理真理的名义更好,但这种权宜之计多元论似乎是不够的"[2]。诚然,全球文化、价值、伦理多元化的冲突,在全球信息化、智能化的作用下被加倍放大,因此,对于这些冲突的解决也是异常复杂和棘手。搁置冲突、和平共存的"权宜之计"无疑是破解这一棘手问题的最直接、最易操作的方法。但是,手段的有效性与它的难易性不一定成正比。在"权宜之计"的方法下,"由于基本矛盾和紧张局势尚未解决,所造成的'和平'当然只是暂时的;所以,各方都等待下一轮的暴力"[3]。所以,从长远来讲,"权宜之计"所带来的只是短暂的和平,无益于从根本上来解决不同伦理价值观的冲突。相反,最有效的办法应当是对多元伦理价值观的深入理解,彼此观照,最终达成共识,而不仅仅是简单共存。

二 兼顾"共识"与"差异"的美德伦理[4]

查尔斯主张我们回到古代传统美德伦理那里寻找跨文化伦理的理论支撑。

---

[1] Ess C., "Ethical pluralism and global information ethics", *Ethics and Information Technology*, Vol. 8, No. 4, 2006.

[2] Ess C., "Ethical pluralism and global information ethics", *Ethics and Information Technology*, Vol. 8, No. 4, 2006.

[3] Ess C., "Ethical pluralism and global information ethics", *Ethics and Information Technology*, Vol. 8, No. 4, 2006.

[4] 参见王亮《全球信息伦理何以可能?——基于查尔斯跨文化视野的伦理多元主义》,《自然辩证法研究》2018年第4期。此处有改动。

"柏拉图和亚里士多德发展出一个更为强大的多元主义——同时也提供了弥合东西方规范、价值观和传统之间的深刻差异的独特方式。"① 柏拉图继承了先师苏格拉底的方法,在"流动"的具体事物之中寻求不变的本质或定义。但与苏格拉底不同的是,他不仅要知道关于"美""善""正义"之类美德伦理的普遍定义,而且极力探寻这些美德伦理行为背后永恒不变的"共相",并将这些"共相"抽象为一般的"理念"。不同形式的"美"是因为"分有"美的"理念"。尽管在认识论上柏拉图强调"理念"的先天性,以及从本体论上强调了一般与个别的分离,但是他将"理念"看成不同具体事物背后更深层、更一般的"共相"的观点却值得借鉴。正如查尔斯所评价道,"就我们所看到的早期的多元主义来说,对理念论的这一理解在伦理和认识论相对主义与教条主义之间划分出了一个中间界限"②。查尔斯进一步把柏拉图"理念论"式的多元主义称为"诠释性多元主义(interpretive pluralism)",并认为,"对于理念的多种诠释仍然保留了彼此之间的不可通约的差异,但是它们又通过它们原初的和参照性的共享点彼此相连"。不仅如此,查尔斯还从亚里士多德美德伦理理论那里找到了多元主义的模型。他从亚里士多德的"中心意义(pros hen)"入手,认为,"中心意义在同质的同词同义和(异质的)一词多义之间划分了一个中间界限"③。"中心意义(pros hen)"是亚里士多德区分不同意义的存在,但又强调它们之间联系性的概念。因此,"这一既包含了不可通约的差异又包含了联系性的结构,在认识论和本体论的层面上直接回应了柏拉图的诠释性多元主义。对于柏拉图和亚里士多德来说,这些多元主义试图将统一性和不可约的差异性整合在一起"④。既多元又有深层统一性的特性是查尔斯所看重的,因此,他将柏拉图和亚里士多德的多元主义美德伦理看成最理想的原生范式。

此外,查尔斯还从儒家美德思想里积极地寻找多元主义的源头,他发现,

---

① Ess C., "Ethical pluralism and global information ethics", *Ethics and Information Technology*, Vol. 8, No. 4, 2006.
② Ess C., "Ethical pluralism and global information ethics", *Ethics and Information Technology*, Vol. 8, No. 4, 2006.
③ Ess C., "Ethical pluralism and global information ethics", *Ethics and Information Technology*, Vol. 8, No. 4, 2006.
④ Ess C., "Ethical pluralism and global information ethics", *Ethics and Information Technology*, Vol. 8, No. 4, 2006.

"'感应'与'和'这两个概念的隐喻清楚地展现了多元主义结构：它们势必会产生一种将不可约的差异（多元）连接在一起的结构"①。不同于西方的理性分析传统，古老中国智慧中包含着生成性、系统性的思想。"二气感应以相与"，尽管阴阳二气不同，但是它们通过交感相应而转化生成，彼此发展，可以说，"感应"所体现的是一幅多元主义的动态图。另外，中国古人通过对自然和社会经验的总结而提出"和而不同"的理念，强调多样性的统一，展现了多元主义的静态结构。最终，查尔斯对东西方不同传统下的多元主义模型进行了展望：

> 我认为，古老西方和东方传统之间的这种共鸣产生了一架连通东西方的大桥，尤其是为在西方和东方共存的语境之中寻求实现全球信息伦理。②

在对伦理多元主义追根溯源之后，查尔斯并没有急于直接给出伦理多元主义的定义，而是通过对伦理绝对主义和伦理相对主义的超越来呈现他的伦理多元主义。超越不是全盘否定，而是一种积极的扬弃，对于旧有理论优点的汲取和其困境的突破。一方面是对伦理绝对主义的超越，查尔斯认为：

> 就伦理绝对主义最基本的方面来说，伦理多元主义认为伦理绝对主义可能是正确的——至少在最初的前提上：存在一些普遍有效的价值、规范、实践等。但是多元主义者只是部分认同绝对主义者：多元主义者不赞同只存在单一的价值、规范、实践等以完全相同的方式应用于任何时间和地点，而是认为在不同的语境中用不同的方式来解释/理解/应用这些规范是可能的。③

可见，伦理多元主义继承了绝对主义关于存在普适伦理的观点，但是却

---

① Ess C., "Ethical pluralism and global information ethics", *Ethics and Information Technology*, Vol. 8, No. 4, 2006.
② Ess C., "Ethical pluralism and global information ethics", *Ethics and Information Technology*, Vol. 8, No. 4, 2006.
③ Ess C., *Digital Media Ethics*, Cambridge: Polity, 2013, pp. 221-222.

扬弃了绝对主义的单一伦理观。另一方面是对伦理相对主义的超越：

> 在这种方式下，伦理多元主义者能够认同伦理相对主义者，亦即，（a）当我们在不同的文化和历史长河中穿梭时，我们确实注意到了不同的做法；（b）我们应当容忍这些不同——而不是像伦理绝对主义者一样去直接谴责它们——至少我们可以把它们理解为对共同规范或价值的不同阐释。但是，伦理多元主义者不会像伦理相对主义者那样去容忍一切做法。①

总之，查尔斯所理解的伦理多元主义赞同伦理相对主义对于不同伦理规范的容忍，但反对它的毫无限制的容忍，强调应当有容忍的底线和原则。最后，结合伦理多元主义对伦理绝对主义和相对主义的双重超越，查尔斯从功用的角度对伦理多元主义进行了描述：

> 伦理多元主义使我们看到——至少在重要的事例中——在多元文化下的人们是如何能够共享重要的规范和价值观；但是同时，在有时非常不同的做法中（这些不同的做法反映了我们自身的文化背景和传统），我们能够解释和应用这些规范和价值观。②

通过以上对伦理多元主义的描述，我们可以总结出它的两个基本主张：（a）在中西方文化中存在一些"共同规范或价值"；（b）但是在不同的历史和文化传统中，它们得到了不同的呈现或阐释，这种不同的呈现或阐释即体现为多元性。伦理多元主义的多元性与普适性恰恰体现了伦理规范的多样性的统一，从精髓上很好地继承了之前所讨论的东西方先哲的多元论思想，并且也展示了其自身的优势。

> 伦理多元主义从而为我们所遇到的时而存在的根本性分歧提供了一

---

① Ess C., *Digital Media Ethics*, Cambridge：Polity, 2013, p. 223.
② Ess C., *Digital Media Ethics*, Cambridge：Polity, 2013, p. 224.

种重要的理解和应对方式，尤其是在全球层面上。①

具体来说，查尔斯将它总结为两大优势：

第一，它是一条解决伦理问题的路径，这一路径不仅存在于西方传统之中，而且事实上也遍及各种宗教和哲学传统，例如伊斯兰教、儒家思想和其他等。②

与其他理论比较起来，伦理多元主义的普适性更大，视域更广，同时，它实事求是，不盲从于西方路径，而是在尊重不同文化传统下解决伦理问题。

第二，事实上伦理多元主义在当代的实践中已经呈现出了"工作"状态。可能最重要的例子就是隐私问题。③

与此同时，当代其他伦理学家也通过理论和实证研究论证了在跨文化背景下美德伦理兼具"共识"与"差异"的特征。达尔斯戈德等（Dahlsgaard et al.）通过研究中国的儒家和道家思想，南亚的佛教和印度教思想，以及西方的雅典哲学、犹太教、基督教和伊斯兰教思想，发现这些不同文化对"勇气（Courage）、正义（Justice）、仁慈（Humanity）、节制（Temperance）、智慧（Wisdom）和卓越（Transcendence）"6种美德有较大共识性，并且都将其作为美德的核心。④ 这六大共识性美德还可以细分：勇气美德包括了"勇敢、毅力和真诚（诚实）"；正义美德包括了"公平、领导力、公民意识或团队精神"；仁慈美德包括了"照顾和帮助他人""爱与善良；节制美德包括"宽恕、谦卑、谨慎和自我控制"等品质；智慧代表一种"认知能力"，包括"创造力、

---

① Ess C., *Digital Media Ethics*, Cambridge: Polity, 2013, p.224.
② Ess C., *Digital Media Ethics*, Cambridge: Polity, 2013, p.225.
③ Ess C., *Digital Media Ethics*, Cambridge: Polity, 2013, p.225.
④ 参见 Dahlsgaard K., Peterson C. and Seligman M. E. P., "Shared Virtue: The Convergence of Valued Human Strengths across Culture and History" *Review of General Psychology*, Vol.9, No.3, 2005。

好奇心、判断力和视角（为他人提供建议）"；卓越主要是"提供意义的力量"，包括"感恩、希望和精神"。① 达尔斯戈德等认为，在这6种核心美德清单中，尽管有些会在历史的长河中短暂消失，但从长期历史经验来看，它们都表现出十足的"韧劲"，"都有真正的持久力"，最终"在某些核心美德上，存在着跨越时间、地点和思想传统的趋同"。② 虽然以上6种核心美德比其他美德在中西方文化中更多地表现出趋同、共识性，但它们之间也有程度的差异，即共识度差异。达尔斯戈德等通过调查不同文化美德伦理发现，正义和仁慈美德共识度最高，几乎在中西方文化中都被明确凸显出来；"节制和智慧美德紧随其后"；卓越美德并不总是被中西方文化明确提出，具有隐含性；勇气美德的共识度相对较差，在西方文化中，勇气经常被提及，而在儒家、道教和佛教文化传统中勇气被凸显的程度往往不及正义和仁慈等美德。③

奥登霍芬等（van Oudenhoven et al.）也对跨文化美德进行了详细考察，但与达尔斯戈德等不同，他们采取了实证调查的方法，而非纯粹的文献研究法，他们一共采访了两千多名大学生，这些大学生分别来自14个不同文化的国家和地区，涵盖了亚洲、欧洲和美洲，并且涉及不同宗教传统。④ 为了最大程度凸显跨文化美德的共识性和差异性，奥登霍芬等采用了两种访谈调查方法：开放式问题访谈和封闭式问题访谈。就第一种方法而言，其主要开放性问题是"你认为哪些重要的个人品质是你想在日常生活中实践的？"⑤ 通过分析跨文化美德访谈的结果，得出如下结论：第一，至少有一半不同文化的国家和地区都提及"诚实（14个国家都提到了）、尊重（11个国家）、善良（10个国家）、开放（9个国家）和宽容（8个国家）"，因此，这五种美德的共识性

---

① Dahlsgaard K., Peterson C. and Seligman M. E. P., "Shared Virtue: The Convergence of Valued Human Strengths across Culture and History", *Review of General Psychology*, Vol. 9, No. 3, 2005.

② Dahlsgaard K., Peterson C. and Seligman M. E. P., "Shared Virtue: The Convergence of Valued Human Strengths across Culture and History", *Review of General Psychology*, Vol. 9, No. 3, 2005.

③ 参见 Dahlsgaard K., Peterson C. and Seligman M. E. P., "Shared Virtue: The Convergence of Valued Human Strengths across Culture and History", *Review of General Psychology*, Vol. 9, No. 3, 2005。

④ 参见 van Oudenhoven J. P. et al., "Are virtues national, supranational, or universal?" *SpringerPlus*, No. 3, 2014。

⑤ van Oudenhoven J. P. et al., "Are virtues national, supranational, or universal?" *SpringerPlus*, No. 3, 2014.

最强；第二，美德在相似的文化或语言集群中表现出较大的共识性，比如"坚定、友谊、幸福、和平、爱"在墨西哥和西班牙文化背景的学生中受关注程度较高，它们同属西班牙语集群，另外，受传统儒家文化影响，马来西亚和中国香港对"谦虚、礼貌、幸福"等美德关注度高，被归属到"斯拉夫集群"中的"波兰和捷克共和国对自信（自信、智慧和交流）有相当独特的偏好"。① 第三，有些美德被个别国家重视，而不被其他国家或地区提及，比如"慷慨"被法国重视，"坚定"被墨西哥重视，鲜有国家提及这两个美德，因此，"慷慨和坚定分别是法国和墨西哥的民族美德"，这也正体现了美德的差异性。② 在封闭式问题访谈中，奥登霍芬等列出了15种美德，它们分别是："尊重、正义、智慧、快乐、决心、仁慈、可靠、希望、勇气、信仰、节制、开放、谦虚、爱、乐于助人。"③ 研究者制定了"5分制量表"，将以上15种美德分为"1—5"五类，"1"代表"最不重要"，"5"代表"最重要"，受访者依据美德重要性程度在每种分类栏下选填三种美德。④ 最终结果显示，"在整个样本中，最重要的五种美德是：尊重、爱、正义、快乐和可靠；最不重要的美德是节制、仁慈、信仰、谦虚和希望"，其他美德处于居中状态。⑤ 除了寻找跨文化美德的共识性和差异性之外，奥登霍芬等还从调查访谈结果中得出了其他结论：第一，语言是跨文化美德共识或者差异形成的关键因素，"在使用同一种语言的国家，比如西班牙和墨西哥，英国和美国，或者有一种相关语言的国家，比如德国和荷兰，美德评级的差异较小"⑥；第二，"跨国差异的影响远远超过了宗教的影响"，这意味着即便具有相同宗教信仰的国家，它

---

① van Oudenhoven J. P. et al., "Are virtues national, supranational, or universal?" *SpringerPlus*, No. 3, 2014.
② van Oudenhoven J. P. et al., "Are virtues national, supranational, or universal?" *SpringerPlus*, No. 3, 2014.
③ van Oudenhoven J. P. et al., "Are virtues national, supranational, or universal?" *SpringerPlus*, No. 3, 2014.
④ van Oudenhoven J. P. et al., "Are virtues national, supranational, or universal?" *SpringerPlus*, No. 3, 2014.
⑤ 参见 van Oudenhoven J. P. et al., "Are virtues national, supranational, or universal?" *SpringerPlus*, No. 3, 2014。
⑥ van Oudenhoven J. P. et al., "Are virtues national, supranational, or universal?" *SpringerPlus*, No. 3, 2014.

们之间仍然存在跨文化伦理差异，同时也意味着宗教并不是跨文化伦理差异的关键因素①；第三，男女性别"在美德的重要性评级上只有很小的差异"，跨文化伦理差异排除了性别差异的干扰。② 也正因为美德伦理差异性不受宗教、性别等因素干扰，以及美德伦理共识性的存在，美德才有可能成为增强"来自不同文化背景成员之间凝聚力的潜在有力工具"③。

此外，当代伦理学家维乐针对当前新兴技术所产生的道德环境不确定性和跨文化挑战提出了 12 种"共识性"核心技术美德：

（1）"诚实"，包括"信任、可靠和正直"；（2）"自制"，包括"节欲、自律、节制和耐性"；（3）"谦逊"，要"认可技术社会知识和能力的限制"，摒弃对技术力量的"盲目信仰"；（4）"公正"，包括"责任感、互惠意识和慈善"；（5）"勇气"，包括"谨慎和不屈不挠"；（6）"同理心"，包括"同情、慈善和怜悯"；（7）"关爱"，包括"慷慨、爱心和服务他人"；（8）"礼貌"，"在全球网络化社会中与其他公民和谐生活"，保持合作的态度；（9）"变通"，在充满不确定性的道德情境中能够"可靠和熟练调节"行为，包括"耐心、自制、容忍和镇定"；（10）"前瞻性"，学会"注意、识别和理解道德现象"，包括"敏锐、关注和理解"；（11）"慷慨"，包括"镇定、勇气和雄心"；（12）"智慧"。④

与前面一些学者不同，维乐提出的这些美德不是来源于跨文化比对或者调查，而是针对新兴技术社会的整体共性——复杂跨文化道德情境提出的，因此，她的"共识性"美德清单层次更高，是对跨文化人工智能美德代理设计的伦理性指导。例如，为了应对跨文化道德情境，她提出了"变通"和

---

① 参见 van Oudenhoven J. P. et al., "Are virtues national, supranational, or universal?" *SpringerPlus*, No. 3, 2014。

② 参见 van Oudenhoven J. P. et al., "Are virtues national, supranational, or universal?" *SpringerPlus*, No. 3, 2014。

③ van Oudenhoven J. P. et al., "Are virtues national, supranational, or universal?" *SpringerPlus*, No. 3, 2014.

④ ［美］仙依·维乐：《论技术德性的建构》，陈佳译，《东北大学学报》（社会科学版）2016年版第 5 期。

"前瞻性"美德。另外,有些美德与经典美德重合,即便如此,维乐也赋予了它们新的道德情境适应性内涵。这些美德既可以指导道德机器设计师,也可直接用于训练道德机器。然而要将这12种美德移植到机器身上是一项具有挑战性的工作,但这项工作已经在路上了,比如有学者提出了一种"基于强化学习的机器人认知情感交互模型",试图利用"情感奖励函数"对"同理心"等美德进行设计。① 此外,"注意""识别""理解""公正""礼貌""关爱"等美德常常经由强化学习的方法被应用于机器人的避障系统、情感系统中。

第二节 美德技能化②

既然学者们已经列出了跨文化美德伦理清单,我们是否可以将其转化为伦理算法,并采用"自上而下"的康德式伦理嵌入方式将其嵌入人工智能系统中呢?答案是否定的。通过对比以上不同学者探寻跨文化美德伦理过程可以看出,他们所总结的共识性美德也存在差异,他们并不能考察全部跨文化国家或地区的美德伦理,并且随着考察对象的增多,"共识性"美德本身可能会出现偏差,这也反映了寻找更大范围内的跨文化共识性美德是很困难的。因此,我们不能将希望完全寄托于与跨文化情境无关的普遍共识性"清单",我们需要采取更加灵活、开放的方式——人工智能机器的美德技能学习来寻求解决的办法。

霍华德和蒙泰安(Howard & Muntean)提出的"人工自主道德代理(Artificial Autonomous Moral Agent,AAMA)"设计思路为我们提供了有益的参考:

> AN1(美德伦理的"技能模式"):行使美德(由人类道德主体)与行使实践技能(由人类非道德主体)"属于同一类型";

---

① 参见黄宏程、李净、胡敏等《基于强化学习的机器人认知情感交互模型》,《电子与信息学报》2021年第6期。

② 参见王亮《美德是技能吗?——对亚里士多德美德技能观的反思》,《江汉论坛》2024年第4期。此处有改动。

AN2（"通用人工智能"）：人工智能的"机器学习"可以通过类比人类（非道德）智能体的技能习得来实现；

AN3（道德仿生学）：AAMA 的道德认知可以通过与人类道德美德的类比来实现；

因此，AN4：AAMA 的道德认知可以用我们在专家系统中实现"机器学习"的方式来建模（构建）。①

从上述思路可以看出，要想成功设计出能够实施美德的"人工自主道德代理（AAMA）"必须满足两个基本前提：第一，美德是否能够技能化？这一前提确保行使美德与行使实践技能"属于同一类型"；第二，机器学习如何与美德技能相结合？这一前提确保人工智能体的美德"机器学习"可以通过类比人类的技能习得来实现。

亚里士多德在《尼各马可伦理学》中明确反对美德是技能，他对美德与技能的区分集中体现在美德行为的三个特征之上：美德行为的代理（the agent）"（a）他知道自己在做什么，（b）他想要去做他所做的事情，并且是为了他所做之事的自身目的而做，（c）在他行动时是确定和坚定的"②。对于亚里士多德来说，一种行为是美德行为，必须同时具备以上这三个特征，而技能则不一定。在当代美德伦理研究中，亚里士多德的这一美德技能观被反复引用，旨在区别美德与技能。但笔者对此持有不同的观点，"他山之石，可以攻玉"，本节所要做的工作就是立足于当代道德认知研究成果，系统地回应亚里士多德关于美德与技能的三点差异，并在此基础上重新厘定美德与技能之间的关系。

一 习惯性美德与熟练技能

先来看亚里士多德在区分美德与技能时所提出的关于美德行为的第一个特

---

① Howard D. and Muntean I., "Artificial Moral Cognition: Moral Functionalism and Autonomous Moral Agency", Thomas M. Powers (eds.), *Philosophy and Computing: Essays in Epistemology, Philosophy of Mind, Logic, and Ethics*, Springer International Publishing AG, 2017, pp. 36-37.

② Aristotle, *The Nicomachean Ethics*, trans. Hippocrates G. Apostle, Dordrecht: D. Reidel Publishing Company, 1975, p. 25.

征（a），美德代理（the agent）"知道自己在做什么"，通常的理解是，某人在清醒的状态下知道自己的所作所为。如果某人的美德行为是基于猜测或者无知的，则不具备这一特征，也就不是美德。在区别美德与技能的特征（a）中，"知"首先表示一种"意愿"。廖申白在《尼各马可伦理学》译文里专门说明："亚里士多德把'知道那种行为'进一步地解释为对于所做的事的环境与性质是有意识的。"① 此外，亚里士多德在《尼各马可伦理学》第三卷中也强调，"出于无知的行为在任何时候都不是出于意愿的"，而美德行为一定是行为者自己自由选择的行为，非被迫的，即出于"意愿"。② 因此，在亚里士多德那里，美德一定是在"知"的状态下展开的。布罗迪（Sarah Broadie）举了一个较为形象的例子，他认为，当一个人能够抵制美酒的诱惑是因为他猜测这酒不好时，这个人不具备"节制（temperance）"这一美德。③ 节制就是指一个人能够抵抗得住诱惑的美德，当自身不清楚所做之事是不是"诱惑"时，他就不能直面诱惑，节制从何谈起？可见，认清当下所发生的行为是美德行为得以成立的前提。事实上，除了美德之外，任何出于"意愿"的行为都与"知"之间有着强关联关系，戈尔和霍根（Michael Gorr，Terence Horgan）提出了一个非常有名的推断：

  一个行为在 t 时刻是有意的，当且仅当（i）这个事件是一个行为，（ii）行为者 P 知道在 t 时刻这个行为是因他而起的。④

即"有意"行为的前提一定是"知道"。然而对于美德这一特征的挑战就在于，美德行为不必须以显性意识为前提。⑤ 布洛姆菲尔德（Paul Bloomfield）认为，"一个有节制的人没有理由在拒绝诱惑的同时还要意识到它是有道德的或有节制的"⑥。并且他引用伯纳德·威廉斯的话反驳道，当我们那样做时，"想

---

① ［古希腊］亚里士多德：《尼各马可伦理学》，廖申白译注，商务印书馆2003版，第42页。
② ［古希腊］亚里士多德：《尼各马可伦理学》，廖申白译注，商务印书馆2003版，第61页。
③ 参见 Sarah Broadie, *Ethics With Aristotle*, Oxford: Oxford University Press, 1991。
④ Gorr M. and Horgan T., "Intentional and unintentional actions", *Philosophical Studies*, Vol. 41, No. 2, 1982.
⑤ 参见 Paul Bloomfield, *Moral Reality*, Oxford: Oxford University Press, 2001。
⑥ Paul Bloomfield, *Moral Reality*, Oxford: Oxford University Press, 2001, p. 94.

得太多了"①。而威廉斯的"想得太多了"的结论是从人类实践活动视角出发，基于对人类社会和心理状态的洞察而得出的，他"拒绝把道德哲学看作纯粹理论性的事业"②。也就是说，美德行为的发生并不完全取决于对诸如原则、合理性等理性的审慎，有时是出于对实践活动过程中的复杂社会情境的直觉反应。社会与认知心理学的最新研究结果表明，人类在行动时内在的"双过程模型（dual process model）"并行发挥作用，一种是"直觉系统（intuitive system）"，另一种是"推理系统（reasoning system）"。③ 其中，"直觉系统"最大的特点就是，人类在做出判断、行动时，是无意识地"自动（automatic）"进行的。④ 当美德行为是在这样一种机制下进行的，通常被称为"习惯性美德行为"⑤。然而，要想很清楚地描述这种基于"直觉系统"机制的习惯性美德行为并非易事，因为和有清晰推理过程的"推理系统"相比，"直觉系统"中的作用过程是"难以获得的（inaccessible）"。⑥ 因此，对出于以显性意识为前提的美德行为之挑战就转换成对习惯性美德行为之合理性的说明。

"事后道德推理"是避免"直觉系统"神秘化的通行做法，但是这种方法容易使人陷入道德的先验，以及产生"摇狗错觉（wag-the-dog illusion）"。⑦ 最新的研究表明，"目标依赖自动性（Goal-dependent Automaticity）"方法能够有效地祛魅，巧妙地解释习惯性美德行为的合理性。⑧ 这一方法的基本解释框架如下：首先，"习惯性可及目标（chronically accessible goals）"是"自动

---

① Paul Bloomfield, *Moral Reality*, Oxford: Oxford University Press, 2001, p. 94.
② Nicholas Smyth, "Integration and Authority: Rescuing the 'One Thought Too Many' Problem", *Canadian Journal of Philosophy*, Vol. 48, No. 6, 2018.
③ Jonathan Haidt, "The Emotional Dog and Its Rational Tail: A Social Intuitionist Approach to Moral Judgment", *Psychological Review*, Vol. 108, No. 4, 2001.
④ 参见 Jonathan Haidt, "The Emotional Dog and Its Rational Tail: A Social Intuitionist Approach to Moral Judgment", *Psychological Review*, Vol. 108, No. 4, 2001。
⑤ Nancy E. Snow, "Habitual Virtuous Actions and Automaticity", *Ethical Theory and Moral Practice*, Vol. 9, No. 5, 2006.
⑥ Jonathan Haidt, "The Emotional Dog and Its Rational Tail: A Social Intuitionist Approach to Moral Judgment", *Psychological Review*, Vol. 108, No. 4, 2001.
⑦ Jonathan Haidt, "The Emotional Dog and Its Rational Tail: A Social Intuitionist Approach to Moral Judgment", *Psychological Review*, Vol. 108, No. 4, 2001.
⑧ Nancy E. Snow, "Habitual Virtuous Actions and Automaticity", *Ethical Theory and Moral Practice*, Vol. 9, No. 5, 2006.

的、习惯性的行为被执行的原因",对于习惯性美德行为而言,"行为人具有一种美德相关目标的习惯性可及心理表征";其次,"行为人目标的心理表征被触发的环境刺激物反复而无意识地激活";最后,这种激活"导致情境特征与目标导向行为之间的重复联系",进而"美德行为就变得自动化和习惯化"。① 需要思考的是,如果习惯性美德行为的这一解释框架能够成立,美德与技能又有何种关系呢?为了厘清美德与技能的关系,我们将这一解释框架具体化为习惯性美德行为得以形成两个条件:(1)行为者自身具备美德相关的"习惯性可及目标";(2)且它需要在情境中被反复激活。

对于第一个条件而言,需要回答以下两个问题:什么是"美德相关的目标"?什么是"习惯性可及"?第一个问题较容易理解,它是指这样一种目标,"如果行为人拥有它,在适当的条件下,就会导致行为人表现出美德的行为,即真正的美德行为"②。需要注意的是,这种目标不是外在于美德的,而是内在于美德行为者的动机中且与美德行为相一致,也就是说,美德相关的目标只有通过实施美德行为,才能真正实现,脱离美德行为的目标不具有美德相关性。关于美德行为与美德动机的一致性关系后面将会做专门的探讨。我们先来看"习惯性可及"问题,对于这个问题而言,关键就是理解什么是"可及","可及"是指一种可以达到的状态,这里包括两个维度的理解。一方面,"可及"是一种程度的可及。"习惯性可及目标是心理表征的目标,经常且容易被适当的刺激激活"③。这种容易发生的程度就决定了人们不需要刻意地去激活目标,它"可能在我们没有意识到的情况下就是活跃的"。另一方面,"可及"是一种从"内隐"到现实的可及。"被激活以产生习惯性行为的目标的表征,就是我的目标的表征",并且这种表征是"长存于现世生活中的",而非"一种超脱于个人的复杂性观念"④。从这一维度来看,"可及"是指一

---

① Nancy E. Snow, "Habitual Virtuous Actions and Automaticity", *Ethical Theory and Moral Practice*, Vol.9, No.5, 2006.
② Nancy E. Snow, "Habitual Virtuous Actions and Automaticity", *Ethical Theory and Moral Practice*, Vol.9, No.5, 2006.
③ Nancy E. Snow, "Habitual Virtuous Actions and Automaticity", *Ethical Theory and Moral Practice*, Vol.9, No.5, 2006.
④ Nancy E. Snow, "Habitual Virtuous Actions and Automaticity", *Ethical Theory and Moral Practice*, Vol.9, No.5, 2006.

种由"我"而出发的具体性、现实性，它要求行为者要有与自身角色相匹配的现实生活经验和追求。这里之所以如此强调"我"，是想强调我的目标和生活经验只是"个人知识"，而非向大众开放的客观性观念，即"内隐"的。①这里之所以如此强调现实生活，是因为这些生活中的具体为习惯性的无意识美德行为提供了充足的养成资源，由于这些资源是浸润在我们的生活之中，并且习以为常，因此多是"内隐"的，它潜移默化地影响了行为者的行为，同时，目标只有回归现实生活中才是"可及"的，否则只是形而上的抽象。所谓"内隐"，"对意识来说是双重的难解性，知者无法向他人解释所知之事，同样也无法向自己解释所知之事"②。因此，从"内隐"到现实的可及充分地说明了行为者的行为是意识之外的行为，是习惯性行为。就此而言，熟练技能的获得也有与"可及"相似的特征，例如，技能的"内隐学习（implicit learning）"。通过反复的练习，技能可以从新手发展到熟练阶段，即发展成为无意识的熟练技能。而这种练习大部分都是刻意练习，这种传统的练习模式被称为"外显学习（explicit learning）"。③ 但是有大量证据表明，技能的习得还有一种"内隐学习"机制，并且"内隐式"还是一种首要机制，它不是"外显式"的意识过程的衍生。④ 在"外显学习"中，"人们有意识地寻求规则和关系"，相反，在"内隐学习"中，"所有的变量都被无选择地观察，但它们之间的偶发事件被储存起来，且随着经验的积累，大量保证有效性的条件—行为链环将被建立起来"⑤。换句话说，"内隐学习"可以通过无须做出选择的无意识活动来形成有联系的行为。

对于第二个条件而言，"可及"已经说明了美德行为在情境中被反复激活

---

① 参见 Arthur S. Reber, *Implicit Learning and Tacit Knowledge: An Essay on the Cognitive Unconscious*, Oxford: Oxford University Press, 1993。

② Arthur S. Reber, *Implicit Learning and Tacit Knowledge: An Essay on the Cognitive Unconscious*, Oxford: Oxford University Press, 1993, p.118.

③ 参见 Kal E., Prosée R. and Winters M., et al., "Does Implicit Motor Learning Lead to Greater Automatization of Motor Skills Compared to Explicit Motor Learning? A Systematic Review", *PLoS ONE*, Vol.13, No.9, 2018。

④ 参见 Arthur S. Reber, *Implicit Learning and Tacit Knowledge: An Essay on the Cognitive Unconscious*, Oxford: Oxford University Press, 1993。

⑤ Carole Myers and Mark Conner, "Age Differences in Skill Acquisition and Transfer in an Implicit Learning Paradigm", *Applied Cognitive Psychology*, Vol.6, No.5, 1992.

是不存在问题的，那么技能行为是否也具备这种特征呢？德雷福斯兄弟的技能模型深刻地阐释了技能的进阶性以及与之相匹配的特性，到了技能的第五阶段——"专长（expertise）阶段"——专家就能够熟练应对，并且"体现出直接的、直觉的、情境式的反应"。① 斯蒂克特（Matthew Stichter）甚至直接将技能模型的第五阶段描述为技能的"直觉"阶段，并且认为，"直觉不是凭空而来的，而是在反复作用于各种情境以及在这些情境下采取的行动的结果中发展起来的"②。此外，最新的神经生理学、解剖学也找到了直觉的生理基础，即位于基底神经节的尾状核和壳核，并发现，基底神经节在技能习得的初期不会被激活，而只有在技能被反复学习之后才会显著激活。③ 以上的证据都表明，"直觉式"熟练技能的形成路径与习惯性美德是相同的，它们都是通过行为实施者反复作用于情境来实现的。

习惯性美德行为"内隐"机制的揭示不仅挑战了亚里士多德关于美德与技能相区别的观点，同时也为美德养成和应用开辟了新的路径。传统的美德养成注重提升行为人的"显性"意识系统、"理性"、"规则基础（rule-based）"等，也因此，它在应用的过程中倾向于"抽象规则、推算、基本原则或者因果结构"，而这样的应用倾向很难适应于具体而复杂的现实情境，尤其是当今的文化多样化以及科技深度发展所形成的复杂社会情境。④ 相反，习惯性美德行为肯定了美德养成过程中"默会性、自动性和内隐性的正当性"，它将具体的生活情境作为美德养成的重要资源，具有丰富的"经验性"、"情境性"和"具身性"，而这不仅克服了传统美德应用的弱情境问题，"能够快速、自动、不费力地对情境突发事件做出（道德）判断"，并且也为解决人工智能道德领域的"跨文化情境""具身性""默会性"短板提供有益的参考。⑤ 更重要的是，将习惯性美德行为与熟练技能相类比，使我们看到，美德养成与技能习得有

---

① 成素梅、姚艳勤：《德雷福斯的技能获得模型及其哲学意义》，《学术月刊》2013年第12期。
② Matthew Stichter: The Skill of Virtue, Washington: Washington State University, 2006, p. 56.
③ 参见 Matthew D. Lieberman, "Intuition: A Social Cognitive Neuroscience Approach", *Psychological Bulletin*, Vol. 126, No. 1, 2000。
④ 参见 Lapsley D. K. and Hill P. L., "On Dual Processing and Heuristic Approaches to Moral Cognition", *Journal of Moral Education*, Vol. 37, No. 3, 2008。
⑤ 参见 Lapsley D. K. and Hill P. L., "On Dual Processing and Heuristic Approaches to Moral Cognition", *Journal of Moral Education*, Vol. 37, No. 3, 2008。

高度相似之处。

此外,"知"在亚里士多德那里还代表着"知识",因为亚里士多德在强调美德与技能的三点区别特征之后,紧接着写道:

> 说到有技艺,那么除了知这一点外,另外两条都不需要。而如果说到有德性,知则没有什么要紧,这另外的两条却极其重要。①

如果"知"只是代表着"意愿"动机前提,那么这里所得出的结论和前面所得出的结论将会前后矛盾,因为在亚里士多德的语境中,作为"意愿"关联的"知"对于美德来说十分重要,并非"没有什么要紧";相反,对于技能来说,"意愿"可有可无,并非必不可少。唯一合理的解释就是,此处的"知"代表着"知识",在阿波斯尔(Hippocrates G. Apostle)所翻译的版本中,对应的"知"直接被译为"知识(knowledge)"。② 亚里士多德在此处想要强调的是"知识对美德的贡献要小于对技能的贡献",技能的高低可以依据知识的多少来评判,而美德的评判标准不在知识的多寡。③

这一观点看似可靠,然而在当代"情境主义"的挑战下,它很难站得住脚。评判美德不依赖知识,这一观点背后隐藏着两点假设:第一,美德"动机"才是最重要的,"知识"无关紧要;第二,美德是一种品质,只要获得就行,而"知识"则要不断更新、积累。对于第一点假设,有一个十分形象的"射箭"比喻,对于射箭之人来说,重要的是瞄准目标,专心致志射出箭就行,至于能否命中靶心已经不是最重要的了,因为射手在开始就尽了全力。但美德行为毕竟不是射箭,箭离弦之后,射手无法掌控它的飞行轨迹,而美德行为需要行为者的全程参与,在整个阶段,行为者或多或少都能干预,除了考虑"动机"外,美德行为还要在具体情境之中保持"适度"。对于第二点假设,当代"情境主义"开展了一系列社会心理学实验,例如"模拟监

---

① [古希腊]亚里士多德:《尼各马可伦理学》,廖申白译注,北京商务印书馆2003版,第42页。
② 参见 Aristotle, *The Nicomachean Ethics*, trans. Hippocrates G. Apostle, Dordrecht: D. Reidel Publishing Company, 1975。
③ 参见 Sarah Broadie, *Ethics With Aristotle*, Oxford: Oxford University Press, 1991。

狱""匆忙赶路""割草机干扰"等,通过对实证数据的分析,证明了情境因素的干扰严重影响了美德行为的表现,同时,品格特质研究也证明,在特定情境中,品质与美德行为之间的关联十分微弱。① 尽管有学者对"品质"进行了辩护,其立足点是与"自我看法"有关的"承诺性态度"②,但"自我"的"承诺"是来源于主体直接经验的建构过程③,因此"承诺性态度"仍然无法脱离情境的直接作用。

相反,知识对美德也十分重要。亚里士多德认为,"如果德性也同自然一样,比任何技艺都更准确、更好,那么德性就必定是以求取适度为目的的"④。然而,真正做到"适度"并不是件容易的事情,因为美德行为是在具体的实践中展开的,而实践的情境又十分复杂,亚里士多德形象地将实践问题比喻成"健康""医疗""航海"等问题,认为实践过程中包含着许多不确定性,"只能因时因地制宜"。⑤ 要想在复杂的实践情境中做到"因时因地制宜",必须运用"实践智慧(phronesis)"。无论是在古代传统的美德伦理学中,还是在当代美德伦理的探讨中,"实践智慧"都是美德理论的核心,它的经验性和知识性特征对处理复杂情境(包括跨文化情境)中的美德实践问题具有独特的优势。亚里士多德当然也看到了具体美德实践的复杂性,但是由于具体的美德实践情境是难以预测的,他只是给我们指明了"适度"这一评判美德行为的方向,至于在具体的情境之中如何做才是"适度"的,这取决于我们的"实践智慧",取决于我们日积月累的经验和知识。因此,从这种角度来理解,美德命题不是一个完成时,而是一个进行时时态,它随着我们经验和知识的积累而日益提升,也因此,对于美德而言,"知(知识)则没有什么要紧"的结论不成立。此处拉平了基于"知识"的美德与技能的区别,即,无论是技能,还是美德,经验和知识对它们都起着举足轻重的作用。从这一层面来

---

① 参见 Doris, John M. and Moral Psychology Research Group, *The moral psychology handbook*, Oxford: Oxford University Press, 2010。
② 参见田洁《拯救品格——对境况主义的一种回应》,《道德与文明》2020年第4期。
③ 参见 Blasi A. and Glodis K., "The Development of Identity. A Critical Analysis from the Perspective of the Self as Subject", *Developmental Review*, Vol. 15, No. 4, 1995。
④ [古希腊]亚里士多德:《尼各马可伦理学》,廖申白译注,商务印书馆2003年版,第46页。
⑤ [古希腊]亚里士多德:《尼各马可伦理学》,廖申白译注,商务印书馆2003年版,第38页。

看，美德与技能是可以类比的。

众所周知，人的技能是随着经验和知识的增加而不断提升的。如前所述，在德雷福斯兄弟的技能模型中，当技能从第一个阶段——"新手（Novice）阶段"——发展到"专长（Expertise）阶段"时，技能专家就能够熟练应对各种复杂情境，随后，技能还会进一步发展到"驾驭（Mastery）阶段"和最高级的"实践智慧（Practice Wisdom）阶段"，在最高级阶段技能专家不仅技艺高超，而且还被渗透着一种"体知型的（embodied）"文化风格。① 同样，美德也有类似的发展过程，相较于一般美德，亚里士多德认为"大度（μεγαλοψυχία）"是"德性之冠"。② 在古希腊语里"大度"的本义是指伟大的灵魂，它经常被用来形容"完满"的美德，也就是美德发展的最高阶段。廖申白在《尼各马可伦理学》译注里指出"完满""也要求具备其他德性"，即"完满"是所有美德的总和。③ 而在笔者看来，"完满"美德更应当体现为某一具体美德的深度，而非广度。不言而喻，人们不可能获得全部美德，从广度上来执着"完满"没有太多的现实意义。相反，我们可以获得某些具体的美德，而难以预测的复杂跨文化情境是我们从深度上实现"完满"美德的现实障碍，所以它难以企及。亚里士多德也曾经表达过类似的观点，他认为：

> 每个人都会生气，都会给钱或花钱，这很容易，但是要对适当的人、以适当的程度、在适当的时间、出于适当的理由、以适当的方式做这些事，就不是每个人都做得到或容易做得到的。④

比如"慷慨"这一美德，它的表现形式很多，如支付小费、赠送礼物、捐赠等，支付金额的大小并不能完全反映慷慨美德行为的"完满"程度，我们还要考虑不同的文化习俗、价值观念、捐赠方式以及对方的可接受程度等。

---

① 参见成素梅、姚艳勤《德雷福斯的技能获得模型及其哲学意义》，《学术月刊》2013年第12期。
② ［古希腊］亚里士多德：《尼各马可伦理学》，廖申白译注，商务印书馆2003版，第108页。
③ 参见［古希腊］亚里士多德《尼各马可伦理学》，廖申白译注，商务印书馆2003版。
④ ［古希腊］亚里士多德：《尼各马可伦理学》，廖申白译注，商务印书馆2003版，第55页。

要想做到与各种情境相契合的"适度"慷慨,我们必须在生活的实践中去学习、积累,从简单情境中的慷慨行为扩展到更复杂的情境,从单一文化情境扩展到跨文化情境。在现实中这是可以做到的,就像技能一样,可以从处理简单问题的"新手"发展成为处理复杂问题的"专家"。总之,凸显知识、经验的"实践智慧"是连通美德养成与技能习得的关键因素,也是我们研究人工智能体如何通过"机器学习"机制来掌握美德的理论基石,后面相关章节将会对此展开更为详细的探讨。

二 通达"自我"的美德与技能

前面已经分析过,在亚里士多德的文本中,"知"除了代表知识,还表示与"意愿"之间的关系,美德与技能之间围绕着"知"的区别还体现在美德是出于"意愿"的,而技能则不一定。所以,紧接着亚里士多德又强调了美德与技能相区别的第二个特征,他认为,对于美德代理(the agent)而言,"(b)他想要去做他所做的事情,并且是为了他所做之事的自身目的而做"①。美德代理能够为了"所做之事的自身目的而做",说明美德代理具备自由意志,是受内在的动机驱动,而非外部力量的"强迫"。在亚里士多德看来美德行为与美德动机之间的一致性关系是美德与技能相区别的重要原因,对此最为直观的理解就是,美德行为本身就是美德代理的目的,相反,技能行为不是技能实施者的目的。事实上,为了区别于美德,许多学者常常通过区分技能行为与产品来强调,技能实施者的技能活动是以产品为目的,而非技能行为本身。② 并且,这种常见的区分在亚里士多德的文本中也能找到十分充足的证据。亚里士多德认为行为与产品是相互排斥的,"没有行为是一种产品,没有产品是一种行为"③。那它们在什么方面排斥呢?先来看行为,亚里士多德认为,美德与行为有关,美德"是通过那些正在形成的行为而成长起来的,但如果不按

---

① Aristotle, *The Nicomachean Ethics*, trans. Hippocrates G. Apostle, Dordrecht: D. Reidel Publishing Company, 1975, p. 25.
② 参见 Sarah Broadie, *Ethics With Aristotle*, Oxford: Oxford University Press, 1991。
③ Aristotle, *The Nicomachean Ethics*, trans. Hippocrates G. Apostle, Dordrecht: D. Reidel Publishing Company, 1975, p. 104.

照这种方式去行动，它就会被摧毁"①。亚里士多德将行为看作"应该怎么做"②。也就是说，行为是美德的具体体现，此时，美德与行为是一致的，或者说行为就是美德行动者的内在动机的外化。产品是一种被生产出来的东西。亚里士多德认为技能与产品相关，并且这样来解释了它们之间的关系，即：

> 每一种技能都与将某物带入存在物之中（bringing something into existence）有关，而技能的思考就是研究如何产生某种可能存在或不存在的东西，其（运动）原理在生产者中而不是在生产的东西中。③

这句话明确地说明了技能能够产生产品，但是技能能够产生产品的原因不在技能，而在生产者。在产品的生产过程中，技能只是工具，而生产者的内在动机才是核心，技能只负责将其"带入存在物之中"。可以看出，生产者的内在动机并没有在技能中外化，而是通过技能在产品中外化了。这就是行为与产品相排斥的根本原因，通过行为可以直接看到美德，行为既是美德实现的过程，也是美德实现的结果；而通过产品则不能判断技能的真实情况，技能只是生产产品的工具，它自身不是产品。但亚里士多德忽略了另一种情况，生产者也可能不是为了获得产品，而是"享受"运用技能过程本身，此时技能就既是生产过程，也是产品，生产者的内在动机就体现在技能的运用之中。④ 这一情况得以发生的前提就是，技能实施者存在一种动机，这种动机能够让他更加关注技能行为本身，而非技能运用的结果。是否有这种动机呢？现代心理学的"心流（flow）"理论有力地支持了这一种情况。

心理学家米哈里（Mihaly Csikszentmihalyi）通过调查，认为一些身怀技能的人之所以为了活动本身而去做事情，是因为他们都拥有一种非常相似的积

---

① Aristotle, *The Nicomachean Ethics*, trans. Hippocrates G. Apostle, Dordrecht: D. Reidel Publishing Company, 1975, pp. 23-25.
② Aristotle, *The Nicomachean Ethics*, trans. Hippocrates G. Apostle, Dordrecht: D. Reidel Publishing Company, 1975, p. 22.
③ Aristotle, *The Nicomachean Ethics*, trans. Hippocrates G. Apostle, Dordrecht: D. Reidel Publishing Company, 1975, p. 104.
④ 参见 Paul Bloomfield, Moral Reality, Oxford: Oxford University Press, 2001。

极的主观体验——"心流",并认为拥有这种状态的人"完全投入某件事中,以至于忘记了时间、疲劳以及除了活动本身以外的一切","他们非常喜欢这种体验,以至于愿意竭尽全力再次体验"。① 那么"心流"背后的动机又是什么呢?人们为什么如此陶醉于"心流"状态呢?米哈里将"心流"这种"最佳体验"归因为"愉悦",并认为,如下八个要件的综合会使人"产生一种深层次的愉悦感":

> 第一,体验通常发生在我们面对有可能完成的任务时;第二,我们必须能够专注于我们正在做的事情;第三和第四,专注通常是可能的,因为所从事的任务有明确的目标,并能提供即时的反馈;第五,行为必须是深层次的且毫不费力地摆脱了日常生活中的烦恼和挫折;第六,愉快的经历让人们锻炼出一种控制自己行为的感觉;第七,自我在心流体验中消失了,然而矛盾的是,自我意识在心流体验结束后表现得更强烈了;最后,时间的长短感被改变了;几个小时在几分钟里过去了,几分钟可以拉长得像几个小时。②

事实上,这八个要件只是"心流"体验者所描述出来的具有共性的显性现象,因此,我们把它们综合作用下的"愉悦"称为显性动机,而这背后还有更深层次的隐性动机。在分析隐性动机之前,我们先来看看基于"心流"体验的技能行为的显性动机——"愉悦"得以形成的前提条件。前提条件有三:首先,需要适当的技能,米哈里认为没有技能的挑战算不上真正的挑战,当我们没有攀岩的技能,陡峭的崖壁只是岩石,不会令我们心潮澎湃;其次,具有挑战的"舞台"且挑战的目标不是目的,它的价值在于引导和调动技能实施,进而使行为者能体验"愉悦"挑战;最后,挑战与技能应当平衡,因为"享受来自这个非常特定的点",相反,平衡的打破容易引起挫折感或者怠慢感,让人无法提

---

① Csikszentmihalyi M., et al., "Flow", Andrew J. Elliot and Carol S. Dweck (eds.) *Handbook of Competence and Motivation*, New York City: The Guilford Press, 2005, p.600.

② Csikszentmihalyi M., *Flow: The Psychology of Optimal Experience*, New York City: Harper & Row, 1990, p.49.

起兴致。① 通过以上三个条件可以看出，技能实施者的"愉悦"动机并不是随时随地出现的，它具有条件约束性，但至少我们找到了技能实施者只关注技能行为本身而非产品的关键性内在动机证据，也就是说，在特定的条件下，技能也符合亚里士多德对美德的描述——"为了他所做之事的自身目的而做"。我们再来揭示"心流"体验的技能行为的隐性动机。米哈里通过攀登事件进一步挖掘了"愉悦"背后的隐性动机，他认为，"我们之所以享受事件本身，是因为我们认为它可以让我们表达自己的潜力，了解我们的极限，延伸我们的自我，这个过程隐含在攀登者的'自我交流（self-communication）'中"②。攀登者的目的不是快速登上山顶，而是十分在意攀登活动本身所提供的挑战舞台，他享受这个舞台是因为在"自为自我（autotelic self）"的驱动下，"潜在的威胁转化为愉快的挑战"，并使人"保持其内在的和谐（inner harmony）"。③

那么美德是否也存在类似的显性动机和隐性动机呢？我们对美德动机的描述存在一个常见的误区：当把美德行为看作一种以自身为目的的行为时，美德行为的动机是否就是一目了然的，即它自身？显然，这里有一种目的—动机循环论证之嫌。一种刨根问底的问法是，驱使美德行为者如此看重美德行为自身，而非其他外在目的的真正原因是什么？这种问法跳出了目的—动机循环论证结构，并将其整体视为问题对象，进而将美德动机问题推向纵深。如果我们再重新考虑亚里士多德关于美德特性的描述，"他想要去做他所做的事情，并且是为了他所做之事的自身目的而做"④，并重点关注美德代理为什么"想要去做"，美德行为的内在动机将会被进一步被揭示，与"心流"类似，它就是"愉悦"。在《尼各马可伦理学》中，我们可以找到相关论述，例如，亚里士多德认为人们在实施"高尚""正义""慷慨"等美德时，十分"愉悦"，是因为美德行为"就其本

---

① 参见 Csikszentmihalyi M., *Flow: The Psychology of Optimal Experience*, New York City: Harper & Row, 1990。

② Csikszentmihalyi M., *The Evolving Self: A Psychology for the Third Millennium*, New York City: HarperCollins Publishers, 1993.

③ Csikszentmihalyi M., *Flow: The Psychology of Optimal Experience*, New York City: Harper & Row, 1990.

④ Aristotle, *The Nicomachean Ethics*, trans. Hippocrates G. Apostle, Dordrecht: D. Reidel Publishing Company, 1975, p.25.

性而言也是令人愉悦的"。① 此外，亚里士多德认为只有能体验到"节制"和"勇敢"所带来的"愉悦"的人，才具备"节制"和"勇敢"的美德，他强调：

> 一个克制身体过度享乐并为此感到愉悦的人是有节制的，但若有人因此受压迫，便是无节制，敢于面对危险并乐于冒险或至少不为此而痛苦的人是勇敢的，但是一个为此感到痛苦的人是懦夫。②

需要注意的是，如果我们把亚里士多德眼中的"愉悦"只理解为人类生理的愉悦感那就错了。亚里士多德尽力去区分生理之乐和道德之乐，他承认"愉悦感从我们所有人的婴儿时期就开始了；因此，这种根深蒂固的感觉很难从我们的生活中抹去"，并且认为这种感觉"对动物来说也是普遍的"，也正因此，"坏人也容易犯错，尤其是在享乐方面"，而我们要做的是追寻"高尚和权宜之计（expedient）之乐"。③ 这种乐的本质就在于它是在德性与欲望的平衡之处发生的，亚里士多德在此既肯定了人类难以摆脱动物本能式的生理之乐，同时也肯定了因为美德，我们可以"不受欲望支配"，并且在与欲望所构成的挑战的斗争过程中收获美德之乐。④ 所以他紧接着又感慨道，"再一次，正如赫拉克利特所说，与快乐斗争要比与脾气斗争困难得多，在更困难的斗争中，一个人总能获得一种技能或一种美德"⑤。此处赫拉克利特所"斗争"的"快乐"就是指本能式的生理之乐。

然而，在美德与欲望挑战的过程中，美德行为者一定会表现为"乐"吗？康德通过"悲伤的慈善家"的例子告诉我们，在很多时候美德带来的不是美

---

① Aristotle, *The Nicomachean Ethics*, trans. Hippocrates G. Apostle, Dordrecht: D. Reidel Publishing Company, 1975, p. 12.
② Aristotle, *The Nicomachean Ethics*, trans. Hippocrates G. Apostle, Dordrecht: D. Reidel Publishing Company, 1975, pp. 23-24.
③ Aristotle, *The Nicomachean Ethics*, trans. Hippocrates G. Apostle, Dordrecht: D. Reidel Publishing Company, 1975, p. 24.
④ 参见 Cruz Ortiz de Landázuri, M. M., "Virtue Without Pleasure? Aristotle and the Joy of a Noble life", *Acta Philosophica*, Vol. 1, No. 23, 2014。
⑤ Aristotle, *The Nicomachean Ethics*, trans. Hippocrates G. Apostle, Dordrecht: D. Reidel Publishing Company, 1975, p. 25.

德之乐，而是痛苦，并且"这种痛苦源于活动中情感冲突的存在及其克服，需克服的情感冲突愈是强烈，则愈能说明相应行动为真正的有美德的行动"①。可见，同样是描述美德与欲望的挑战过程，康德却得出了与亚里士多德、赫拉克利特相反的结论。这样的结果显然削弱了我们之前将美德的动机归因至"愉悦"的论证。为了解决这一紧张，黎良华认为，与规则伦理不同，"在美德伦理那里，有美德的行动实际上是人内在的价值观念、理性慎思以及相应的情感欲望的统一与协调之结果"②。这样的对比没有从根本上解决为什么美德会带来"痛苦感"问题，反而进一步指出了美德之乐的深层原因，即人们在面临着欲望挑战的过程中的自我的实现或者发展。而这就是美德伦理的隐性动机。正如曼纽尔（Manuel María Cruz Ortiz de Landázuri）在分析亚里士多德的"中道（the mean）"时指出，"中道"不是指数量上的平均值，而是一种"基于人类本性的实现"的和谐、平衡，美德之所以是"善"的、"愉悦"的，"因为它们在人身上建立了一种情感和意愿的平衡"，这种平衡是"对审美的和精神的自我发展的渴望"驱动的结果。③ 无独有偶，斯多亚学派"将幸福的前提仅仅设定在那些与我们自然的、可达到的好相一致的感觉和动机之上"④。安东尼（Anthony A. Long）将斯多亚学派所主张的美德伦理动机的起点总结为"规范性的自我"，并认为正是有这个前提设定，我们追求美德生活的过程就是一个"培养或'取悦'这个规范性的自我"的过程。⑤ 而这种美德动机策略的转换也将幸福的生活变成了"一个美丽的艺术作品"，这样一来，"每个人的生活都有生活的技艺（technē tou biou）"，大家都可以像运用技能一样运用美德，"遵循道德上的美丽、杰出和辉煌去生活"，"要让能够最好地塑造我们自然动机和潜能的'反思'来指导生活"，在"培养或'取悦'这个规范性的自我"的过程中熟练应对人生中的种种挑战和诱惑，实现美德

---

① 黎良华：《有美德的行动与有美德者的快乐》，《道德与文明》2015 年第 1 期。
② 黎良华：《有美德的行动与有美德者的快乐》，《道德与文明》2015 年第 1 期。
③ Cruz Ortiz de Landázuri, M. M., "Virtue Without Pleasure? Aristotle and the Joy of a Noble life", *Acta Philosophica*, Vol. 1, No. 23, 2014.
④ ［美］安东尼·朗：《作为生活艺术的希腊化伦理学》，刘玮译，《哲学分析》2012 年第 5 期。
⑤ ［美］安东尼·朗：《作为生活艺术的希腊化伦理学》，刘玮译，《哲学分析》2012 年第 5 期。

人生"艺术作品"的卓越。① 以上这些观点都进一步指出了美德之乐的深层原因，即人们在面临欲望挑战过程中的自我的实现或者发展，而这就是美德行为的隐性动机。需要注意的是，对显性动机和隐性动机的揭示都不影响美德代理为了"所做之事的自身目的而做"这一初始的结论，因为无论是与美德有关的"愉悦"还是"自我"，都只能通过美德行为自身才能实现。但对动机的揭示更有利于我们自觉地提升美德，增强美德实践的意愿。

值得一提的是，美德伦理研究者安娜斯（Julia Annas）也曾经在充分利用米哈里的"心流"理论基础上，详细地对亚里士多德的美德思想与技能进行了类比分析，并依此得出结论，"美德具有实践专长或技能的结构"②。然而可惜的是，安娜斯在类比美德与技能的过程中只看到了美德与技能"愉悦"的显性动机而忽视了"自我"的隐性动机，造成了美德伦理理论与实际的情况看起来十分不符，主要体现为两点。第一，如果将美德行为仅仅归因于"愉悦"，则没有办法再从行为者的内在状态上解释美德行为人的"痛苦"原因；但如果将"痛苦"的美德行为动因指向远端的美德行为结果，则会造成美德行为动因解释的前后不一致。第二，考虑"愉悦"动因的形成条件。日常的美德并非像攀登高峰一样时时充满着挑战，有时候一些简单行为也能体现行为人的美德，比如献爱心、"同情"、"公正"等，它们也很"享受"这些美德行为，正如我们所说的助人为乐。③ 而当我们从"自我"的隐性动机来分析美德行为时，一切都显得顺理成章。现代心理学所揭示的"自我理论"有两种不同的模型假设，一是"实体论（entity theory）"，二是"增长论（incremental theory）"，前者主张人所具备的技能或道德是一种"固定的、不可塑的特性"，后者则主张技能或道德是一种"可塑的品质，可以改变和发展"，并且它们通常"被看作是个人世界观的核心假设"。④ 因此，"自我理

---

① ［美］安东尼·朗：《作为生活艺术的希腊化伦理学》，刘玮译，《哲学分析》2012年第5期。
② Annas J., "The Phenomenology of Virtue", *Phenomenology and the Cognitive Sciences*, Vol. 7, No. 1, 2008.
③ 参见Besser-Jones L., "The Motivational State of the Virtuous Agent", *Philosophical Psychology*, Vol. 25, No. 1, 2012。
④ Dweck C. S, Chiu C. and Hong Y., "Implicit Theories and Their Role in Judgments and Reactions: A World From Two Perspectives", *Psychological Inquiry*, Vol. 6, No. 4, 1995.

论"常常被用来评估行为人在道德行为过程中的内在状态,评估通常是对以下命题做出是与否的判断:

(a)一个人的道德品质是他们最基本的东西,它不能改变太多;(b)一个人有没有责任感、有没有诚意,是深深根植于他的性格里的,不能改变太多;(c)一个人的道德品质(例如责任心、正直和诚实)是无法改变的。①

通常,道德"实体论者"对此持有肯定意见,因此,他们更愿意去做力所能及的事情,并且会为擅长之事感到愉悦,而对于有挑战的事情,"在基于实体的系统中,焦虑似乎出现得更快,消退得更慢"②。相反,道德"增长论者"否定个体道德品质的不可变性,肯定了"动态的、可塑的"道德观,他们时常视挑战情境为道德品质成长的舞台,挑战激发了自我的潜力,而非否定了"定性(fixed)"自我,因此,面对挑战时,"在增长系统中,兴趣和享受似乎更坚定、更持久"③。可以说,"自我"的美德行为动因比"愉悦"动因具有更加一以贯之、更加包容的解释力。无论是"愉悦",还是"痛苦"都能够在美德行为者的"自我"那里找到根源,同样,无论是惊心动魄的挑战,还是平淡如水的日常生活都可以成为人们"享受"美德的舞台,只要它能够与"自我理论"这一"个人世界观的核心假设"相符。

尽管美德和技能看似两种不同的人类行为,但就同一行为者(代理)而言,它们有着类似的动机解释框架,"愉悦"显性动机对于我们开发人工智能美德伦理代理有十分积极的意义,它展示了美德"动机—行为"的显性反馈链,在后面章节我们将会利用这种清晰的反馈机制来探讨通过设置"奖励函数"实现人

---

① Dweck C. S., Chiu C. and Hong Y., "Implicit Theories and Their Role in Judgments and Reactions: A World From Two Perspectives", *Psychological Inquiry*, Vol. 6, No. 4, 1995.

② Dweck, C. S. and Molden, D. C., "Self-Theories: Their Impact on Competence Motivation and Acquisition", Andrew J. Elliot and Carol S. Dweck (eds.) *Handbook of Competence and Motivation*, New York: The Guilford Press, 2005, p. 137.

③ Dweck, C. S., & Molden, D. C., "Self-Theories: Their Impact on Competence Motivation and Acquisition", Andrew J. Elliot and Carol S. Dweck (eds.) *Handbook of Competence and Motivation*, New York: The Guilford Press, 2005, p. 137.

工智能体的美德"强化学习"的可能性。同样,"自我理论"隐性动机的揭示直接将行为与行为者(代理)的世界观、价值取向联结起来,进而为我们确立了美德和技能在动机源头上的关联性,这有利于我们从动机的层面上像激发人们训练技能一样地激发他们发展美德,但想要将"自我"隐性"动机—行为"反馈链应用于人工智能系统是十分困难的,这里不仅涉及"强人工智能"技术能否实现"自由""意向性"的可能,也涉及人工智能道德地位的探讨,存在多种挑战,后面相关章节将会深入探讨这一问题。此外,"愉悦""动机—行为"的显性反馈链和"自我"隐性"动机—行为"反馈链对我们思考构建面向未来人机共生文化的"技术—道德的世界"有极大的启发性。

三 美德与技能的"坚定性"

尽管美德与技能一样,有着深层的内驱力,但是承认一种行为是美德行为,仅靠这些是不够的,因此,这里就涉及亚里士多德关于美德与技能相区别的第三个特征,即,美德代理必须"(c)在他行动时是确定和坚定的"①。我们可以从两个方面来延伸看待美德与技能的这种区别:第一,从美德代理自身来看,他们不会主动去放弃美德;第二,考虑美德代理所处的现实复杂情境,美德代理不会被外在的"诱惑"所动摇,而遗忘最初的美德动机。下面要做的就是对这两个方面的观点提出疑问,并在质疑的过程中深入分析美德与技能的紧密关系。

先来看第一个方面,布罗迪在分析亚里士多德关于美德与技能的区别时明确指出,一个人可以做到"自愿"放弃技能,但绝对不会"自愿"放弃美德。② 她的这一论断是通过对比美德代理与技能行为者的内在意图而得出的。布罗迪从亚里士多德的文献出发,推测出美德代理有一种独特的道德"意图反应(prohairetic response)",这种反应完全直接地表现在行为人的行为中,体现为"直接实践性(categorically practical)",而技能行为者则不是,"他们往往内心知道该如何做,但实际上并非如此,因为总有些技能之外的原因

---

① Aristotle, *The Nicomachean Ethics*, trans. Hippocrates G. Apostle, Dordrecht: D. Reidel Publishing Company, 1975, p. 25.
② 参见 Sarah Broadie, *Ethics With Aristotle*, Oxford: Oxford University Press, 1991。

促使他们去行使技能"①。正因为技能行为者的意图与技能本身可以不一致，所以，"如果一个人自愿放弃一项技能，或者因为这项技能不再值得练习而决定放弃，这并不会影响这项技能的质量"②。而美德行为者无法做到这一点，因为他们的道德意图具有"直接实践性"，不愿意实施美德行为也就代表放弃了美德行为本身，没有"勉强"的美德。相反，当一个人决定要实施美德行为，那么他的这种"意图反应"就会直接体现在美德行为之中，是确定且坚定的。同时，布罗迪强调人们是不会"自愿"放弃美德的，因为：

> 没有任何立场可以让他合理地轻视做一个好人的价值，如果他有理性珍视任何其他东西，他就必须珍视这一点，因此，他在理性上不可能愿意放弃他认为成为一个好人所必需的品质。③

可以看出，布罗迪分别从两个层次上肯定了美德行为者的"确定且坚定"：（1）因为美德代理的"意图反应"与美德行为是绝对一致的，所以它们之间的关系是"确定且坚定"的；（2）理性的美德代理是不会自愿放弃美德行为的，因此美德行为的实施也是"确定且坚定"的。

然而，布罗迪的观点是存在问题的。首先，在肯定美德行为与美德意图一致的同时，并不能否定所有的技能行为与技能行为者的意图是分离的。如前所述，"心流"理论已经很深入地向我们描述了技能行为者是如何在"自我"隐性动机和"愉悦"显性动机的驱使下来运用自身的技能，攀登者在乎的是"享受"攀登过程本身以及"延伸的自我"，而非外在的山峰。其次，技能行为者在很多时候也不会自愿放弃技能的锻炼和运用。米哈里在论述"心流"理论时尤其关注到了儿童群体，在"心流与自我的成长"这一节中，他形象地描述到，孩子们学习说话不是为了成为演说家，而是想去发问、探索世界，尽管孩子们跌得头破血流，但仍然要站起来学习走路，学习骑自行车等，每一次技能练习与技能运用过程中的"心流体验都有助于自我的成

---

① Sarah Broadie, *Ethics With Aristotle*, Oxford: Oxford University Press, 1991, pp. 86-89.
② Sarah Broadie, *Ethics With Aristotle*, Oxford: Oxford University Press, 1991, p. 89.
③ Sarah Broadie, *Ethics With Aristotle*, Oxford: Oxford University Press, 1991, p. 90.

长",他们从未想过要自愿放弃这些探索自我、实现自我、提升自我的人类基本技能,因为"我们的意识包含了关于我们自己是什么的新信息"①。最后,理性的美德代理真的不会自愿放弃美德行为吗?这不仅涉及代理的内在动机,还需要考察美德自身的性质。有些美德是一种"互惠"的关系,而有些美德是一种"冲突"的关系,例如,美德不统一论所提及的"节制和勇气""正义和仁慈"时常处于一种紧张的关系,节制时常要美德行为者保持"冷静",而勇气却需要"温暖",正义的美德需要行正义之人的"刚正",而仁慈则需要"柔和"的同情心。② 很明显,美德这种内在的紧张关系让人在面对同一事件时很难"两全其美",更多的是选择一种而舍弃另一种,这种舍弃不能不说是美德代理经过深思熟虑后的"自愿"。

另外,美德可以被遗忘吗?早在1958年赖尔(Gilbert Ryle)在《论忘了是非》一文中专门对比了美德与技能的不同,他认为美德包含情感上的"在意(care)",例如"爱、享受或者赞赏",而技能更多的是包含理论知识,一个人可以忘记理论知识,但是却无法忘记"在意",并且"不在意不等于遗忘",因此,技能可以被遗忘,而美德只能"不在意",不能被遗忘。③ 但和笔者之前探讨美德的隐性动机问题一样,多尔蒂(Matthew Ryan Dougherty)并不满足于将"在意"理解为"纯粹的享受",而是认为"美德需要一种更深层次的、能定义身份的承诺形式",他把这种形式称为"身份定义承诺(identity-defining commitment)",并认为它包括两个方面:"承诺的客体是承诺主体身份的决定性因素,因为承诺主体与承诺的客体是一致的;这也是他们身份的决定性,因为他们认同自己的承诺,坚持要继续下去。"④ 紧接着,他还解释了承诺(美德行为)"坚持要继续下去"的坚定性根源,即:

---

① Csikszentmihalyi M., *The Evolving Self: A Psychology for the Third Millennium*, New York: Harper Collins Publishers, 1993, p.237.
② 参见 Olivia Bailey, "What Knowledge is Necessary for Virtue?" *Journal of Ethics & Social Philosophy*, Vol.4, No.2, 2010。
③ 参见 Dougherty M. R., Skill and Virtue after "Know-How", Cambridge: University of Cambridge, 2019。
④ Dougherty M. R., *Skill and Virtue after "Know-How"*, Cambridge: University of Cambridge, 2019, pp.103-117.

在认同承诺的对象和承诺本身的过程中,承诺主体会深深投入;客体不仅仅是他们享受或渴望的东西,而是他们深切在意的东西,并将其理解为他们自我的一部分。①

在此,多尔蒂从内在的"自我"出发,将美德行为看作"身份定义承诺",论证并解释了亚里士多德所强调的美德行为的"确定和坚定"的根源,但与亚里士多德和赖尔不同的是,多尔蒂认为美德行为的"确定和坚定"这一特征并非美德与技能存在差异的原因,相反还是美德与技能紧密联系的关键。因为,"一个人的承诺是深刻的,但这并不能保证它就足以克服相反的诱惑"②。也就是说,一个人具备承诺的动机不一定就能够保证承诺的坚定,因为在现实的情况中,美德行为者(承诺主体)总会面临诸多诱惑,这会造成两种后果:(1)如果美德行为者抵制不住现实情况的诱惑,那么他就背离了最初的美德行为承诺,这种背离就是遗忘,从这种意义上来看,美德是可以被遗忘的,例如一些父母一开始会全身心地投入孩子身上,但后来却忙于事业,忘记了成为"好家长"的承诺;(2)理想的后果是,成功抵制诱惑,"如果成功的主张是正确的,那么承诺就需要拥有一种意志技能(volitional skill)"③。第一种后果从反面回应了美德与技能的相似性,即美德也是可以被遗忘的,美德的承诺无法"一劳永逸"地保证美德行为的"确定和坚定",第二种后果从正面回应了美德与技能之间的紧密联系性,即与意志有关的技能能够保障美德承诺的坚定性。那么,与意志有关的技能是何种技能呢?多尔蒂对此描述得较为笼统,他认为,"意志技能是一种为一件事而采取行动和付出努力的可靠的、智慧的能力,它就像实际技能一样,有高低层次之分"④。罗伯茨(Robert C. Roberts)则将诱惑的世界看作"心理的逆境",他认为我们不可能通过"基因编辑"的方式

---

① Dougherty M. R., *Skill and Virtue after "Know-How"*, Cambridge: University of Cambridge, 2019, p. 117.
② Dougherty M. R., *Skill and Virtue after "Know-How"*, Cambridge: University of Cambridge, 2019, p. 117.
③ Dougherty M. R., *Skill and Virtue after "Know-How"*, Cambridge: University of Cambridge, 2019, p. 120.
④ Dougherty M. R., *Skill and Virtue after "Know-How"*, Cambridge: University of Cambridge, 2019, p. 120.

来彻底且持久地"赋予一个人道德品质",而是需要运用我们的意志力在"心理的逆境"中成长,进而来获得道德品质。① 罗伯茨把这种基于意志力而获取的道德品质称为"意志力美德",并且将与之相关的意志力看作"自我管理的技能(skills of self-management)"。② 具体而言,我们可以将"意志力美德"与技能相类比,"意志力美德"的养成离不开对"欲望、冲动"管理技能以及"情绪"管理技能的练习,例如,耐心美德的养成需要我们处理好"愤怒、怨恨和无聊",勇气美德的养成需要我们能控制好"恐惧和焦虑",我们可以通过掌握"延迟满足""欺骗欲望""重构冲动"等技能来缓解甚至消除自身的冲动,通过掌握"适当发泄""自我对话"等技能来控制我们的不良情绪。③

需要注意的是,罗伯茨将"意志力美德"与技能做类比并不是说以上所讨论的技能能够涵盖全部"意志力美德",也不是说美德就是技能,而是让我们看到,当我们最初的美德动机在现实的"诱惑"世界中遇到挑战时,我们可以利用相关技能来"纠偏",来克服我们的"坏习惯和不良情绪",最终,这些技能保障了美德动机在复杂的现实情境中能完全落实到行为之中,成为美德行为本身。④ 因此,也可以得出结论,即,美德行为的"确定和坚定"不是使得美德与技能渐行渐远,相反,只有美德与技能的共同作用,才有可能保障美德行为的"确定和坚定"。通过分析心理技能与美德稳定性之间的关系,能够帮助我们在未知的人机共生文化中积极调整自身的道德体验感受,以回应不确定的"技术—道德的世界",它是我们在应对未知文化中道德不确定性的有效美德技能。

四 美德技能模型

在反思亚里士多德关于美德与技能差异的过程中,有破有立,我们尝试从以下三个方面对美德与技能的类比关系进行总结:第一,习惯性美德与熟练技能的习得方式有类似之处,二者都注重知识、经验,并且都要经历从"新手"到"专家"的发展过程;第二,美德代理的行为动机不在"美德行为"中,而

---

① 参见 Robert C. Roberts, "Will Power and the Virtues", *The Philosophical Review*, Vol. 93, No. 2, 1984。
② 参见 Robert C. Roberts, "Will Power and the Virtues", *The Philosophical Review*, Vol. 93, No. 2, 1984。
③ 参见 Robert C. Roberts, "Will Power and the Virtues", *The Philosophical Review*, Vol. 93, No. 2, 1984。
④ 参见 Robert C. Roberts, "Will Power and the Virtues", *The Philosophical Review*, Vol. 93, No. 2, 1984。

在自身，具体来说是美德代理的显性"愉悦"和隐性"自我"，而一些技能实施者也有同样的动机，美德与技能都有基于"奖励"的"动机—行为"反馈机制；第三，美德行为不一定是"坚定"的，在复杂现实情境中美德行为与美德动机有时会出现偏离，而美德代理对心理技能的运用恰恰是确保美德"稳定性"的最佳手段。从以上三个方面来看，美德与技能的类比程度是不同的，分别有"弱形式""温和形式""强形式"三种。在弱形式类比中，"美德与技能有一定的联系，但美德本身不能从技能的角度来理解"，例如以上的第三个类比，技能只是帮助美德行为者"纠偏"的手段；在温和形式类比中，"美德与技能在结构上有相似之处，因此我们可以通过观察技能的获得来了解美德是如何发展的"，例如以上的第一个类比，透过熟练技能的习得方式来理解甚至模仿习惯性美德的养成，但温和类比"并不承认美德就是技能——只是说美德与技能有重要的相似之处"；而强形式类比主张"美德应该被定义为一种技能，但仍然给我们留下了一些空间来说明技能和美德之间的差异"，例如以上的第二个类比，将美德行为与技能的动机都指向了代理的"愉悦"体验和"内在自我"，用同一动机解释框架来解释两种不同的行为，尽管如此，这里仍留有差异空间，即，"并不是说所有的技能都是这样的"。①

有学者基于以上三种美德与技能的类比形式发展出了美德技能模型。先来看弱形式类比下的美德技能模型，如前所述，罗伯茨通过"自我管理的技能"模型来对美德行为进行"纠偏"，此外，"元认知技能（metacognitive skills）"模型也有同样的效果，它包括四个方面的自我控制技能：

（1）远离诱惑的注意力的自我监控（self-monitoring）；（2）自上而下的消极冲动的执行控制；（3）对特定刺激敏感的意识；（4）热情衰退时的自我激励。②

---

① Stichter M., "Virtue as a Skill", Nancy E. Snow. (ed.) *The Oxford Handbook of Virtue*, Oxford: Oxford University Press, 2018, p.58.
② Narvaez D., "The Neo-Kohlbergian Tradition and Beyond: Schemas, Expertise, and Character", Gustavo Carlo and Carolyn Pope Edwards (eds.) *Moral Motivation through the Life Span*, Lincoln, Nebraska: University of Nebraska Press, 2005, p.155.

这些技能模型所设定的指标与美德的发展呈正相关，练习或者运用这些技能都有利于行为人更好地实现美德。这也是保证美德"稳定性"的有力手段，在面对人们正在创造的未知人机共生文化时，我们需要借用这一美德技能模型来确保自身能够适应由人—机深度融合所带来的"技术—道德的世界"的不确定性挑战。

而在温和形式类比中，美德技能模型体现为按照技能的模型来发展美德。人们常用技能"专家模型"来发展美德，甚至构造出了美德"专家模型"。"专家模型"的目标是指引新手向专家发展，一般来说：

> 专家和新手在三个基本方面有所不同：第一，特定领域的专家比新手拥有更多、更有组织的知识，并且专家知识有多种类型，它们相互作用，例如，声明性（什么）、过程性（如何）、条件性（何时和多少）；第二，专家对世界的感知和反应是不同的，他们会注意到新手错过的细节和机会；第三，专家的表现有所不同，新手使用有意识的、努力的方法来解决问题，而专家的技能是高度自动化的、不费力的。①

显然，"美德专家"也具备专家的基本特征，例如，他们"更擅长快速准确地解读道德情境，并决定自己可能发挥的作用"，在解决复杂道德问题时得心应手，反应快速，并且往往表现出"强烈的道德欲望"。② 而从新手发展成"美德专家"，必须接受大量的类似于技能的练习。纳尔瓦埃斯（Darcia Narvaez）将"美德专家"模型划分为四个阶段："道德敏感性（ethical sensitivity）"阶段、"道德判断（ethical judgment）"阶段、"道德聚焦（ethical focus）"阶段、"道德行动（ethical action）"阶段，并认为每个阶段都有 7 种需要练习的美德技能，整个专家模型中包含 28 种美德技能，它们都具有典型性，"是从那些被

---

① Narvaez D., "Integrative Ethical Education", Killen M, Judith G. Smetana (eds.), *Handbook of Moral Development*, New Jersey: Lawrence Erlbaum Associates, Inc., 2006, p. 716.
② Narvaez D., "Integrative Ethical Education", Killen M, Judith G. Smetana (eds.), *Handbook of Moral Development*, New Jersey: Lawrence Erlbaum Associates, Inc., 2006, p. 716.

认为是道德楷模的人身上取样的",涵盖了"传统美德"和"现代美德"。① 这一模型有助于人工智能机器能够像人类一样通过"仿效"道德模范来学习美德,而机器只需要从道德模范数据集中学习,同时为了确保人工智能机器也能够适应跨文化道德差异,可以将文化参数嵌入数据集中。

此外,一些学者还探讨了强形式类比的美德技能模型。索萨(Ernest Sosa)认为大致可以从三个方面的成就来评价我们对技能的运用:

> 准确性(accuracy),实现目的;熟练(adroitness),展现技能或能力;倾向(aptness),通过熟练的(技能)展现实现目的。②

由于这三个方面的英文首字母都是 A,所以这也被称作技能的"AAA"结构模型。不难看出,技能的"AAA"结构是层层递进的,第一个 A("准确性")体现了技能的外在目的性,第二个 A("熟练")体现了技能行为者以技能的熟练展现为目的,第三个 A("倾向")是建立在第二个 A 的基础之上的,它体现了技能行为者通过熟练的技能展现而实现自身内在目的,正如前面所讨论的,这种"倾向"既来源于技能行为者的"愉悦"体验,也包含着更深层次的"自我"成就感。"AAA"结构向我们直观展示了基于显性和隐性"奖励"的"动机—行为"反馈机制,结合安娜斯、曼纽尔、安东尼等对美德的描述可知,美德同样有这样基于"奖励"的"动机—行为"反馈机制。当考虑美德代理是一种人工智能机器时,我们可以通过"奖励"函数来激发智能机器的美德"强化学习","奖励"本身就是一种内在驱动力,并且"奖励"是在机器与情境交互过程中形成的,也完全具备跨文化情境适应性,因此,它是当下和未来自主性更强的"强人工智能"阶段情境适应性人工智能道德体设计的有效方式。

以上讨论可以看出,美德与技能的类比已经从理论的可行性论证走向了

---

① 参见 Narvaez D., "Integrative Ethical Education", Killen M, Judith G. Smetana (eds.) Handbook of Moral Development, New Jersey: Lawrence Erlbaum Associates, Inc., 2006。
② Ernest Sosa, *A Virtue Epistemology: Apt Belief and Reflective Knowledge*, Volume I, Oxford: Oxford University Press, 2007, p. 23.

模型的建构，甚至是应用，后面章节笔者将会在这三种模型的基础上深入探讨设计跨文化人工智能美德伦理代理的可能和现实。

既然美德能够技能化，我们又该如何将其与人工智能机器学习相结合呢？瓦拉赫等（Wallach et al.）在提出机器道德设计方案时指出了两种不同的实施路径："自上而下"和"自下而上"。"自上而下"是指将"事先指定的伦理理论"通过算法的形式嵌入机器系统中，并指导系统实现该伦理理论；"自下而上"是指机器系统自己能够从环境中学习伦理规范，无须事先指定理论，就算系统中存在"先前的理论"，"也只是作为指定系统任务的一种方式，而不是作为指定实施方法或控制结构的一种方式"。① 相比较而言，美德理论主张行为者（代理）从日常经验、具体情境中习得道德规范，与"自下而上"路径更为契合，并且"自下而上"的设计路径能够保证人工智能机器可以依据不同文化情境做出适宜的伦理决策，避免了类似义务论和功利主义算法的弊端。需要注意的是，与瓦拉赫等所提出的"自上而下"和"自下而上"混合式美德伦理路径②不同：笔者将聚焦于探寻跨文化情境适应性人工智能道德决策算法，笔者认为"自上而下"路径是脱离跨文化情境的，因此在讨论美德伦理算法时只强调了"自下而上"路径。此外，考虑美德伦理兼具"共识性"和"差异性"两方面特质，笔者打算将人工智能美德代理的伦理嵌入过程分为两个步骤：一是重点关注美德伦理的"共识性"，这一步的设计理论基于"有监督学习"的"自下而上"，人工智能体通过机器学习"仿效"道德模范，掌握"共识性"美德数据库，并且能够依据"共识性"美德形成跨文化情境的道德决策能力；二是重点关注美德伦理的"差异性"，这一步的设计理论基于"无监督学习"的"自下而上"，人工智能体通过机器学习自主获得与特定文化情境相适应的道德决策能力，最终要能够精准识别情境中的"差异性"，并针对这种"差异性"做出与之相匹配的道德决策。

---

① Wallach W., Allen C. and Smit I., "Machine morality: bottom-up and top-down approaches for modelling human moral faculties", *AI & Society*, Vol. 22, No. 4, 2008.
② 参见［美］温德尔·瓦拉赫、［美］科林·艾伦《道德机器：如何让机器人明辨是非》，王小红主译，北京大学出版社 2017 版。

第三节 "共识性"美德数据库的"自下而上"学习机制①

在前面章节中我们已经探讨了美德的"共识性"特质，这种"共识性"确保了在不同的文化情境中美德都能够起作用，因此，我们完全可以依据"共识性"美德伦理集创建美德数据库，以供人工智能体通过机器学习的方式掌握它。在美德技能化模型中，我们看到美德代理要想从道德"新手"成长为道德"专家"，可以类比技能——直接向"专家"学习。亚里士多德也曾经建议我们可以"仿效"美德模范，他认为"大度（μεγαλοψυχία）"是"德性之冠"，所以我们应当"仿效大度的人"。② 此外，亚里士多德还多次在书中用"好人"来意指美德模范，他认为，"德性和好人就是尺度"③，"我们在每件事上都显然应当按照较好的人的样子去做"④。"好人"之所以能够成为我们"仿效"的标尺，"因为，好人对每种事物都判断得正确，每种事物真的是怎样，就对他显得是怎样"，"而好人同其他人最大的区别似乎就在于，他能在每种事物中看到真"。⑤ 可见，美德模范凭借其自身的道德品质和对道德真理的远见卓识为道德判断提供了可靠性来源。既然人能够通过"仿效"美德模范来确保道德决策的正确性，机器能否也可以通过类似实施路径来保障恰当的道德决策呢？机器"仿效"美德模范有一条捷径可走，即构建美德模范数据库。

在构建美德模范数据库方面，中国学者徐英瑾立足于儒家德性伦理学提出了"儒家德性样板库"技术路线构想，他认为，我们首先需要通过程序员"手动建立一个'儒家德性样板语料库'"，接着对"德性样板库"的典型人物、

---

① 参见王亮《情境适应性人工智能道德决策何以可能？——基于美德伦理的道德机器学习》，《哲学动态》2023年第5期。此处有改动。
② ［古希腊］亚里士多德：《尼各马可伦理学》，廖申白译注，商务印书馆2003版，第107—110页。
③ ［古希腊］亚里士多德：《尼各马可伦理学》，廖申白译注，商务印书馆2003版，第267页。
④ ［古希腊］亚里士多德：《尼各马可伦理学》，廖申白译注，商务印书馆2003版，第286页。
⑤ ［古希腊］亚里士多德：《尼各马可伦理学》，廖申白译注，商务印书馆2003版，第71页。

事迹、道德决策心理过程以及道德评价进行参数标注，然后通过算法化的方式对"德性样板库"中的信息进行加工、整合、训练，最终构建"人工道德推理系统"。[①] 这一技术路线的关键就在于将"德性样板库"所包含的德性参数化或者形式化。此外，"伦理故事（ethical stories）"道德推理模型为这一路线提供了可行的理论资源，该模型重点采集"伦理故事"中的"动机（I）、适用性（A）、后果（O）、知识（K）、适应性（C）、实现（R）"六大道德指标，然后依据这些指标构建逻辑句法模型："$I = \{(+),(-),(\emptyset)\}; A = \{(+),(-),(\emptyset)\}; O = \{(+),(-),(\emptyset)\}; K\{(+),(-),(\emptyset)\}; C = \{(+),(-),(\emptyset)\}; R = \{(+),(-),(\emptyset)\}$。"[②] 这一形式化模型既包含了道德指标，也涵盖了抽象道德评价，"+"表示积极评价，"-"表示消极评价，"ø"表示不确定性评价，因此，它可以应用于"伦理故事"建模阶段和整体道德评价阶段。[③] 显然，当六项道德指标的道德评价都是"+"时，"伦理故事"中的道德行为者可称为美德模范，是机器"仿效"的道德参照。与义务论和功利主义相比，以上这种"仿效"学习机制具备跨文化情境敏感性，它将伦理特征通过"语料"或者"故事"等叙事式结构嵌入机器，确保了伦理与跨文化情境的关联性。然而，这种方案的伦理特征参数集依赖程序员"投喂"，即非自主性获取，因此，它同样面临着巨大工程工作量问题，同时也与高自主性智能技术不匹配，缺乏前瞻性和灵活性。

如何让机器自主获取伦理特征参数呢？为此我们可以参考扎格泽布斯基（Linda Zagzebski）的"自下而上""美德模范理论"，该理论主张从具体情境的美德实践而非道德概念出发习得美德，注重（1）美德模范的"识别"；（2）美德模范的"可钦佩之处"（道德特征）。[④] 这一理论路线不仅关注美德模范的道德特征，而且将道德特征的"识别"作为前提或关键因素，与上述美

[①] 参见徐英瑾《儒家德性伦理学、神经计算与认知隐喻》，《武汉大学学报》（哲学社会科学版）2017年第6期。

[②] Grác J., Biela A., Mamcarz P. J. and Kornas-Biela D., "Can moral reasoning be modeled in an experiment?" *PLoS ONE*, Vol. 16, No. 6, 2021.

[③] 参见Grác J., Biela A., Mamcarz P. J. and Kornas-Biela D., "Can moral reasoning be modeled in an experiment?" *PLoS ONE*, Vol. 16, No. 6, 2021。

[④] 参见Zagzebski L., "Exemplarist virtue theory", *Metaphilosophy*, Vol. 41, No. 1-2, 2010。

德数据库方案相比，机器"仿效"的动作前移了，即，道德特征参数的获取可以从程序员"投喂"转变为机器的自主"识别"——"自下而上"。下面要做的技术性工作就是构建"识别算法"，训练机器自主"识别"美德模范的道德特征。早期做法是利用机器学习技术中的"归纳逻辑程序设计（Inductive Logic Programming，ILP）"来提升机器的道德"识别"和道德推理能力，ILP 的目标是"开发工具和技术，从观察（案例）中归纳假设，并从经验中合成新的知识"[①]。有学者将扎格泽布斯基的"美德模范理论"形式化，提出了道德模范特征函数："$\tau \equiv \sigma \wedge happens(action(\alpha,a),t)$"，其中，a 表示美德模范（代理人），α 表示美德行为，σ 表示美德实践情境，t 表示美德行为发生的时间，τ 表示特定情境下的道德特征。[②] 因此，完全可以利用 ILP 根据上述道德模范特征函数自变量的变化对道德模范特征进行"自下而上"的归纳学习，最终实现机器"仿效"的目的。假设让机器训练 n 个样本，普遍化道德模范特征公式可以表示为："$Gn(\tau) \leftrightarrow \exists^{\geq n} a : Trait(\tau,a)$"。[③] 这一方法的运用至少有两点好处：第一，将道德特征学习的过程交给机器，减少工程工作量；第二，在保证特定道德情境（包括跨文化道德情境）与道德行为相匹配的同时，最大程度地构建了普遍化道德样本参照，归纳的材料越丰富，归纳的道德特征越具有普遍性、共通性，情境适应性也越强。但需要注意，"归纳逻辑程序设计（ILP）"本质上是一种一阶逻辑的归纳方法，它对显性、确定性的道德特征或道德推理是适用的，但对于隐性、模糊性对象而言则显得有局限性，而日常道德恰恰就属于模糊性领域。因此，为保证机器道德"仿效"与真实道德"仿效"的高度拟合性，我们需要一种"更宽容的近似推理形式"——"软计算"。[④]

[①] Muggleton S. and De Raedt L., "Inductive logic programming: Theory and methods", *The Journal of Logic Programming*, Vol.19, 1994.

[②] 参见 Govindarajulu N. S., Bringsjord S., Ghosh R. and Sarathy, V., "Toward the engineering of virtuous machines", *Proceedings of the 2019 AAAI/ACM Conference on AI, Ethics, and Society*, 2019。

[③] Govindarajulu N. S., Bringsjord S., Ghosh R. and Sarathy, V., "Toward the engineering of virtuous machines", *Proceedings of the 2019 AAAI/ACM Conference on AI, Ethics, and Society*, 2019, p.33.

[④] Howard D. and Muntean I., "Artificial Moral Cognition: Moral Functionalism and Autonomous Moral Agency", Thomas M. Powers (eds.) *Philosophy and Computing: Essays in Epistemology, Philosophy of Mind, Logic, and Ethics*, Springer International Publishing AG, 2017.

第六章　跨文化人工智能美德伦理代理

"深度学习（Deep Learning，DL）"具备"软计算"特征，尤其是"人工神经网络"的运用，它"隐含地将模式及其概括性编码在网络的权重中"，最终"反映了训练数据的统计特性"。① 具体来说，利用"人工神经网络"训练机器"仿效"美德数据样本有如下三个步骤：（1）构建"神经网络的结构（拓扑）"；（2）训练"神经网络参数"；（3）定义"神经网络的学习函数"。② 在此基础上，霍华德和蒙泰安提出了一种"神经网络（NN）+进化计算（EC）"的"进化人工神经网络"方法来训练"人工自主道德代理（AAMA）"，具体思路如下：首先，将美德行为人的行为编码为一个"神经网络 NN"；然后，利用转移函数、拓扑架构、权重等对"神经网络群（NNs）"进行取值"进化计算"，在此过程中"每个 AAMA 的可进化特征都与'机器人美德（robo-virtues）'的概念相关联"；最终，达到 AAMA 群体所期望的道德成熟度水平时进化终止。③ "进化人工神经网络"方法具有很强的学习性和自主性，一方面，它通过"神经网络"计算深度挖掘了不同美德行为特征以及隐藏的美德行为模式，另一方面，通过"进化计算"赋予 AAMA 更多的道德自主权，使其能够独立地"仿效"道德模范。然而美中不足的是，霍华德和蒙泰安并没有提供太多的技术细节，他们只是展示了对"救生艇隐喻（Lifeboat Metaphor）"道德决策进行测试的结果，证明了基于"进化人工神经网络"的 AAMA 具有"自主性、主动学习特性和倾向性"。④

魏德曼等（Wiedeman et al.）则通过比较道德决策的"层次贝叶斯（HB）""最大似然（ML）"和"深度学习（DL）"模型，论证了"深度学习"在机器道德决策中的优势，他们认为，"层次贝叶斯模型"预先假设了道德价值的正态

---

① 参见 Garcez A. S. A. and Zaverucha, G., "The connectionist inductive learning and logic programming system", *Applied Intelligence*, Vol. 11, No. 1, 1999。

② 参见 Howard D. and Muntean I., "Artificial Moral Cognition：Moral Functionalism and Autonomous Moral Agency", Thomas M. Powers（eds.）*Philosophy and Computing: Essays in Epistemology, Philosophy of Mind, Logic, and Ethics*, Springer International Publishing AG, 2017。

③ 参见 Howard D. and Muntean I., "Artificial Moral Cognition：Moral Functionalism and Autonomous Moral Agency", Thomas M. Powers（eds.）*Philosophy and Computing: Essays in Epistemology, Philosophy of Mind, Logic, and Ethics*, Springer International Publishing AG, 2017。

④ 参见 Howard D. and Muntean I., "Artificial Moral Cognition：Moral Functionalism and Autonomous Moral Agency", Thomas M. Powers（eds.）*Philosophy and Computing: Essays in Epistemology, Philosophy of Mind, Logic, and Ethics*, Springer International Publishing AG, 2017。

分布，但这种预先设定"有可能与真实的基本分布不匹配"，"最大似然模型"则没有预先假设道德正态分布，但其仍需要依赖最大化公式中的似然值来估计道德向量"w"，相比较而言，"深度学习模型"既不需要预先假设道德价值正态分布，又不需要"明确估计任何道德原则向量 w，而是直接从情境参数向量 θ 预测决策 y"，最终测试结果显示，"基于深度学习的模型可以有效地学习道德价值观，并以数据驱动的方式做出道德决策"[①]。对于这样的结果其实并不难理解，相比其他两个学习模型，"深度学习"的隐藏层设计提高了模型的复杂程度和非线性程度，使得该模型对真实的道德习得和决策过程具有更高的适应性和拟合性。

通过"深度学习"方式来"仿效"道德模范也存在挑战。在这一方式下，（1）机器需要足够的训练数据来学习大量的美德行为模式；（2）机器要能够记住所学习的美德行为模式，并随时能够"调取"、匹配不同情境。前者提出了增量学习要求，后者提出了记忆要求，而这两者之间存在技术性冲突，即"灾难性遗忘（catastrophic forgetting）是深度神经网络的类增量学习的一个关键挑战"[②]。"灾难性遗忘"是指机器学习"新"知识之后，几乎完全忘记之前所学习的"旧"知识。如果处理不好"增量学习"与"灾难性遗忘"之间的关系，就会削弱机器连续学习的能力，使道德机器在掌握新的美德行为模式同时忘记"旧"模式，最终会使其在"新""旧"夹杂的复杂道德情境中缺乏灵活响应。可喜的是，目前已经有不少学者提出了应对这一挑战的方案，例如在机器学习中使用"记忆感知突触（MAS）"[③]"记忆索引重放（REMIND）"[④]"时空联想记忆网络（STAMN）"[⑤] 等机制。

---

① Wiedeman C., Wang G. and Kruger U., "Modeling of moral decisions with deep learning", *Visual Computing for Industry, Biomedicine, and Art*, Vol. 3, No. 27, 2020.

② Guo L., et al., "Exemplar-supported representation for effective class-incremental learning" *IEEE Access*, Vol. 8, 2020.

③ Guo L., et al., "Exemplar-supported representation for effective class-incremental learning" *IEEE Access*, Vol. 8, 2020.

④ Hayes T. L., et al., "Remind Your Neural Network to Prevent Catastrophic Forgetting", *European Conference on Computer Vision*, Cham：Springer International Publishing, 2020, p. 3.

⑤ 王作为：《具有认知能力的智能机器人行为学习方法研究》，博士学位论文，哈尔滨工程大学，2010 年，第 11 页。

尽管我们可以通过"人工神经网络"等机器学习的方法来"仿效"美德模范，进而掌握"共识性"美德数据库，但是这种"共识"全部来源于已知或者纳入考察范围的文化情境。在已知文化情境中机器能够像美德模范一样进行道德决策，但道德领域是一种模糊的非完整性域集：（1）我们无法让机器穷尽所有跨文化情境，无法囊括所有跨文化美德"共识"；（2）"共识性"美德数据库只能解决"共识性"美德嵌入问题，无法针对性地解决特定文化情境中的"差异性"美德问题。因此，基于"共识性"美德数据库的"仿效"式道德机器学习只是为机器道德决策提供了可参考的初始化以及有限的普适化结构，针对未知文化情境或者未进行模式匹配训练的特定文化情境时，我们还需要另外的方法来确保人工智能体伦理决策的可靠性、适应性。

第四节　人工智能美德代理的跨文化"差异性"调适[①]

如何确保人工智能美德代理能够适应"差异性"文化情境，并做出与特定文化情境相调适的道德决策呢？"差异性"意味着未知性、陌生性，当我们需要做出道德决策的时候，我们不是拿着道德手册翻阅后再行动，而是凭借我们对道德实践的理解、经验立即采取行动，我们学会做道德决策的前提是包含道德情境的道德实践教会了我们该如何做，因为"在很大程度上，我们的道德规范和道德诀窍以具体化的知识和默契化的形式存在"[②]。这里指出了在现实中进行道德决策的一个前提条件：学会利用道德经验知识解读特定道德情境。如前所述，在美德技能模型中我们已经看到了美德知识的重要性，这与美德实践的情境未知性、不确定性有关。

亚里士多德也曾经形象地将美德实践比喻成"健康""医疗""航海"等

[①] 参见王亮《情境适应性人工智能道德决策何以可能？——基于美德伦理的道德机器学习》，《哲学动态》2023年第5期。此处有改动。

[②] Swierstra T., "Identifying the Normative Challenges Posed by Technology's 'Soft' Impacts", Etikk i praksis-Nordic Journal of Applied Ethics, Vol. 9, No. 1, 2015.

问题，肯定了美德实践过程中包含着众多不确定性、未知性，因此主张美德行为"只能因时因地制宜"，而要做到这一点必须运用"实践智慧"。① 尽管亚里士多德认为知识对技能的重要性胜过美德，但他同时也认识到"明智是一种同人的善相关的、合乎逻各斯的、求真的实践品质"②，并且认为"实践智慧"既需要"普遍的知识"，又需要"具体的知识"，"尤其是需要后一种知识"。③ "具体的知识"就是指经验知识，亚里士多德在《尼各马可伦理学》中打了一个形象的比喻，青年人可能几何和数学等科目学习得好，但由于缺乏与具体事情相关的日积月累的经验，因此在他们身上看不到"实践智慧"。④ 亚里士多德的这一比喻当然不能以偏概全，因为青年人也有道德高尚者，但他至少肯定了与美德紧密相关的"实践智慧"既是一种来源于具体实践的经验知识，又需要通过日积月累的方式来习得。亚里士多德的这一观点得到了当代美德伦理研究者以下一系列的赞同或者阐发。

第一，"实践智慧"是一种"能力—知识"。赫斯特豪斯（Rosalind Hursthouse）认为"实践智慧是对实际问题进行正确推理的能力"⑤。"正确"的标准就是在复杂的情境中展现美德行为的"适度"。要想做到"正确"，必须还要将"实践智慧"看作一种"知识的形式"，而它一定是基于个体对"人性或人类生活方式"的深刻理解，是一种独特经验性的"知识"。⑥ 赫斯特豪斯这一观点非常富有创见性，一方面她肯定了作为"推理能力"的"实践智慧"是能够被人掌握、运用的；另一方面她又将"实践智慧"直接等同于"知识的形式"，其目的是想避免我们将"推理能力"普遍化、抽象化，而是强调个体对生活的经验性理解（内化为独特经验性"知识"）在"实践智慧"中的核心作用。

第二，"实践智慧"是一种知识。相较赫斯特豪斯而言，罗森（Stanley Rosen）更直白地表述了"实践智慧"的知识性和经验性特征。他认为，"实

---

① ［古希腊］亚里士多德：《尼各马可伦理学》，廖申白译注，商务印书馆2003年版，第38页。
② ［古希腊］亚里士多德：《尼各马可伦理学》，廖申白译注，商务印书馆2003年版，第173页。
③ ［古希腊］亚里士多德：《尼各马可伦理学》，廖申白译注，商务印书馆2003年版，第177页。
④ ［古希腊］亚里士多德：《尼各马可伦理学》，廖申白译注，商务印书2003年版，第178页。
⑤ Hursthouse R., *On Virtue Ethics*, Oxford: Oxford University Press, 1999, p.13.
⑥ Hursthouse R., *On Virtue Ethics*, Oxford: Oxford University Press, 1999, pp.144-145.

践智慧"是一种能够将我们的内在目的和当下复杂情境相调适的知识,在这种知识的"筹划"下,我们采取正确行动。① 需要注意的是,这种知识不是抽象、空洞的,它不是为我们提供一个"放之四海而皆准"的标准答案,而是在生活的各个情境中指导我们实施美德行为的建构性的具体,它既依赖我们的经验性知识,也为我们构建新的经验。

第三,"实践智慧"是"实践理性的卓越形态"。② 李义天立足于具体实践情境,认为"实践智慧"要比"实践推理"更为复杂和丰富,并且贯穿于从具体到一般,从理论到方法再到实践的整个过程,具体来说包含五大环节:

> 第一环节是基于"情境的感知"形成"特殊知识";第二环节"激活关于目的的普遍知识";第三环节"慎思",谋求"手段和方法";第四环节是对第三环节的结果进行"抉择";第五环节是"手段和方法"的"实施"。③

以上五个环节至少体现了"实践智慧"的两个特点:(1)"实践智慧"的起点是基于具体情境的"特殊知识",因此有很强的经验性;(2)"知识"在"实践智慧"中发挥着举足轻重的作用,至少前三个环节无法离开"知识"的运思,而它们共同构成了后两个环节的基础。

"实践智慧"的经验知识正是确保未知情境下道德决策可靠性的根源,因为经验知识从两个不同侧面增强了道德情境认知能力:一是相似性辨识,二是异质性辨识。④ 就第一点来说,经验知识能够帮助我们发现未知情境中的相似信息,在未知情境道德决策中我们可以利用经验知识来"筹划",利用已知解决未知,将已有的美德经验知识与特定文化情境相调适。此外,经验还有

---

① 参见 Rosen S.,*The Elusiveness of the Ordinary: Studies in the Possibility of Philosophy*,New Haven:Yale University Press,2002。
② 李义天:《作为实践理性的实践智慧——基于亚里士多德主义的梳理与阐述》,《马克思主义与现实》2017 年第 2 期。
③ 李义天:《感觉、认知与美德——亚里士多德美德伦理的情感概念及其阐释》,《哲学动态》2020 年第 4 期。
④ 参见 Sampaio da Silva R.,"Moral motivation and judgment in virtue ethics",*Philonsorbonne*,No. 12,2018。

助于我们辨识未知情境的异质性,即经验的"消极性质"有助于我们暴露道德视域的局限性,发现未知情境的不同之处,进而为"视域融合(fusion of horizons)"打开缺口,同时也为"道德理解"提供开放性空间,推动了"解释者和被解释者的观点相互作用的过程",最终使得道德认知进入更深层次,大大提升道德决策能力。①

巧妙的是,机器"强化学习"也有类似的实施路径,具体来说,特定"状态"下的"人工智能体"在具体"环境"中执行"行动",在与"环境"进行交互过程中产生新"状态",同时获得"奖励",在奖励函数的引导下目标相关行动得以增强(见图6-1)。

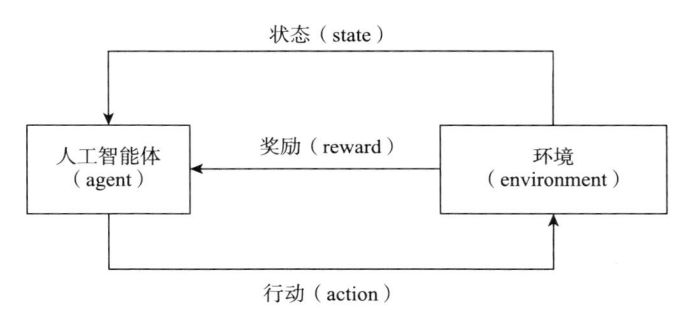

```
              状态(state)
         ┌──────────────────┐
         ↓                  │
  ┌──────────┐  奖励(reward) ┌──────────┐
  │ 人工智能体 │ ←──────────── │   环境   │
  │ (agent) │                │(environment)│
  └──────────┘                └──────────┘
         │                         ↑
         └─────────────────────────┘
              行动(action)
```

图6-1 强化学习结构简图

在这一过程中,"状态"模块和"奖励"模块是与"环境"敏感性相关的关键模块,其中,"状态"模块与基于经验的道德认知相似,原道德认知通过与新情境的"视域融合"得以更新、提升,机器"状态"的变化同样取决于机器与环境的动态交互,交互后的新"状态"为机器提供了下一步行动的指导。"奖励"模块围绕着"目标"将"状态"/道德认知、"行动"/道德行为与"环境"/道德情境相调适。因此,将这两大模块与道德决策过程进行以下方面的强关联是机器道德"强化学习"的关键。

第一,实现"人工智能认知—道德认知"的广泛认知能力强关联。一般来说,人工智能认知与道德认知至少有如下共通之处:(1)需要经验知识;

---

① 参见 Sampaio da Silva R., "Moral motivation and judgment in virtue ethics", *Philonsorbonne*, No.12, 2018。

（2）需要澄清关键"概念";（3）需要"论证逻辑"。① 如前所述,经验能够提供跨文化情境的相似性和异质性辨识,将经验"大数据"与"强化学习"相结合能明显提升机器的"视觉注意（visual attention）"技能,基于同一人工智能认知机制,这种能力很容易被推广到机器的"道德注意（moral attention）"上。② 就第二点共通之处来说,概念的规范性对于"精确捍卫道德立场至关重要",它"会影响道德判断的有效性或对判断的解释",基于强大数据库、广泛搜索功能的人工智能系统能够最大程度地"提高概念清晰度",进而有利于提升机器道德决策的准确性。③ 最后,道德认知和机器认知推理都离不开"论证逻辑",相比而言,人工智能机器一方面很少受到偏见、兴趣等主观因素干扰,另一方面有"大数据"支撑,因此它具有稳健且完备的"论证逻辑",能够确保认知、判断的一致性和可靠性。④ 此外,丘奇兰德（Churchland）也利用神经生物学透视道德认知,认为,"道德认知和科学认知是平等的,因为它们使用相同的神经机制,表现出相同的动力学特征",甚至直接用"道德技能（moral skills）"来解释神经元与道德认知学习之间的关系,认为,道德认知学习"就是技能的掌握"。⑤ 可以看出,如果将上述道德认知和人工智能认知的共通之处作为"强化学习"的机器任务,有利于将道德决策背后的"共通性"推理过程通过人工智能认知的技术优势高效地实施出来。

第二,实现"道德目标—奖励"强关联。需要注意的是,人工智能技术辅助增强道德认知并没有将道德因素嵌入机器之中,它只是发挥了人工智能认知自身的技术优势。但对于道德机器的设计来说,只有高效的情境认知技术是不够的,正如亚里士多德在讨论美德"考虑"时提出,"好的考虑是所考

---

① Lara, F. and Deckers, J., "Artificial intelligence as a socratic assistant for moral enhancement", *Neuroethics*, No. 13, 2020.
② Berberich, N. and Diepold, K., "The virtuous machine-old ethics for new technology?" *arXiv preprint*, 2018, pp. 13–14.
③ 参见 Lara, F. and Deckers, J., "Artificial intelligence as a socratic assistant for moral enhancement", *Neuroethics*, No. 13, 2020。
④ 参见 Lara, F. and Deckers, J., "Artificial intelligence as a socratic assistant for moral enhancement", *Neuroethics*, No. 13, 2020。
⑤ Churchland P. M., "Toward a cognitive neurobiology of the moral virtues", *Topoi*, No. 17, 1998.

虑的目的，是善的那种正确考虑"①。因此，我们将人工智能认知与道德认知贯通的同时还必须"补足"人工智能认知技术的"无道德"缺陷，正确的做法是将人工智能认知的任务表现与道德目标强关联，即利用"道德目标—奖励"函数引导人工智能机器实现道德任务。具体来说，在人工智能认知的"强化学习"中设置如下"道德目标—奖励"函数：

$$f(x) = \begin{cases} 正值(+), 接近道德目标 \\ 负值(-), 与道德目标无关 \end{cases}$$

当接近道德目标时，奖励值为正，正向奖励最终增加目标相关行动的执行概率；当与道德目标无关时，奖励值为负，负向奖励最终减少目标无关行动的执行概率。这与我们之前探讨的美德技能模型中的显性"奖励"反馈机制相似，但人类的奖励可以是一种内在体验，而机器只能是外在目标，如何为机器设定道德目标呢？这里采用"强化学习"机制是想通过更为开放式的机器学习方法解决跨文化道德情境"差异性"问题，因此，道德目标必须与特定文化情境高度关联。正如前面所讨论的，有些特定文化情境下道德目标是清晰的，但多数情况下是未知的，因此，未来更自主化、适应性更强的人工智能道德决策算法还应该具备自主探索或"塑造"道德目标的能力，"奖励塑造"②、"内在动机习得开放式技能"③等技术为此提供了可能。此外，需要澄清的是，与功利主义后果相比，尽管"强化学习"奖励机制也考虑后果，但（1）机器会依据奖励值进一步调整道德决策，它既是上一步行动的"后果"，又是下一步行动的"原因"，而功利主义只是依据道德后果进行比较取舍；（2）功利主义对道德后果的计算依赖静态道德算法公式（被提前嵌入智能体中），而"强化学习"通过随机探索从"环境"中获得"奖励"，并且"奖励"本身可以通过"奖励塑造"进行调整。

---

① ［古希腊］亚里士多德：《尼各马可伦理学》，廖申白译注，商务印书馆2003版，第182页。
② Wu, Yueh-Hua, and Shou-De Lin, "A low-cost ethics shaping approach for designing reinforcement learning agents", *Proceedings of the AAAI conference on artificial intelligence*, Vol. 32, No. 1, 2018.
③ Colas C., Karch T. and Sigaud O., et al., "Autotelic Agents with Intrinsically Motivated Goal-Conditioned Reinforcement Learning: A Short Survey", *Journal of Artificial Intelligence Research*, Vol. 74, 2022.

总结以上论述可知，"强化学习"机制增强机器在不确定性跨文化情境中的道德决策能力，有两条实践路径：其一，通过"强化学习"增强人工智能认知能力进而增强机器针对特定文化情境的道德认知能力；其二，通过直接设置"道德目标—奖励"函数增强机器道德决策能力。第一条路径的技术实践比较成熟，"强化学习"已被广泛应用于增强机器的情境"阅读"能力，它不仅在"低维状态空间的领域"取得了成功，而且也在"高维状态空间的领域"取得了突破，向更接近人类认知水平的层次迈进。[①] 来自 DeepMind 的研究团队利用"深度 Q 网络（DQN）"解决了复杂情境"强化学习"的难题，即，"从高维感官输入中得出有效的环境表征，并利用这些表征将过去的经验推广到新的情境"[②]。这一突破有利于实现"通用人工智能的核心目标"，能够培养机器的"广泛能力"以应付"各种具有挑战性的任务"。[③] 因此，基于"深度 Q 网络"的"强化学习"不仅能够"端到端"地解决复杂情境的"高维参数"输入问题，最大程度地模拟人类的情境"阅读"，而且在机器"广泛能力"的培养上具有极强的兼容性。[④] 这些优点为复杂情境下的机器道德"强化学习"提供了极好的条件。此外，在处理机器的"感知—决策问题"上，"强化学习"算法仍在不断发展，除了经典的"深度 Q 网络"，已知的技术还包括了"深度双 Q 网络""基于优先经验回放的深度 Q 网络""基于竞争架构的深度 Q 网络""分布式深度 Q 网络"等更为优化的算法。[⑤]

第二条技术实践路径是通过设置道德奖励函数来训练机器的特定文化情境关联性道德决策能力。王作为博士曾经提出了"一种新的生物神经网络模

---

① 参见 Mnih V., et al., "Human-level control through deep reinforcement learning", *Nature*, Vol. 518, No. 7540, 2015。

② Mnih V., et al., "Human-level control through deep reinforcement learning", *Nature*, Vol. 518, No. 7540, 2015.

③ Mnih V., et al., "Human-level control through deep reinforcement learning", *Nature*, Vol. 518, No. 7540, 2015.

④ 参见 Mnih V., et al., "Human-level control through deep reinforcement learning", *Nature*, Vol. 518, No. 7540, 2015。

⑤ 参见刘朝阳、穆朝絮、孙长银《深度强化学习算法与应用研究现状综述》，《智能科学与技术学报》2020 年第 4 期。

型——时空联想记忆网络（spatio-temporal associative memory networks，简称为 STAMN）作为时空经验的知识表示"[①]。基于 STAMN 模型的强化学习主要有两大特点：第一，突出人工智能体的自主认知能力；第二，"可以实现增量式学习，不断记忆新知识"，并保留经验知识与情境之间的关系，且可以重新激活。[②] 其相关的结构如图 6-2。

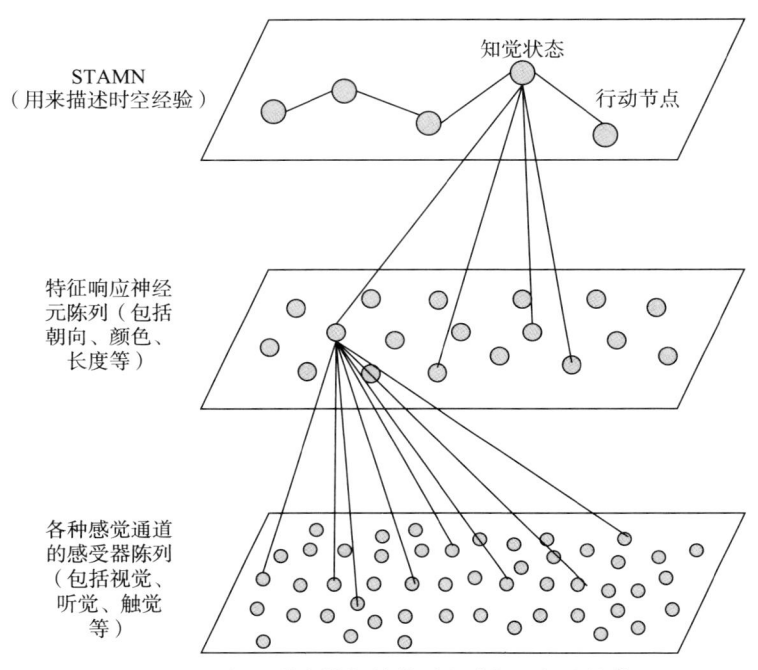

图 6-2 与知觉直接相关的时空联想记忆结构[③]

这样一种结构设计尽可能地还原了智能体在与环境进行交互过程中的情境信息，实现了经验知识的"具体化"，它的好处是保留了知识与情境的匹配关系，而非脱离情境的"抽象化"原则。另外，"增量式学习"也能保

---

① 王作为：《具有认知能力的智能机器人行为学习方法研究》，博士学位论文，哈尔滨工程大学，2010 年，第 11 页。
② 王作为：《具有认知能力的智能机器人行为学习方法研究》，博士学位论文，哈尔滨工程大学，2010 年，第 58 页。
③ 王作为：《具有认知能力的智能机器人行为学习方法研究》，博士学位论文，哈尔滨工程大学，2010 年，第 59 页。

证经验的"日积月累",而非机械地新旧替代或者不变。所有这些特点都完全满足美德伦理基于"实践智慧"的道德认知模式,既保留了道德情境化特征,又符合美德"增量式"习得过程。现代道德认知理论强调美德是可教、可学的,认为"道德专业知识"可以通过"沉浸式"方法系统地建构,具体来说分为四个层次:一是建构"识别性知识(identification knowledge)",二是建构"细节性知识(elaboration knowledge)",三是建构"程序性知识(procedural knowledge)",四是建构"执行性知识(execution knowledge)"。① 我们可以用STAMN结构图中的最下面一层来训练道德机器第一层次的道德"识别性知识",为道德机器设计多样化的情境识别系统,综合识别道德情境;可以用STAMN结构图的中间层来训练道德机器第二层次的"细节性知识",对道德情境的独特性细节特征进行响应;道德机器第三层次"程序性知识"和第四层次"执行性知识"都可以通过STAMN结构图的最上层来设计。不过笔者认为,"程序性知识"对应的应该是某种方法性知识。

在亚里士多德美德伦理中类比方法被经常用到,例如在描述美德的品质时他强调,"德性是一种适度,因为它以选取中间为目的"②;"就像勇敢,它既不是懦弱,也不是鲁莽,前者是不足,后者是过度"③。中间、不足、过度这些描述常常被用于算术、几何学,亚里士多德借此类比美德,所以有学者认为"算术类比奠定了亚里士多德整个德性学说的基础"④。此外,亚里士多德还常常用饮食、健康、情感等我们所熟知的事情来类比美德。⑤ 那么如何让机器能够像人一样掌握类比这样的"程序性知识"呢?分类是类比的前提,在不同情境中通过类比来准确把握美德行为是一项十分复杂的分类问题,而隐藏层神经网络模型可以解决复杂的分类问题,其基本结构图如6-3:

---

① Darcia Narvaez, "Integrative Ethical Education", Killen M, Smetana J G. (eds.) *Handbook of Moral Development*, New Jersey: Lawrence Erlbaum Associates, Inc., 2006, pp. 703-732.
② [古希腊] 亚里士多德:《尼各马可伦理学》,廖申白译注,商务印书馆2003版,第47页。
③ [古希腊] 亚里士多德:《尼各马可伦理学》,廖申白译注,商务印书馆2003版,第38页。
④ 刘鑫:《亚里士多德的类比学说》,《清华西方哲学研究》2015年第1期。
⑤ 参见 [古希腊] 亚里士多德《尼各马可伦理学》,廖申白译注,商务印书馆2003版。

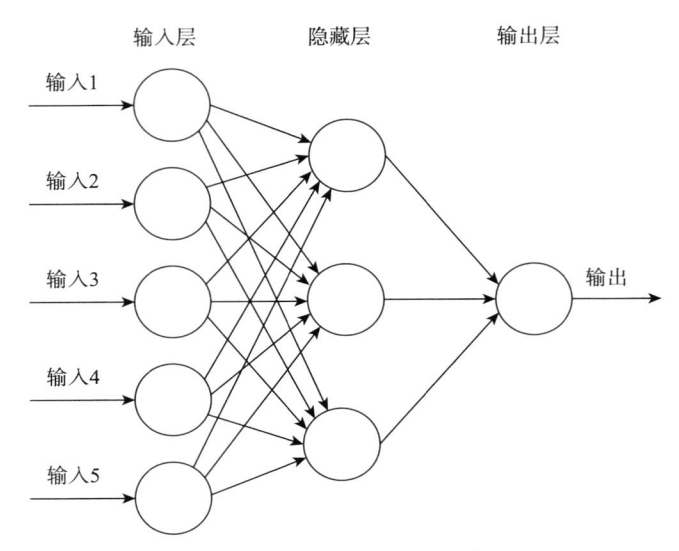

图 6-3　隐藏层神经网络①

上图的网络层可以分为三类：输入层（input layer）、隐藏层（hidden layer）、输出层（output layer），每个网络都有一个输入层和一个输出层，而隐藏层的设计增加了网络模型的复杂程度，提高了模型的非线性程度，从而可以拟合更加复杂的问题，最终其更接近真实的美德类比方法。因此，在此基础上可以训练机器掌握类比这一道德"程序性知识"。最后来看"道德专业知识"的第四层次——"执行性知识"，它连接着"认知—执行"，体现在 STAMN 结构图最上层的"知觉状态—行动节点"的结构中。"知觉状态节点用来记忆机器人的观测状态"，"行动节点用来记录机器人的动作"。② 从"知觉状态"到"行动"的传递原理如下：当机器人与环境交互时，"知觉状态"就会被内部激活，此时机器人会按照"目标相关的状态—行动值函数"选择对应的"行动"。③ 可

---

① 参见 Howard D. and Muntean I., "Artificial Moral Cognition：Moral Functionalism and Autonomous Moral Agency", Thomas M. Powers（eds.）*Philosophy and Computing*：*Essays in Epistemology*，*Philosophy of Mind*，*Logic*，*and Ethics*，Springer International Publishing AG，2017。
② 王作为：《具有认知能力的智能机器人行为学习方法研究》，博士学位论文，哈尔滨工程大学，2010 年，第 61-62 页。
③ 王作为：《具有认知能力的智能机器人行为学习方法研究》，博士学位论文，哈尔滨工程大学，2010 年，第 62-63 页。

以说,"行动"取决于被激活的"知觉状态"和"目标相关的状态—行动值函数",道德的"执行性知识"就应当是指与道德目标相关的"状态—行动值函数",它反映的是环境/道德情境信息与行动/道德行为之间的匹配关系,这种关系是机器通过强化学习,具体来说是通过"接近目标—获得奖励(reward)"的正反馈机制训练而构建的,这里就需要应用到"奖励"函数。

此外,古天龙等以"购买处方药"任务为场景,利用"强化学习"算法设计并测试了道德智能体遵守伦理规范的情况,在此过程中他们设置了三种奖励机制:(1)"携带处方药回家"奖励机制,成功则获得"10"奖励,失败获得"-10"奖励;(2)"遵循轨迹树路径"奖励机制,成功则获得"10"奖励,失败获得"-10"奖励;(3)"遵守元伦理行为"奖励机制,"元伦理行为"主要从《中学生日常行为规范》中提取并被分为7级,在买药的过程中智能体发生"插队""攻击药店员""偷药"等情况获得对应的负奖励,发生"帮助老人""返回多余现金"等情况获得正奖励。[①] 测试结果证明,在这三种奖励机制下智能体不仅学会了"携带处方药回家",而且还最大可能地遵守了伦理规范。

尽管如此,笔者认为古天龙等的"强化学习"道德奖励机制还存在两个问题:第一,对比前两种奖励机制,"遵守元伦理行为"奖励并不是智能体通过随机探索从"环境"中获得的,而是作为"先验知识"提前设置好的,这样的做法对简单、确定的道德情境适用,但对不确定性的复杂情境显得困难重重,这种困难和罗列"道德清单"的义务论相似;第二,"遵守元伦理行为"只是"购买处方药"任务的"子任务",从长期奖励函数来看,它依旧要服从"买药"这一主要任务,在这一过程中是否能保证其一定遵循伦理规范呢?对于第一个问题,笔者已经在上述的讨论中提出了解决方案,即通过"仿效"道德模范为机器道德决策提供可参考的初始化经验,机器凭借道德经验进行随机探索并在环境中获得奖励,提升道德决策水平。第二个问题比较棘手,我们往往很难平衡道德"强化学习"中的"主目标"与"次目标",

---

① 古天龙、高慧、李龙等:《基于强化学习的伦理智能体训练方法》,《计算机研究与发展》2022年第9期。

日常道德问题一般都是伴随特定任务场景出现，可以作为兼顾的"次目标"，如上述的买药，但有时候"道德任务"比较突出，如，在智能体买药的过程中碰到病危的老人，"救人"就成了"主目标"，此时需要调整奖励函数。"奖励塑造"是调整奖励函数的有效手段，Wu 和 Lin 提出的"伦理塑造（ethics shaping）"道德强化学习方案就使用了这一技术，他们为平衡道德"强化学习"中的主、次目标提供了很好的借鉴。[1] 除了上述所指出的这些挑战外，美德机器实践还面临着自主系统的"黑箱"问题，当人工智能道德决策系统自身都是"不透明的"，我们如何信赖它能够做出可靠的道德决策呢？总之，要想设计出一台能够在跨文化未知情境中做出正确道德决策的美德机器，我们还需要在"灾难性遗忘"、奖励函数设置、算法"黑箱"等问题上做出努力。

需要注意的是，机器学习并不是美德伦理算法的专利，在最新研究中义务论算法和功利主义算法都运用到了机器学习技术，例如，瓜里尼（Guarini）提出了基于人工神经网络的义务论道德原则学习方法。[2] 王和古普塔（Wang & Gupta）提出将"单调性形状约束"纳入机器学习模型，并用以"修订"机器学习模型中的"隐式"义务论伦理原则。[3] 阿姆斯特朗（Armstrong）利用贝叶斯算法设计了功利函数的概率分布，并依此来选择预期效用最大化的行动。[4] 普雷恩特瑞等（Präntare et al.）利用深度神经网络和启发式算法构建了"功利组合分配（UCA）"的初步理论和实验基础。[5] 此外，还有学者利用"马尔可夫决策过程（MDP）""概率近似正确马尔可夫决策过程（PAC-MDP）""部分可观察马尔可夫决策过程（POMDP）"来计算基于有限观察的期望效用

---

[1] 参见 Wu, Yueh-Hua and Shou-De Lin, "A low-cost ethics shaping approach for designing reinforcement learning agents", *Proceedings of the AAAI conference on artificial intelligence*, Vol. 32, No. 1, 2018。

[2] 参见 Guarini M., "Particularism and the classification and reclassification of moral cases", *IEEE Intelligent Systems*, Vol. 21, No. 4, 2006。

[3] 参见 Wang S. and Gupta M., "Deontological ethics by monotonicity shape constraints", *International Conference on Artificial Intelligence and Statistics*, PMLR, 2020。

[4] 参见 Armstrong S., "Motivated value selection for artificial agents", *Workshops at the Twenty-Ninth AAAI Conference on Artificial Intelligence*, 2015。

[5] 参见 Präntare, Fredrik, et al., "Towards Utilitarian Combinatorial Assignment with Deep Neural Networks and Heuristic Algorithms", *International Workshop on the Foundations of Trustworthy AI Integrating Learning*, Optimization and Reasoning, Cham: Springer International Publishing, 2020。

最优解，以提高机器的道德决策能力。①

不可否认，基于机器学习的义务论和功利主义算法也具有一定的应用前景，比如"单调性形状约束"义务论算法可被广泛应用于"法律定罪""薪酬计算""医疗分流"等需要灵活考虑公平情况的情境②，功利主义算法也被广泛应用于辅助道德决策，如智能医疗辅助决策、智能搜救决策、最优任务分配等。然而，它们的局限性也是显而易见的，"机器学习式"义务论算法只是在道德原则学习的过程中考虑了不同情境（案例集），比嵌入式算法更进一步，但其道德决策的依据仍是脱离情境的抽象原则，因此依然要面对前文所讨论的一些局限性。相反，无论是道德习得的过程，还是道德决策的依据，美德伦理算法都是基于包含了不同情境的美德经验，具备高度的情境相关性。就功利主义算法而言，"功利函数"的运用是功利主义与机器学习相结合的一个突出特征，而"功利函数"的设置是基于"偏好"，其决策基础是基于"期望值"，当"期望值"最符合"偏好"时就会激励机器做出决策。但这一运作机理仍不能保证功利主义算法的情境适应性：尽管"功利函数"能够利用许多预设情境来提升"期望值"的估算概率，但其所体现的只是机器学习的非线性逼近能力，由于"功利函数"的"偏好"是被提前设计好的，其本身并不能在情境中得到"再塑造"，进而缺乏跨文化情境适应能力。相反，美德伦理算法没有前置的"偏好"，它的"偏好"是在与情境的互动中形成的，因此，在利用机器学习实施美德伦理时该技术的自适应学习能力能够被充分发挥。除了以上道德算法外，还有学者将罗尔斯的契约道德理论发展为"自动驾驶汽车碰撞优化算法"③，但这样一种做法也遭到了严重的质疑④。笔者认为"罗尔斯式算法"是基于预定义道德决策任务集的推演，同样局限于道

---

① 参见 Abel D., MacGlashan J. and Littman M. L., "Reinforcement Learning as a Framework for Ethical Decision Making", *AAAI workshop: AI, ethics, and society*, No. 16, 2016。

② 参见 Wang S. and Gupta M., "Deontological ethics by monotonicity shape constraints", *International Conference on Artificial Intelligence and Statistics*. PMLR, 2020。

③ Leben, Derek, "A Rawlsian algorithm for autonomous vehicles", *Ethics and Information Technology*, Vol. 19, No. 2, 2017.

④ 参见余露《自动驾驶汽车的罗尔斯式算法——"最大化最小值"原则能否作为"电车难题"的道德决策原则》，《哲学动态》2019 年第 10 期。

德决策的"有限视界（finite horizon）"，无法应用于不确定的跨文化情境。

从以上的对比可以看出，笔者对美德伦理算法的推崇并非止于它"自下而上"的道德习得方式，更重要的是美德伦理算法能够通过"自下而上"路径解决道德决策过程中的跨文化情境敏感性问题，而义务论、功利主义与机器学习相结合依然无法实现跨文化情境敏感性。人工智能机器通过"深度学习"可以"自下而上"地掌握与文化情境相匹配的"共识性"美德数据库，而更为自主的"强化学习"有助于人工智能机器针对特定文化情境习得与之相关联的"差异性"美德，从长远来看，随着人工智能技术的持续发展，人工智能体将会被更多地应用于复杂跨文化情境中，并且最终会走向高度的自主化，对情境变化的适应是迈向自主化的必由之路[1]，因此，本书的伦理嵌入设计思路与人工智能技术的发展方向高度契合。但需要注意的是，通过先进的智能技术赋予人工智能体更为自主的道德决策能力必然会引起关于"人工自主道德代理（AAMA）"的道德地位、道德责任的争论。这是当下和未来在设计人工道德代理的过程中无法回避的问题，我们该如何合理看待自主性和跨文化情境适应性程度更高的人工代理的道德主体地位呢？

---

[1] 参见 Zeigler B. P., "High autonomy systems: concepts and models", Proceedings. *AI, Simulation and planning in high autonomy systems*, *IEEE*, 1990。

第七章　情境适应性"人工自主道德代理"的道德地位辨析

第一节　人工智能的主体性挑战

随着人工智能技术的发展，以及人们对人工智能道德代理的跨文化情境适应性要求越来越高，人工智能道德代理必然要走向高度自主化，亦即人工智能体越发具备拟人化特征，我们不得不去思考是否应该或者如何赋予其道德主体地位？无可置疑，人类拥有道德主体地位。人类道德主体地位的不言自明性取决于人类自身的主体性，因此，以上问题也可以延伸为高度自主化的人工智能体是否拥有人类的主体性？

智能不再是简单的信息处理，而是对人的感官能力、大脑思维的模拟，甚至是对人的大脑的增强。就目前人工智能的技术来看，智能机器已经具备了类似于人的眼睛的图像识别能力、耳朵的语音识别能力和模拟人的会话能力，最为关键的是，它们不仅能听会看，而且还会结合看到的、听到的信息进行思考，并做出智能决策。智能机器人、智能汽车的发展正是沿着这一模拟路径前进。模拟只是智能的初级阶段，

> 在现代化的情况下，即使人的大脑综合迅速反应能力再强，也不足以应付了。这就迫切需要把人脑加以延伸，使人类智能得以扩展。[①]

[①] 丁玲珠：《人工智能和人类智能》，《哲学研究》1980年第10期。

时代的进步将人的某些与生俱来的能力远远地抛在后面，在机器大工业时代，人的体力和四肢的协调能力显得微不足道，同样，在信息高速发展的信息时代，人脑的信息处理能力远远跟不上信息的瞬息万变。人工智能对人类的智能进行了扩展，它能完成人脑无法完成的大数据运算，能够在成千上万甚至上亿的策略组合中进行快速抉择，阿尔法狗的胜利体现了人工智能对人类智能某些方面的超越。纵然，人无法看得更多、听得更远，人无法完成巨量级的运算，这些并不影响人通过其他途径来突破自然给予的人的天然能力的限制，人最终通过制造机械来代替自己的双手双脚，通过设计智能人工物来代替自己的大脑，帮人类看得更远，想得更多。机械的产生使人从繁重的体力劳动中得以解放，从而使人有更多的时间来从事脑力劳动，进行思考；人工智能的到来使人从复杂的脑力劳动中得以解放，从而使人有更多的时间来从事更为高级的脑力劳动——创造，而创造力本身就是人类智能最核心的能力，世界著名心理学家霍华德·加德纳（Howard Gardner）曾经强调：

> 智能是一种计算能力——即处理特定信息的能力，这种能力源自人类生物的和心理的本能。尽管老鼠、鸟类和计算机也具有这种能力，但是人类具有的智能，是一种解决问题或创造产品的能力。[①]

所以，最终人类通过人工智能来提升了自身的智能，使得人类的智能得以向纵深层次发展，从而也为人的主体性提升创造了可持续的空间。值得注意的是，人工智能也是一种智能，智能每前进一步，主体性的提升空间就扩展一步，提升层次就上升一步，由于是对人的智能的模拟，所以，随着人的主体性的提升，智能人工物的"主体性"也向前发展。智能人工物会发展人的主体性，甚至超越人的主体性而成为主宰人的物体吗？

答案显然是否定的。人的主体性是人的复杂而综合的本质特性，智能的发展所带来的只是为主体的创造性的提升拓展了空间，这种创造不仅仅是霍

---

① ［美］霍华德·加德纳：《多元智能新视野》，沈致隆译，中国人民大学出版社2008版，第7页。

第七章 情境适应性"人工自主道德代理"的道德地位辨析

华德所说的"创造产品的能力",而是进行自我创造的能力。

> 而人工智能时代的来临,可能会更加鼓励我们选择区别于此两者的第三种方法,即对自我的创造。也就是说,不仅仅是"重估一切价值",更是重估一切赖以重估的存在本身。人不仅要突破"话语关系"的束缚,还要突破肉体生命的束缚,从而彻底地掌握自己。①

人工智能最大的前提是"人工",即包含人的创造性的成果。人工智能是人类智能的物化、外化,是人类实现自我创造的具体的、现实的体现,尽管人工智能也具有创造性,而这种创造性恰恰是人的创造性的现实映射,是对人的创造性的模拟,而人设计人工智能的过程则体现了创造性的创造,极大地体现了人的主体能力。从智能人工物的角度来看,人类依据人类智能的模板创造一个新的智能的"自我"——智能人工物;从主体自身来看,人类在创造一个具有智能的人工物的同时,实现了自我的突破,创造了一个"新自我"。同时,主体的创造性和人工智能内在的创生功能是一个彼此促进的过程,人工智能创生能力的发挥解放了人的初级创造性的脑力劳动,为人争取更多的时间来发展自身,激发主体的高级创造性活动,而主体创造性能力的提升反过来必然促进人工智能创生功能的升级,最终,在螺旋式的前进过程中,人的创造性出现了无限的可能,人正是在这些无限的可能之中创造自身,提升主体性。因而,从创造性来看,人和智能人工物之间实现的是交相辉映的双重主体进化,但鉴于智能人工物是人的创造之物,体现其主体性的创生性仍然受限于人,是被人创造的创造,因而智能人工物所展现的"主体性"无法真正比肩人的主体性。

人的创造性只是体现人的主体性的某一方面,此外,人还有自我意识,能够实现自我反思,能够区分主客。尽管智能人工物有反馈调节功能,但其只是一种情境的模拟或策略选择,是一种封闭式的回路,是一种被设计的"调节意识"。而人则不同,是在现实实践中通过对象物来确立自身的主体地位,最终树

---

① 高奇琦:《人工智能、人的解放与理想社会的实现》,《上海师范大学学报》(哲学社会科学版)2018 年第 1 期。

立自我意识，并且能以人为尺度来展开实践，是面向现实的开放，因而主体性的彰显具有无限的可能。此外人有意义的世界，有主体的担当，既能明白主体自身的价值，有自己特定的追求，也能理解作为与主体发生关系的他者的意义，能主动调节自身的行为。智能人工物则完全按程序和指令行事，只有对错，没有意义，无法像作为人的主体一样去多层次、多方位地反思行为的意义。在属人的意义的世界，人已经将其主体性圆融于整个宇宙之中，以人的方式来看待世界，将自身也意义化，活出主体应有的价值或者实现主体的价值化，是一种有价值的主体性。更为重要的是，人有人的目的，人在实践过程中逐步走向人自身，实现自我，自觉自愿地完成自我转化，自我超越，这是一种源于人的本性的内在的历史的实践过程，人工智能尽管能通过自主学习、自主适应进而自主决策，但这些都不是内在的本性，而是人为的赋予、数据的交换，是在外在作用下的升级，无法完成自我进化，因此，永远比人类慢半拍。智能机器人虽然能够进行模拟性的创造，解放人的脑力劳动，为人的主体性提升创造条件，但其本身却无法比肩人类的主体性，更无从超越人类的主体性。此外，塞尔（John R. Searle）"中文屋"的例子告诉我们，尽管人工智能可以解决问题，但无法理解其行为本身的意义，从而无法实现其行动的自觉性，是理解力缺位的虚无的"主体性"。① 除了主体性挑战外，还有不少学者分别从"心灵"和"道德责任"层面探讨了人工自主道德代理的道德主体地位问题。② 后面笔者将进一步在这两个层面上展开深入讨论。

第二节 人工智能的"心灵"问题挑战

中国学者张今杰认为，"人工智能体能否拥有道德主体地位的问题，关涉人工智能体是否拥有心灵的问题"③。笔者将其看作高度自主化人工智能的

---

① 参见 Searle J. R., "Minds, brains, and programs", *Behavioral and brain sciences*, Vol. 3, No. 3, 1980。
② 参见张今杰《人工智能体的道德主体地位问题探讨》，《求索》2022 年第 1 期。
③ 张今杰：《人工智能体的道德主体地位问题探讨》，《求索》2022 年第 1 期。

第七章 情境适应性"人工自主道德代理"的道德地位辨析

"心灵"问题挑战。"心灵（mind）"为什么能成为道德主体地位的基础问题？道德主体，顾名思义，是能够依据自己对事件的理解做出自主判断的道德代理。而"意向性"恰恰就是我们依赖心灵或心智状态对外在事件做出理解、判断的重要能力。因此，人工智能的"心灵"问题挑战的实质是：从程序、功能、结构上高度模拟人类心灵的人工智能体是否能够产生"意向性"？其实早在1980年，塞尔在他那篇开创性的论文"Minds, brains, and programs"中就对人工智能的"心灵"问题挑战作出了回应。他分别从三个方面质疑了人工智能体具备类人心灵"意向性"的论断。第一，人类具备意向性。"这是一个关于心理过程和大脑之间的实际因果关系的经验事实"，人工智能体无法"通过记忆程序获得任何额外的意向性"。第二，意向性是根据事物实际内容来定义的。人工智能"程序是纯粹的形式化，但意向性的状态并不是这样的形式化"。第三，意向性是一种精神状态。"是大脑运作的产物，但程序并不是计算机的产物。"程序相关的意向性"只存在于编程者、使用者、输入者和解释输出者的头脑中"[①]。塞尔的论证相当有力，但这并不能阻碍人工智能、认知科学研究者探寻人类心灵与机器智能之间的奥秘，他们似乎找到了新的途径：通过"心灵"自然化意向性理论来再次拉平人类心灵与智能机器之间的关系，即，尝试着将复杂的人类心灵"自然化"还原，最终实现被人工智能机器理解，并被仿生为智能机器"心灵"。在"心灵"自然化意向性理论中"表征问题"是核心，如果能够用自然主义或物理主义的方式来解释心灵"表征"，也就揭开了人类心灵意向性的神秘面纱。显然，在人工智能技术兴起的当代，心灵的自然主义解释模式充满了诱惑力，然而学者们在探索这种新模式的同时也遇到了各种理论的障碍，他们在心灵自然化之路上到底能走多远？下面将对此进行深入分析。

一 心灵的自然化与表征问题

从词源学上看，"自然主义（Naturalism）"一词也并不是一开始就有，而是有着漫长的演变过程。"自然（Physis）一词"最早出现在希腊文里，随

[①] Searle J. R., "Minds, brains, and programs", *Behavioral and brain sciences*, Vol. 3, No. 3, 1980.

后出现在拉丁文里——Natura，都是指起源、出生，后来就演变成英文的"自然（Nature）"。"自然主义（Naturalism）"一词出现得更晚，最早出现在十六七世纪的英文著作中。当然，它的出现有着深刻的时代背景。十六七世纪时，伽利略、牛顿等一批科学家打破了中世纪的神学魔咒，以"伽利略/牛顿风格（Galilean/Newtonian style）"唤醒了沉睡千年的自然科学，并试图以一种根植于自然实体的科学化模式来解释万物。近当代科学的蓬勃发展使得自然主义（Naturalism）成为一种重要的哲学思潮，渗透力极广，英国哲学家鲍德温（Thomas Baldwin）认为，"当前哲学中明显的主题是哲学的自然化"[①]。

心灵哲学作为当代重要的哲学转向之一，也深受自然主义的冲击。尽管自然主义的心灵哲学内部存在着众多的理论分歧，但它们的目标都是一致的——心灵的自然化。笛卡尔是现代哲学史上心灵自然化的开启者。首先，他将心灵看作实体，"思维直接寓于其中的实体，在这里就叫做精神［或心］（esprit）"[②]。不仅如此，在《论灵魂的激情》（The Passions of the Soul，1649）一书中，笛卡尔将身心的作用方式也完全自然实体化，他通过血液中的精元（esprit des animaux）、松果腺、神经系统、器官等实体来描述身体和心灵的相互作用。笛卡尔只是从生化的层面上描述了心灵和身体相互作用的机理，但是仍无法解释心灵的特性等，留下了"解释的空白（explanatory gap）"，而这也为后续的研究者提供了"机遇"。

随着科学、哲学的发展，理论家们已经不满足于前辈们关于心灵自然化的粗糙的论辩。在当代的心灵自然化之路上，一些学者始终遵循着"自然本体论承诺"，最典型的当数澳大利亚哲学家大卫·查默斯（David Chalmers），他将心物都纳入统一的自然图景之中来讨论，提出了一种基于物理属性和心理属性的自然主义二元论观点，认为，"自然主义二元论只是把心理属性和心物规律带入自然的图景之中"[③]。也有些学者，如澳大利亚哲学家斯马特

---

① Thomas Baldwin and Timothy John Smiley, *Studies in the Philosophy of Logic and Knowledge*, Oxford: Oxford University Press, 2005, p. 113.
② ［法］笛卡尔：《第一哲学沉思集》，庞景仁译，商务印书馆1986年版，第161—162页。
③ David Chalmers, *The Conscious Mind: In Search of a Fundamental Theory*, New York: Oxford University Press, 1996, p. 113.

（John Jamieson Carswell Smart）、阿姆斯特朗（David Malet Armstrong）等，汲取脑科学和神经科学的最新研究成果，将心灵和身体看作统一的整体，并提出了心灵状态和脑中的神经状态是同步的观点。尽管他们和笛卡尔一样也关注大脑和心灵之间的关系，但与笛卡尔主张的身心二元实体论不同，他们只强调一个自然实体——大脑，而心灵只不过是大脑这一实体在中枢神经系统作用下的同步的"现象"。甚至有些学者在心灵自然化上表现得更为激烈，直接否定了心灵状态，而只承认大脑的作用和状态。与此相反，也有一些学者，如托马斯·内格尔（Thomas Nagel）、约翰·麦克道威尔（John McDowell）等，提出了"泛意识论"，"到处都有意识，也就是说，所有的物质，或多或少都有意识，而不限于大脑"。[①] 当然这一"泛意识论"与古老的灵魂存在说和绝对唯心主义显然不同，他们只是将意识作为自然整体中的一部分，将身心放在统一的自然整体中来考虑，这一理论深刻地受到当代自然科学理论——概率解释理论的影响。

尽管这些心灵自然化的理论令人眼花缭乱，精致无比，但裹挟着自然实体科学范式的自然主义是一种理性的、客观化的哲学观，和心灵这一既拥有感性和理性，主观性又极强的"特殊力量"从本质上是不相容的。所以直接将心灵这一"特殊力量"自然化的道路显然走不通，但是可以借助"可自然化的力量"来解释"特殊力量"的心灵，以达到自然化的目的。换言之，用自然化的方式来描述内在的心灵状态与外在对象之间的关系——表征，便是实现心灵自然化的最有效的手段。但随之而来的问题是，在自然化的方式下，表征能否、如何被描述？随着信息科学、计算机科学、人工智能等学科的发展，一些学者借鉴了这些自然科学的理论成果，采取了信息语义学的解决方案来回答表征问题。

二　因果范式下的"符号—实体"表征论

在心灵自然化的道路上，信息语义学的"优势"就在于看到了心灵和物质的根本差异，避免了直接将心灵冠以"自然实体"之名，而是绕道而行，

[①] Colin McGinn, *The Mysterious Flame: Conscious Minds in a Material World*, New York: Basic Books, 1999, p.95.

积极吸取当今的科技,尤其是信息科技的成果,将"信息"引入心灵的自然化之路,间接地叩开了心灵之门。瑞·艾伦·福多(Jerry Alan Fodor)对心灵表征理论的阐述可以说是行家里手。他借助符号信息概括了一种"天然的因果理论(Crude Causal Theory,CCT)":

> 在特定的事件中,符号表征(the symbol tokenings)表示其原因,符号样式(the symbol types)表达属性,属性的实例可靠地引起其表征。①

显然,因果范式是最典型的自然化特征,而福多进一步巧妙地将符号融入其中,较为成功地说明了心灵的表征机理。例如,人的心灵如何表征马?是通过"马"这一符号信息实现的,而现实中的马是符号"马"形成的原因。然而,现实中,马能够引起"马",牛、鹿也能引起"马",指牛为马,指鹿为马的事情常有发生,如何说明现实中的马(而不是其他事物)更能够可靠地引起表征呢?

福多自己也认识到了CCT理论的局限性。为了解决CCT理论的困难,他提出了很著名的"非对称依赖(Asymmetric Dependence)"理论:

> 如果有B引起的'A'表征——如果错误地将B看成是A——,那么A与'A'的因果关系不取决于B与'A'的因果关系;但是,如果没有A与'A'的因果关系,就没有B与'A'的因果关系。②

在这里,B和A代表两个不同的事物,'A'是A的符号表征,它们之间的逻辑关系是:

(1)(A∨B)⇒'A';

(2)只有A⇒'A',才B⇒'A'。

---

① Jerry A. Fodo, *Psychosemantics: The Problem of Meaning in the Philosophy of Mind*, Cambridge, MA: MIT Press, 1987, p. 99.

② Jerry A. Fodo, *Psychosemantics: The Problem of Meaning in the Philosophy of Mind*, Cambridge, MA: MIT Press, 1987, p. 108.

第七章 情境适应性"人工自主道德代理"的道德地位辨析

为了更加生动直观地表现出"非对称依赖"关系,福多给出了一幅图:

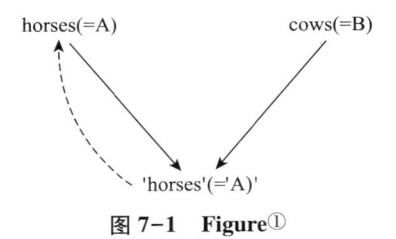

```
horses(=A)        cows(=B)
     ↑↘          ↙
      ↘         ↙
       'horses'(='A')
```

图 7-1　Figure①

从图 7-1 的左半部分可以看出,现实中的马(horses)引起"马"('horse')(实线箭头表示),并且"马"('horse')表征着马(horses)(虚线箭头表示);而从图 7-1 的右半部分可以看出,现实中的牛(cows)也引起"马"('horse')(实线箭头表示),但"马"('horse')并不表征牛(cows)。不仅如此,还可以推导出,如果没有图 7-1 的左半部分"A—'A'"的关系,就没有图 7-1 的右半部分"B—'A'"的关系,牛(cows=B)将无所指。可见,"指牛为'马'"的前提是知道马与'马'之间的关系,"牛—'马'"关系是一种基于"马—'马'"关系的不对称的、间接的关系,而马与'马'之间则是一种"天然的因果关系",是对称的、直接的。相对于牛引起的'马'的表征而言,马能更可靠地引起"马"的表征。上升到更一般的层面上来,"B—'A'""非对称依赖""A—'A'"。为了能够系统地说明"非对称依赖"理论,福多还提出了三条原则:

(1) A 引起'A'。
(2) 表征符号'A'不是 B 引起的,在相近的事件中 A 不引起'A'。
(3) A 引起'A',在相近的事件中 B 不引起'A'。②

需要加以解释的是,在第一条中,福多表明了事物 A 是表征符号'A'

---

① 参见 Jerry A. Fodo, *Psychosemantics: The Problem of Meaning in the Philosophy of Mind*, Cambridge, MA: MIT Press, 1987。
② Jerry A. Fodo, *Psychosemantics: The Problem of Meaning in the Philosophy of Mind*, Cambridge, MA: MIT Press, 1987, p.109.

的根本原因。在第二条中，福多明确表示了表征符号'A'与其他事物B无关，事物A（由于相近，而误将事物B看作事物A）不是表征符号'A'的原因。在第三条中，福多强调了事物A是表征符号'A'的原因，而（与事物A）相近的事物B不是表征符号'A'的原因。其实，福多通过这三条原则从不同的侧面强调了真实的A与'A'之间的关系是处于核心地位的，是唯一有效的。就算有些事件十分接近真实A，例如B，也会导致A-'A'关系的失效，因为此时的A不是真实的A，而是看起来十分像真实A的B。至此，福多的"非对称依赖"理论似乎很好地解决了CCT理论的困难，因为它明确地指出了心灵表征的可靠性根基（"A-'A'"关系），充分解释了心灵表征的可析取性（$(A \vee B) \Rightarrow$ 'A'）。但是，福多真正的麻烦是他随后给他的"非对称依赖"理论所设定的大前提。

在提出三原则之后，福多明确指出了其适用的大前提——"共时性（synchronic）"。他特别指出，"注意：这些情况只适用于——正如它所适用的——共时性"[①]。紧接着，福多举了一个例子，"某人完全非实例（noninstances）地学习了'马'，而有一群牛碰巧看起来很像马。毫无疑问，一旦'马'这个概念被这个人掌握，（牛引起的）不正宗的'马'，将依赖于（马引起的）正宗的'马'"[②]。在此，福多是想通过这个例子来说明A-'A'-B之间的非对称依赖关系是建立在共时性之上的。

我们可以依据福多的例子举出一个更为生动的例子：假如有一个父亲和一个刚学会说话的孩子，并且这个父亲给这个孩子描述了一番关于马的定义和特征，但小孩子并没有见过真正的马，小孩子很聪明，记住了父亲关于对马进行描述的话。恰巧的是，在孩子的视野内出现了一群很像马的牛，小孩子赶紧指着这些牛对父亲说，"爸爸，这些是'马'"。按照福多的逻辑，孩子将牛误认为"马"，依赖真实的马—"马"之间的关系。然而事实上是这样吗？孩子是否真正完全掌握了真实的马—"马"之间的关系呢？如果是的，

---

① Jerry A. Fodo, *Psychosemantics: The Problem of Meaning in the Philosophy of Mind*, Cambridge, MA: MIT Press, 1987, p.109.

② Jerry A. Fodo, *Psychosemantics: The Problem of Meaning in the Philosophy of Mind*, Cambridge, MA: MIT Press, 1987, p.109.

为什么还会将牛误认为是"马"呢？事实上，在孩子的心中，牛就是马，就是"马"的直接原因，他并没有完全掌握真实的马——"马"之间的关系。而他将牛也认为是"马"，其实是他在认清"马"这个概念之前的偏差而已，错误认知的根源就在于他还处在动态认识阶段，而这恰恰是由于历时性造成的。可见，福多用"共时性"前提来扼杀了他的理论。福多并不是不知道人对于概念的学习过程，而是要对心灵进行自然化就必须剔除各种主观因素，包括个体的心灵活动（个体的学习过程）。但事实上，特定的表征符号、语法规则是人类文明发展的结果，是人在生活经验中的高度抽象性的总结，是长期演化的结果，是人类赋予了符号特定的意义。可以说，符号既包含了其自身的既成样态，也包含了人类赋予意义的过程。而心灵之中的"未成性"符号与经过历史演化之后的"既成性"符号之间的差别就是造成表征的一果多因（析取问题）的根源所在。可惜的是，福多只利用了"既成性"符号，并在"共时性"的平面上来探讨"实体—符号—表征"之间的线性因果联系，而忽视了符号自身的形成过程，特别是意义赋予的过程和符号的习得过程。

三 "功能意义"和"特有功能"的表征逻辑

在运用信息方面，另一位信息语义学的重要代表人物——德雷斯克（Frederick Irwin Dretske）似乎显得更为老练。他对信息进行了深入的分析，从信息的意义和功能上对表征问题进行阐述。首先，他区分了信号和信息内容：

> 一个信号 r 携带着 s 是 F 的信息＝若给定 r（和 k），s 是 F（s's being F）的条件概率为 1（但是，若只给定 k，条件概率小于 1）。[①]

k 是变量，是信息接收者已经知道的关于信息的可能性情况。德雷斯克在此区分了信号和信息内容，信号 r 是"s 是 F"这一信息内容的承载者。对于

---

① Fred I. Dretske, *Knowledge and the Flow of Information*, Cambridge, MA: MIT Press, 1981, p.65.

表征的理解的关键就在于对信息内容的理解，而不是信号。例如，门铃响了，这一信号表征着什么呢？一方面，它意味着在电流和门铃机械的作用下发出了响声；另一方面，它代表着有人在门外按响了门铃。对于前一种理解，德雷斯克把它称作"自然意义（natural meaning）"，后者被称作"功能意义（functional meaning）"。"自然意义"层面的表征，表征者所表征的是某种客观联系，德雷斯克认为，"尽管它们能表征，但无力（powerless）错误表征（misrepresent）任何东西"①。"它们要么正确表征，要么根本不表征。"② 门铃响了，代表着电流畅通，门铃机械作用正常。门铃不响，代表着没电或者门铃坏了。但是，从"功能意义"层面上来看待表征，它就会出现不同的场景：门铃响了代表有人；门铃没响不一定代表着没人，可能是门铃坏了，但门外还是有人，这时门铃未响就是一种错误的表征。而这一错误表征的根源就在于门铃的功能出现了失常。为了使表征问题在自然化的路上走得更远，德雷斯克还进一步将功能细分为"指定功能（assigned function）"和"自然功能（natural function）"。"指定功能"是指："带有我们的意图、目的和信念的系统所拥有的功能。"③ 具体而言，包括"图形""仪器工具""语言"等。"对于指定功能而言，功能意义随着我们目的而改变。"④ 很显然，含有主观目的性的"指定功能"和自然化的前提是相违背的，也无法成为德雷斯克表征自然化理论的出发点。相反，"自然功能"能够承担此任。德雷斯克认为："如果功能意义作为表征的自然化而保留，这一理解也包括错误表征的能力，那么这种功能一定是自然功能，这一功能是指独立于我们解释性的意图和目的的功能。"⑤ 为了能更为详细地说明在"自然功能"的层面上"错误表征"如

---

① Fred I. Dretske, "Misrepresentation", R. J. Bogdan (ed.), *Belief*, Oxford: Oxford University Press, 1986, p.19.

② Fred I. Dretske, "Misrepresentation", R. J. Bogdan (ed.), *Belief*, Oxford: Oxford University Press, 1986, p.20.

③ Fred I. Dretske, "Misrepresentation", R. J. Bogdan (ed.), *Belief*, Oxford: Oxford University Press, 1986, p.23.

④ Fred I. Dretske, "Misrepresentation", R. J. Bogdan (ed.), *Belief*, Oxford: Oxford University Press, 1986, p.24.

⑤ Fred I. Dretske, "Misrepresentation", R. J. Bogdan (ed.), *Belief*, Oxford: Oxford University Press, 1986, p.25.

第七章　情境适应性"人工自主道德代理"的道德地位辨析

何发生，德雷斯克描述了一个著名的海底细菌的例子：

> 一些海底细菌拥有内部磁体（称为磁小体），其作用像罗盘，平行于地球的磁场（结果使得细菌也平行于地球磁场）。因为这些磁力线在北半球向下倾斜（指向地磁的北极），（在南半球向上倾斜），在北半球的细菌由于其内部磁体定位，则会把它们自己推往地磁北极。尽管磁趋向性（被称呼为感觉机制）的存在价值不是很明显，但我们有理由设想，它们（磁趋向性）的功能是使得细菌避开水面。由于这些生物仅能够在厌氧环境中生存，所以向地磁北极移动将会有利于这些细菌逃离富氧的水面而游向相对少氧的底部。（相较于北半球细菌），南半球细菌有相反的内部磁体，使得它们游向地磁南极，以获得相同的好处。如果将南半球的细菌移植到北大西洋，它们将会毁灭它们自己——向上游（游向地磁南极），进入有毒、富氧的水面。①

海底细菌是一种无主观目的、意图的原生生物，其所具有的功能——"磁趋向性"也完全满足德雷斯克的"自然功能"。而这一功能意义体现为，它能够在海底细菌内部和地球磁极之间建立起一种有利于海底细菌生存的关系，而这种关系是建立在海底细菌和地球磁极之间的一种客观关系。当其功能发挥正常，做出正确的表征（指示），海底细菌就会游向有利的水域而存活。如果出现功能失常（南半球细菌移植到北大西洋的结果），做出错误的表征（指示），海底细菌就会游向不利的水域而毁灭。似乎德雷斯克通过一种无意向性、无目的性的生物体找到了解决表征问题，尤其是"错误表征"的蓝本。但是，仔细分析海底细菌的例子可以发现以下两个问题。

第一，是什么导致了被移植的海底细菌出现了功能失常？如前文所述，德雷斯克所说的"自然功能"是一种与意图、目的无关的功能，而导致"自然功能"能够实现其功能的东西只能是客观的自然规律。被移植的海底细菌

---

① Fred I. Dretske, "Misrepresentation", R. J. Bogdan (ed.), *Belief*, Oxford: Oxford University Press, 1986, p. 26.

内部磁体和地球磁极之间的客观关系以及作用规律是无法被改变的,所以其拥有的"自然功能"并没有失常,而只是它的功能发挥的场所变了,从而导致它无法正常发挥功能,表现为"失常"。由此可见,表征问题不仅取决于表征者,还取决于表征所处的环境。

第二,德雷斯克在分析海底细菌的例子中强调,"这一机制的功能(磁趋向性)的保留是为了满足它的需要——能发送信息指示无氧水域"[①]。既然在新的环境中被移植的海底细菌的磁趋向性功能无法满足它的需要,反而成了它的杀手,那么为了重新能够满足需要,被移植的海底细菌能否建立起一种新功能?或者新的表征能否形成?可以看出,德雷斯克已经触碰到了表征的动力学机制,但是他没有深入阐发这一问题。而另一位哲学家露丝·密立根(Ruth Garrett Millikan)刚好接过了这一棒。

密立根对于表征问题的阐发是从"特有功能"开始的,"我需要一个专门用语来实现研究,所以我一定要构造一个。而'特有功能'恰好与一般意义上事物的'目的'相一致"[②]。可见,"特有功能"是密立根为了理论研究需要而创造的一个词语,并且它和目的紧密相关。不仅如此,"特有功能"还是历史进化规律的产物,密立根认为,"正是'特有功能'使得某物成为生物类东西,与效用无关,但是与某物的历史相关"[③]。具体来说,例如,哺乳动物的肺的"特有功能"就是气体交换,而它能满足哺乳动物的存活需要。从海洋生物进化为陆生哺乳动物的过程中鳃之类的器官已经无法发挥作用而保证它们能适应陆地环境,但能够在陆地上进行气体交换的肺则被自然选择并且在进化的过程中保留了下来。一个相反的例子,呼吸机能够起到气体交换的功能,效用和肺等同,它却不是密立根所说的"特有功能",因为它不是历史进化的产物。呼吸机和肺最大的不同就在于,呼吸机是人为了一定的目的而制造的机器,肺是在历史进化规律中存留下来的器官。很显然,人类的制造活动必然包含人的

---

① Fred I. Dretske, "Misrepresentation", R. J. Bogdan (ed.), *Belief*, Oxford: Oxford University Press, 1986, p. 27.
② Millikan R. G., *Language, Thought and Other Biological Categories: New Foundations for Realism*, USA: The MIT Press, 1984, p. 18.
③ Millikan R. G., *Language, Thought and Other Biological Categories: New Foundations for Realism*, USA: The MIT Press, 1984, p. 17.

第七章 情境适应性"人工自主道德代理"的道德地位辨析

目的、意图,是违背自然化路径的,而历史进化规律是客观的,与自然化路径保持一致。这样一来,"特有功能"就成了密立根展开自然化理论的有力工具。表征也就是这样一种在历史进化规律的作用下被保留下来的"特有功能"。尽管表征者会出现"错误表征",却无法影响总体的历史演化进程。有利于表征者的表征在历史进化规律的作用下始终会被保留下来。

另外,密立根还提出了表征的"制造器"和"消费器"这两个概念,而其背后深刻地蕴含着表征的动力学机制:表征者并不是为了制造而制造,制造的目的是消费,而消费的目的是使表征者做出有利的反应。表征的消费更像是一种反馈,当表征者制造一个表征,而这一表征又被以适当的方式反馈到表征者那里,被"消费"掉,消费的结果是表征者做出积极的反应。例如,当我们看到狼,我们就会制造一个表征——"狼吃人",而这一表征又会反馈到表征者那里,为了保命(目的),表征者会做出一系列有利的反应,如想办法战胜它或者躲避它,这一过程是完全满足生物的进化规律的。密立根似乎通过表征的"制造器"和"消费器"初步构建了具有复杂动态韵味的表征回路。

无论是福多还是德雷斯克,都秉承了自然化的传统(因果范式和还原论),同时也积极吸收了最新科技成果,在解决心灵表征问题上硕果累累。然而,这并不能掩盖其自身所面临的问题。我们可以尝试着寻找出问题的根源。福多对于符号的关注和运用,使得他能对表征问题做出直观而合逻辑性的解答,却无法通过历时性来呈现符号真实的形成和认知过程,仅靠运用符号间的线性因果逻辑推演无益于透视表征问题的深层意旨。德雷斯克察觉到了信息背后的意义和功能,剥茧抽丝,深刻分析了功能意义背后的客观规律基础,并且运用原生细菌的实例描绘了"错误表征"的蓝本。但是,人脑或者心灵毕竟不是而且也不能还原为原生细菌这样的简单生物样态,人脑的形成尽管有客观规律基础,但是人脑一经形成就具有了系统的复杂性和涌现性,其作用机理也不再是简单的规律性叠加。密立根将表征置于宏观的历史演化进程中来考虑,通过一种历时性的整体性观点来对待表征问题,肯定了大脑或者心灵的进化样态,充分地洞察了表征的动力学机制。但是她所做的显然不够,她只注意到了表征系统在历史进化规律作用下的演化过程,而事实上,表征系统(大脑或心灵)、表征中介(信息)、表征对象,以及表征系统和表征对象所处的环境之间都存在着非线性动态的相互作用,它们是一种整体性的演化过程,而这也恰恰是表征问题复杂性的根源。简单说,大脑无法还原,或者说还原性的理论无法适用于大脑或者心灵。还原论下心灵自然化的障碍就在于,我们不能以一个低层级(智能程序或符号)的理论来解释高层级的事物(大脑或心灵)。因此,想要通过心灵自然化路径来实现人类与人工智能体之间的"意向性"关联是十分困难的,不具备"意向性"的人工智能体又何以可能是道德主体呢?

第三节 "人工自主道德代理"能承担道德责任吗?①

一般来说,道德主体除了有自主道德推理和判断能力之外,还要能够为自身行为承担道德责任。关于人工代理的道德责任问题的理论纷争由来已久,并且持续发酵,温斯伯格和罗宾斯(Aimee van Wynsberghe & Scott Robbins)在 2019 年所发表的论文中对支持人工代理具有道德责任的理由提出了疑问。② 波尔森等则通过联合一些机器伦理学家和评论家在 2019 年所发表的论文中对温斯伯格和罗宾斯所提出的疑问一一进行了反驳,并且就人工代理的道德责任的有用性和价值性达成了一致性的肯定意见。③ 然而,要想肯定人工代理具有道德责任,仅从有用性和价值性上做出回答是不够的,必须直面问题本身,并且提出合适的解决方案,即,进一步回答人工代理到底具有何种道德责任,如何对人工代理进行道德"追责"。本节正是通过对弗洛里迪和桑德斯(Luciano Floridi & J. W. Sanders)的人工代理"道德问责"理论进行梳理和反思来为回答以上问题提供可能的参考答案,并为以后其他更好的方案提供启发式的借鉴。

---

① 参见王亮《人工代理的道德责任何以可能?——基于"道德问责"和"虚拟责任"的反思》,《大连理工大学学报》(社会科学版)2022 年第 1 期。此处有改动。
② 参见 Aimee van Wynsberghe and Scott Robbins, "Critiquing the Reasons for Making Artificial Moral Agents", Science and Engineering Ethics, Vol. 25, No. 3, 2019。
③ 参见 Adam Poulsen, et al., "Responses to a Critique of Artificial Moral Agents", March 17, 2019, https://arxiv.org/ftp/arxiv/papers/1903/1903.07021.pdf。

第七章 情境适应性"人工自主道德代理"的道德地位辨析

一 道德责任的基石:自由和意向性

人工代理何以可能承担道德责任?一般来说,若要能承担道德责任,必须具备两个基本条件,自由和意向性。"人们通常认为,自由是道德责任的前提条件:一个人只有是自由的,他才能对其行为负有道德责任。"[1] 但持决定论观点的人认为人不是自由的,由此,学界产生了"相容论"和"自由论"之争。简单来说,"相容论"主张"自由以及道德责任与决定论是相容的"[2]。相反,"自由论者主张自由(以及道德责任)与决定论是不相容的"[3]。尽管"相容论"和"自由论"持有不同的观点,但需要注意,他们的争论焦点是自由(以及道德责任)与决定论之间的"相容"关系,而并没有否认"自由是道德责任的前提条件"。[4] 美国学者亨马(Kenneth Einar Himma)在分析道德代理的前提条件时也提出过类似的看法,他将"自由选择自己行为的能力"看作成为道德代理的必备条件之一,并认为:

> 尽管自由意志的概念在相容论者和自由论者那里仍有很大的争论,但有些方面是不存在争议的。例如,双方都赞成,一个人必须是他行为的直接原因,才能被描述为自由选择该行为;直接由自身以外的事物所引起的行为算不上是自由地选择自己的行为。[5]

为了更为直观地说明自由与道德责任之间的关系,美国学者奥斯汀(Michael W. Austin)例举了两个思想实验,第一个是这样描述的:

---

[1] 姚大志:《我们为什么对自己的行为负有道德责任?——相容论的解释及其问题》,《江苏社会科学》2016 年第 6 期。

[2] 姚大志:《我们为什么对自己的行为负有道德责任?——相容论的解释及其问题》,《江苏社会科学》2016 年第 6 期。

[3] 姚大志:《道德责任是如何可能的——自由论的解释及其问题》,《吉林大学社会科学学报》2016 年第 4 期。

[4] 姚大志:《道德责任是如何可能的——自由论的解释及其问题》,《吉林大学社会科学学报》2016 年第 4 期。

[5] Kenneth Einar Himma, "Artificial agency, consciousness, and the criteria for moral agency: What properties must an artificial agent have to be a moral agent?", *Ethics and Information Technology*, Vol. 11, No. 1, 2009.

> 想象一下，弗雷德今天醒来，决定去抢劫一家银行，因为这是他选择搬到南太平洋，在海滩上喝鸡尾酒，直到他去世的方式之一。然后他成功地实施了他的计划。①

为了进行对比，奥斯汀对这个思想实验进行了修改，如是就有了第二个思想实验：

> 想象一下，弗雷德今天醒来，被乔治胁迫，去抢劫了一家银行，乔治把弗雷德的家人扣为人质，直到弗雷德抢劫了银行并把钱给了他。②

奥斯汀认为，在第一个思想实验中弗雷德明显要承担道德责任，而在第二个思想实验中则不必，需要承担道德责任的是乔治。③ 再结合亨马的观点，分析这两个思想实验的差异，可以看出，在第一个思想实验中弗雷德之所以要承担道德责任，是因为他为了实现美好生活，自愿去冒险抢银行，因此，他内心的生活目标和意愿成为他抢银行这一恶行最直接的原因，抢银行可以被描述为他自由选择的行为；在第二个思想实验中弗雷德之所以不必承担道德责任，是因为抢银行并非他的本意，而是因为受到乔治的胁迫而发生的行为，因此是"由自身以外的事物所引起的行为"，也因此，"算不上是自由地选择自己的行为"。其实，亚里士多德早在《尼各马可伦理学》中就对此问题进行过思考，他认为：

> 既然德性同感情与实践相关，既然出于意愿的感情和实践受到称赞或谴责，违反意愿的感情和实践则得到原谅甚至有时得到怜悯，研究德性的人就有必要研究这两种感情和实践的区别。这种研究对立法者给人

---

① Michael W. Austin, "Freedom of the Will and Moral Responsibility", October 19, 2011, https://www.psychologytoday.com/us/blog/ethics-everyone/201110/freedom-the-will-and-moral-responsibility.
② Michael W. Austin, "Freedom of the Will and Moral Responsibility", October 19, 2011, https://www.psychologytoday.com/us/blog/ethics-everyone/201110/freedom-the-will-and-moral-responsibility.
③ 参见 Michael W. Austin, "Freedom of the Will and Moral Responsibility", October 19, 2011, https://www.psychologytoday.com/us/blog/ethics-everyone/201110/freedom-the-will-and-moral-responsibility.

第七章 情境适应性"人工自主道德代理"的道德地位辨析

们授予荣誉或施以惩罚也同样有帮助。看起来,违反意愿的行为是被迫的或出于无知的。一项行为,如果其始因是外在的,即行为者就如人被飓风裹挟或受他人胁迫那样对这初因完全无助,就是被迫的行为。①

很显然,出于意愿是一种自由意志的体现,当人出于自身的意愿,自由地选择去做一些美德之事时,应当受到称赞,自由地选择去做一些恶事时,应当受到谴责,承担道德责任;相反,违反意愿,被强迫,是不自由的体现,当人在违反意愿的情况下,去做一些不道德之事时,可以"得到原谅甚至有时得到怜悯",不用承担道德责任。由此可以看出,自由是能承担道德责任的必要前提之一。

意向性是能承担道德责任的另一个必要前提。亨马认为,"一个概念性事实是,代理具有心理状态,并且其中的一些心理状态解释了代理的区别特征——即被视为行为的活动的结果"②。也就是说,代理所产生的行为的结果可以归因于其"心理状态"。那么代理的这些"心理状态"具体是指什么呢?亨马进一步解释道,"从一个标准的概念性事实来看,某个行为是某些意向性状态的结果——意向性状态就是心理状态"③。一般来说,当行为人对某一不道德的行为后果是有意为之的,他应当要对这一行为后果承担道德责任。然而,如果行为人的行为产生了目标后果以外的其他后果,但这一后果是行为人事前所能预见的,只是不希望它发生,那么,这种非目标后果的道德责任能否也归因于行为人的"意向性"呢?美国学者米尔和斯韦尔德利克(Alfred Mele & Steven Sverdlik)认为,边沁(Bentham)通过区分"直接意向性"和"间接意向性"迂回地解决了可预见的后果和有意为之的后果之间的差别。④ 在行为人发起的行为过程中,可预见的后果既包括行为人有意为之的后果,也包括行为人不希望发生的后果。"直接意向性"对应于"有意为之"的后果,"间接意

---

① [古希腊]亚里士多德:《尼各马可伦理学》,廖申白译注,商务印书馆2003版,第58页。
② Himma K. E., "Artificial agency, consciousness, and the criteria for moral agency: What properties must an artificial agent have to be a moral agent?", *Ethics and Information Technology*, Vol. 11, No. 1, 2009.
③ Himma K. E., "Artificial agency, consciousness, and the criteria for moral agency: What properties must an artificial agent have to be a moral agent?", *Ethics and Information Technology*, Vol. 11, No. 1, 2009.
④ 参见 Mele A. and Sverdlik S., "Intention, intentional action, and moral responsibility", *Philosophical studies*, Vol. 82, No. 3, 1996。

向性"对应于"可预见"但不希望发生的后果。在肯定边沁的贡献的同时,米尔和斯韦德利克也指出了其不足,他们认为,尽管边沁将意向性区分为"直接意向性"和"间接意向性",但是他并没有明确"间接意向性"与行为后果的道德责任之间的关系。① 相反,他们认为西奇威克(Sidgwick)通过对"意向性"的补充性说明将"意向性归因明确地与道德责任联系在一起",即"它使我们能够让一个人对他能够预见但不希望发生的行为后果负责"。② "能够预见但不希望发生的行为后果"就是指行为人的"间接意向性"所引起的后果。至此,我们可以看到,行为人因其行为后果而承担的道德责任或者归因于"直接意向性",或者归因于"间接意向性"。

综合以上论述可以看出,若想论证人工代理具有承担道德责任的能力,必须跨越自由和意向性这两个藩篱。弗洛里迪和桑德斯另辟蹊径,就如何解决人工代理的自由和意向性问题进行了系统性的思考,并且提出了人工代理的道德"追责"方案。

二 "抽象性层次"下的人工代理:道德责任的分离

弗洛里迪和桑德斯借用计算机科学中常用的方法——"抽象性层次(Level of Abstraction,LoA)"方法来分析人工代理的特性。他们认为,"抽象性层次是一组有限但非空的可观察量,并且这一可观察量是非序列式的,在一个以它们的定义为特征的理论中,可观察量被认为是组成参数"③。基于此,弗洛里迪和桑德斯认为这一方法的优势在于,"抽象性充当精确定义背后的'隐藏参数',对定义产生至关重要的影响",而"每个定义都是通过一个隐式抽象性层次预先格式化的;可以说,它是稳定的,允许一个恰当的定义"。④ 也正是

---

① 参见 Mele A. and Sverdlik S., "Intention, intentional action, and moral responsibility", *Philosophical studies*, Vol. 82, No. 3, 1996。

② Mele A. and Sverdlik S., "Intention, intentional action, and moral responsibility", *Philosophical studies*, Vol. 82, No. 3, 1996.

③ Floridi L. and Sanders J. W., "Levellism and the Method of Abstraction", November 22, 2004, https://pdfs.semanticscholar.org/4601/0b386f4a927ac539c6e7177e9f1ade1c1dcf.pdf?_ga=2.44136035.673214207.1578151803-1848425503.1562622471.

④ Floridi L. and Sanders J. W., "On the Morality of Artificial Agents", *Minds and Machines*, Vol. 14, No. 3, 2004.

第七章　情境适应性"人工自主道德代理"的道德地位辨析

因为这个优势，经过"抽象性层次"方法抽取出来的"可观察量"对于某一定义有稳定和兼容的作用，这样一来，它就能解决某些定义的模糊性、易变性或复杂性问题。弗洛里迪和桑德斯认为"代理"就是这类模糊、易变、复杂的定义①，因此，面对棘手的"代理"定义，他们不得不使用"抽象性层次"方法。

如何用这一方法来定义人工代理呢？弗洛里迪和桑德斯认为，我们可以从人类身上抽象出三个"可观察量"："交互性""自主性"和"适应性"。②具体来说，"交互性意味着代理及其环境（可以）相互作用"③。"自主性是指代理能够在不直接响应交互的情况下更改状态：它可以执行内部转换来更改其状态"④。"适应性意味着代理的交互可以改变它改变状态的转换规则"⑤。那么这三个"可观察量"能否经得起人工代理的检验呢？弗洛里迪和桑德斯举了一个网络机器人（Webbot）的例子，他们认为，通过适当地运用"抽象性层次"方法，可以抽象出网络机器人的三个"可观察量"，"交互性"（它能收发电子邮件，有输入和输出值）、"自主性"（自动处理电子邮件）和"适应性"（能够根据人类的偏好来选择性处理电子邮件），因此，它可以看作人工代理。⑥需要注意的是，并不是说网络机器人只有这三个"可观察量"，其"可观察量"的多少取决于我们运用"抽象性层次"的程度，"抽象性层次越高，具体的参数就越少，外延越大"，反之，则抽象性层次越低，具体的参数就越少，外延越小。⑦这一点为后面弗洛里迪和桑德斯反驳人

---

① 参见 Floridi L. and Sanders J. W., "On the Morality of Artificial Agents", *Minds and Machines*, Vol. 14, No. 3, 2004。
② Floridi L. and Sanders J. W., "On the Morality of Artificial Agents", *Minds and Machines*, Vol. 14, No. 3, 2004.
③ Floridi L. and Sanders J. W., "On the Morality of Artificial Agents", *Minds and Machines*, Vol. 14, No. 3, 2004.
④ Floridi L. and Sanders J. W., "On the Morality of Artificial Agents", *Minds and Machines*, Vol. 14, No. 3, 2004.
⑤ Floridi L. and Sanders J. W., "On the Morality of Artificial Agents", *Minds and Machines*, Vol. 14, No. 3, 2004.
⑥ 参见 Floridi L. and Sanders J. W., "On the Morality of Artificial Agents", *Minds and Machines*, Vol. 14, No. 3, 2004。
⑦ Floridi L., "On the Intrinsic Value of Information Objects and the Infosphere", *Ethics and Information Technology*, Vol. 4, No. 4, 2002.

工代理的"意向性"奠定了基础。

在运用"抽象性层次"方法分析完人工代理之后,弗洛里迪和桑德斯论证了人工代理也是道德代理。他们首先给出了一个命题"O",认为:

> (O)当且仅当行为能引起道德上的善或恶时,该行为才被认为是道德上可限定的。一个代理人被称为道德代理人,当且仅当它具有道德上可限定的行为的能力。①

"O"命题实质上是指,具备能够引起道德上的善或恶的能力的代理,都可以称为道德代理。那么人工代理能否引起道德上的善或恶呢?弗洛里迪和桑德斯认为,传统道德理论通常将恶区分为由人类产生的"道德恶(Moral Evil)"和由非人类产生的"自然恶(Natural Evil)",但是"最近,由于网络空间中自主性代理的发展,一种新的有趣而重要的混合恶浮出水面",这种"恶"就是"人工恶(Artificial Evil)"。②需要注意的是,"人工恶"也是一种道德上的恶,只不过其形成的原因是人工代理。再结合"O"命题可以推断,人工代理可以称为道德代理。

尽管将人工代理称为道德代理的相关论证比较充分,但是弗洛里迪和桑德斯认为,学者们可能还会主要从人工代理的"意向性""自由"和"道德责任"三方面提出反对意见,为此,他们进行了一一回应。③首先,弗洛里迪和桑德斯认为,我们对于"意向性状态"的分析不仅不必要而且在实践中还很难实现,因为我们很难"进入代理的精神或意向性状态"之中。④ 而"抽象性层次"方法则可以避免"意向性"分析在实践中的困难,因为它的机理是分析者依据理论需要,在适当的"抽象性层次"上,抽象出分析对象的"可观察

---

① Floridi L. and Sanders J. W., "On the Morality of Artificial Agents", *Minds and Machines*, Vol. 14, No. 3, 2004.
② Floridi L. and Sanders J. W., "Artificial Evil and the Foundation of Computer Ethics", *Ethics and Information Technology*, Vol. 3, No. 1, 2001.
③ 参见 Floridi L. and Sanders J. W., "On the Morality of Artificial Agents", *Minds and Machines*, Vol. 14, No. 3, 2004。
④ 参见 Floridi L. and Sanders J. W., "On the Morality of Artificial Agents", *Minds and Machines*, Vol. 14, No. 3, 2004。

第七章　情境适应性"人工自主道德代理"的道德地位辨析

量"。因此,"它保证了一个人的分析真正仅仅基于特定的可观察量而不是某些心理猜测"。① 其次,弗洛里迪和桑德斯认为经过"抽象性层次"方法定义的人工代理同样具有"自由"特征。他们认为"抽象性层次"方法揭示了人工代理的三个最基本的"可观察量":"交互性"、"自主性"和"适应性"。人工代理的自由体现为,"如果它们有不同的选择,它们可以采取不同的行动"②。人工代理不仅可以自主地改变内部状态,而且可以依据外部环境调整内部状态变化的规则,这些既取决于外在条件约束,又取决于人工代理自身的选择。

此外,弗洛里迪和桑德斯认为,在众多反对意见中:

> 最后一个反对意见(关于道德责任)是唯一真正有力的。我们可以立即承认,为人工代理的行为赞扬或指责它,或以道德谴责它,都是荒谬的。你不会责备你的网络机器人,这是显而易见的。所以这个反对意见是有道理的。但它的真实的情况是什么呢?通过将其校平,我们事实上会看到什么呢?③

可以看出,弗洛里迪和桑德斯也反对让人工代理来承担道德责任,但是他们并没有因此而放弃对道德责任问题的深究,而是试图揭开人工代理道德责任的面纱。他们认为:

> 我们能够避免与"没有责任,就没有道德代理,就没有规范行为"相对应的"责任+道德代理=规范行为"的二分法。即使没有责任(responsibility),只有道德问责(moral accountability)和道德行为的能力,促进规范行为也是完全合理的。④

---

① Floridi L. and Sanders J. W.,"On the Morality of Artificial Agents", *Minds and Machines*, Vol. 14, No. 3, 2004.
② Floridi L. and Sanders J. W.,"On the Morality of Artificial Agents", *Minds and Machines*, Vol. 14, No. 3, 2004.
③ Floridi L. and Sanders J. W.,"On the Morality of Artificial Agents", *Minds and Machines*, Vol. 14, No. 3, 2004.
④ Floridi L. and Sanders J. W.,"On the Morality of Artificial Agents", *Minds and Machines*, Vol. 14, No. 3, 2004.

弗洛里迪和桑德斯建议我们要突破传统的追责观，即，不要将道德责任和道德代理捆绑在一起，我们可以把焦点放在"道德问责"和"道德行为的能力"上，这样做也可以"促进规范行为"。可以说，弗洛里迪和桑德斯的这一建议是为人工代理量身定做的。如前所述，人工代理之所以能成为道德代理，是因为人工代理能引起道德上的善或恶，而这恰恰体现了人工代理具备"道德行为的能力"。尽管这样，对于不可承担道德责任的人工代理而言不能真正地去追责，而只能"问责"。道德问责和道德责任看似十分相似，但仍存在差别。一般来说，问责是指在事情发生之后才会让一个人去承担的责任，而责任可以发生在事情发生之前，也可以发生在之后。当人工代理的行为产生了"人工恶"的后果时，我们可以采取一系列做法去制止或者处理它们，可以实现对它们"问责"，但无法让它们承担责任。可以看出，通过对道德问责和道德责任的区分，弗洛里迪和桑德斯不仅合理地解决了人工代理的道德责任困境，而且使得相关责任的分配更加清晰，道德责任可以由相关责任人（人类）来承担，同时，也可以对人工代理进行"问责"。弗洛里迪和桑德斯还指明了人工代理的"问责"方式，他们认为：

> 为了保持人类和人工道德代理之间的一致性，我们可以考虑如下类似步骤来谴责不道德的人工代理：（a）监测和修改（"维修"）；（b）断开网络链接；（c）从网络空间删除（无备份）。①

最终，弗洛里迪和桑德斯通过引入"道德问责"来做"减法"，成功地将道德责任从人工代理中分离了出去，却又没有免除人工代理的"责任"，归纳起来：第一，弗洛里迪和桑德斯通过"移花接木"的方式将一种计算机科学中的方法——"抽象性层次"方法运用于分析工代理道德责任问题；第二，弗洛里迪和桑德斯利用"抽象性层次"方法为人工代理量身打造了"可观察量"（参数）来替代传统意义的"自由"和"意向性"；第三，弗洛里迪和桑德斯反对让人工代理来承担道德责任，同时肯定人工代理具备"道德行为的

---

① Floridi L. and Sanders J. W., "On the Morality of Artificial Agents", *Minds and Machines*, Vol. 14, No. 3, 2004.

第七章 情境适应性"人工自主道德代理"的道德地位辨析

能力",并可以对此进行"问责"。

苏林斯(John P. Sullins)赞同弗洛里迪和桑德斯的"抽象性层次"方法,但与他们不同的是,苏林斯不是用抽象后的"可观察量"来取代"自由"和"意向性",而是将"抽象性层次"作为人与人工代理之间的道德调节器,根据人机交互的水平来调节人工代理的"自由"和"意向性"层次,他认为:

> 当存在合理的抽象层次时,我们必须承认机器人有自主的意图和责任,机器人就是道德主体。①

可见,苏林斯并没有回避人工代理是否具有"自由"和"意向性"这一问题,而是利用"抽象性层次"方法赋予其较大的解释张力,结合具体的人机交互水平肯定了人工代理承担道德责任的能力。安德森(Susan Leigh Anderson)则没那么直接,她认为"自由意志"和"意向性""这两种属性都不是在道德困境中做道德正确的行动和证明它的必要条件",因此,她避免了对人工代理是否能够承担道德责任这一问题的讨论,而是关注于人工代理的行为是否符合道德。② 李伦和孙保学认为,由于人类还没有足够的处理"人工智能机器的错误"的经验,还未做好充分准备,"将情感和自由意志赋予人工智能有可能会打开'潘多拉的魔盒'"。③ 还有一些学者既没完全否定,也没立即肯定人工代理具有"自由"和"意向性"属性,而是将其和人工智能技术的发展程度捆绑在一起。摩尔(James H. Moor)认为人工代理作为道德代理主要有四个层次:"道德影响代理""内隐式道德代理""外显式道德代理""完全道德代理",而只有在"完全道德代理"或者之后的阶段人工代理才有可能具有"自由"和"意向性"属性。④

---

① Sullins J. P., "When Is a Robot a Moral Agent", Michael Anderson, Susan Leigh Anderson. (ed.), *Machine Ethics*, New York: Cambridge University Press, 2011, pp. 151-161.
② 参见 Anderson, S. L., "Philosophical Concerns with Machine Ethics", Michael Anderson, Susan Leigh Anderson. (ed.), *Machine Ethics*, New York: Cambridge University Press, 2011。
③ 李伦、孙保学:《给人工智能一颗"良芯(良心)"——人工智能伦理研究的四个维度》,《教学与研究》2018年第8期。
④ 参见 Moor J. H., "The Nature, Importance, and Difficulty of Machine Ethics", *IEEE Intelligent Systems*, Vol. 21, No. 4, 2006。

可以看出，以上学者对人工代理道德责任的研究路径都是基于传统人类支配地位的机器工具文化传统，即用"工具性"眼光分析人工智能体的"自由化"和"意向化"程度，并依此来判断人工代理道德责任。事实上，随着人工智能技术的发展，人与技术、技术与社会深度融合，人工智能体已经具备从"工具物"发展为"准社会实体"的可能，此时，我们必须更新思想观念，去共同面对一个前所未有、充满未知挑战的新型人机共生文化。具体来说，不同于传统的掌握在人的"手中"的"工具"技术，新兴的人工智能技术、数据技术等已经嵌入我们的身心之中，技术与人的高度融合模糊了人类与机器的界限，"行动者"（拉图尔语）成为我们社会的一部分，在关系的"网络"中与人相互构建，这必将引起道德嵌入技术，技术塑造道德的双向运动。道德的"物转向"已经跳出了传统的人与人之间的道德观，而进入"人—技术"的道德解释框架之中。在这一新的解释框架内，"人—技术"时常呈现为交互式道德责任，并且道德责任相关的"自由""意向性"也不限于人类，还应当涵盖"人—技联结体"混合式的自由、"技术意向性"。[①] 作为一种"人—技联结体"混合式的自由，不再完全由人类主体实现，而是在技术内化、互动、调解过程中建构性地实现着；在人与技术共同参与的活动中，技术通过"放大""缩小""激励""抑制""表现""建构"等一系列机制来共塑"意向性"。[②] 可见，在技术的深度融合下，技术与道德的双向作用使传统道德观念发生了新的改变，人工智能伦理问题也将由"人"的机器工具伦理走向"人—机"的交互共生伦理。

[①] 陈凡、贾璐萌：《技术伦理学新思潮探析——维贝克"道德物化"思想述评》，《科学技术哲学研究》2015年第6期。

[②] 张卫：《当代技术伦理中的"道德物化"思想研究》，博士学位论文，大连理工大学，2013年，第30页。

第八章 人机共生文化视域下的人工智能伦理挑战

第一节 基于社交机器人智能媒介的跨文化传播

从古至今,虽然技术的表现形式发生了显著的变化,但人类的各种活动始终嵌入在技术当中,同时,技术也一直影响着人们的交往行为。[①] 在过去,AI机器人被视为无机的存在,被局限于其程序化的本质和机械外观之中,难以触及人类日常生活的深层次。然而,随着科技的飞速发展,我们见证了一场新的转变:越来越多的人工智能开始扮演承载人性和情感的角色。这些人工智能不再仅仅是机械的执行者,而是逐渐展现了情感表达的迹象,以社交机器人为例,人们开始在情感层面上与之相互交流与共鸣。这一现象的涌现,不仅意味着人类对技术的重新审视,更深层次地反映了人类自身与他者关系的思考。

人类社会的各种传播活动常常以人与人之间的交互为基础,然而现代技术给这种传播交往行为带来了难以想象的改变。人工智能的发展更使得机器人作为主体与人类的正常交流成为可能,具身的本地互动不再是人类交往的必要条件。[②] 社交机器人与人类之间关系越来越紧密,当这种沟通交流发生在

[①] 参见徐辰烨、彭兰《从"人"到"赛博格":技术物如何影响日常交往行为?——以耳机为例》,《新闻界》2023年第4期。

[②] 参见钟智锦、李琼《人机互动中社交机器人的社会角色及人类的心理机制研究》,《学术研究》2024年第1期。

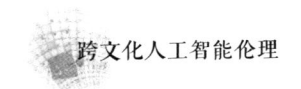

人与机器人之间时,我们不禁可以思考,人机传播相较于以往的传统方式有何区别?这对文化传播又会带来何种改变?

一 文化与文化传播:人类交往的实践

人们对文化的理解和界定是多种多样的。从广义上看文化概念,英国人类学家泰勒在他的《原始文化:神话、哲学、宗教、语言、艺术和习俗发展之研究》(1871)一书中提道:

> 文化,或文明,就其广泛的民族学意义上来说,是包括全部的知识、信仰、艺术、道德、法律、风俗以及作为社会成员的人所掌握和接受的任何其他的才能和习惯的复合体。①

这个界定,被后来的学者普遍认可并一直沿用下来,成为人们公认的、使用最多的、最基本的文化概念。从社会学的角度来看,文化是语言、信仰、价值观、规范、行为,甚至是表征一个群体的物质对象。② 有学者基于人与文化关系的视角,认为文化的产生和发展与人的产生和发展是相互一致而且互为因果的。文化不仅仅是人的产物和产品,更确切地说,文化就是人本身,文化是人类成就自身、证明自身的手段和方法。③ 基于上述概念,文化是人的创造性生存活动与劳动实践及其产物,在人的交往过程中产生,没有了人和人的交往,文化就失去了产生的先决条件。主要体现在以下两个方面。

第一,文化的精髓在于哲学对人类及其自身的创造性生存实践的关注,这意味着人类作为主体的意义与价值在社会实践中得到彰显。作为拥有意识和自我意识的社会存在物,人类将外部世界视为意识思维活动的对象,并通过各种社会关系的建构不断地塑造这一世界,人类的文化因此在这种自觉的

---

① [英]泰勒:《原始文化:神话、哲学、宗教、语言、艺术和习俗发展之研究》,连树声译,广西师范大学出版社2005年版,第1页。
② 参见 Henslin, James M., et al., *Sociology: A down to earth approach*, Pearson Higher Education AU, 2015.
③ 参见翟媛丽《人的文化生成》,博士学位论文,北京交通大学,2017年。

创造性活动中得以涌现、塑造、更新和演化。随着科学技术的不断进步，人类开始借助强大的科技力量使内在的本质力量得以外显并达到最大化，从而实践着社会各个领域的更强大的创造力，也实现着人类自身更高的价值追求。在这个意义上，人作为文化创造的主体借助于对各种社会组织的建构更加以社会整体的力量去从事各种社会生产生活实践充实、完善和发展自身的同时也创造出内容丰富、形态各异的社会政治、思想、道德、制度、艺术、民俗风情等丰富多彩的社会文化世界。

第二，文化的产生不是孤立的个体行为，而是在人与人的交往过程中逐步形成和发展的。人类是社会性动物，其存在和发展离不开与他人的交往和合作。语言是人类交流的工具，也是文化传承的载体。在人际交往的过程中，人们共同创造了语言、习俗、价值观念等，通过言语和行为的交流建立了彼此之间的联系和理解，从而形成了共同的文化认同和价值体系。社会组织是文化产生的重要背景和条件。人们通过各种社会组织和机构（如家庭、学校、宗教团体等）展开交往和合作，共同创造、传承和发展文化，这些社会组织不仅提供了文化传承的平台，也塑造了特定文化的形态和特征。

文化传播的概念起源于社会生物学，在此背景下，它与基因遗传传播有所区别，在人类社会中，它指的是社会化和文化适应过程，通过这种过程，信仰、价值观和行为规范在人与人之间传播。[1] 文化传播导致了语言、饮食、政治意识形态、社会规范、时尚的变化，甚至影响了人们对吸引力、冒犯性或可接受性的部分看法。在某些极端情况下，文化传播会产生难以改变的意识形态，如种族主义、宗教信仰和政治意识形态。[2]

从文化传播的过程来看，文化传播表现为主体客体化与客体主体化的双向运动即主客体相互作用的一种动态的实践过程。首先，主体客体化意味着主体将文化信息视为客体，并主动地将其传播给他人。在这个过程中，主体

---

[1] 参见 Bisin, A. and Thierry, V., Cultural transmission, In: Durlauf, S. N., Blume, L. E., Eds., *The New Palgrave Dictionary of Economics Online*, 2nd ed., London: Palgrave Macmillan, Vol. 2, 2008。

[2] 参见 Whitaker, M. B., Cultural Transmission, In: Shackelford, T. K., Weekes-Shackelford, V. A. (eds), *Encyclopedia of Evolutionary Psychological Science*, Springer, Cham, 2021。

作为信息的传递者和解释者，通过语言、符号、行为等形式将文化内容传达给其他个体或群体。这种主体客体化的过程反映了主体对文化的理解和表达，同时也塑造了文化的形式和意义。其次，客体主体化则是指客体（即文化信息）对主体产生影响，使主体发生变化或产生反应。在文化传播中，接收文化信息的个体或群体成为主体，他们对文化信息进行解读、理解、接受或拒绝，并根据自身的经验、信念和情感进行反应和表达。这种客体主体化的过程体现了文化对个体认知、情感和行为的影响，同时也反映了个体在文化交流中的主动性和创造性。因此，文化传播是一个动态的实践过程，其中主体和客体相互作用、相互影响。主体客体化和客体主体化相互交织，共同构成了文化传播的复杂网络，这种双向的动态关系反映了人类与文化之间的密切联系，强调了个体在文化传播中的主动性和创造性，同时也凸显了文化对于个体认知和行为的塑造作用。因此，文化传播不仅是信息的传递，更是人类自身认知和实践的体现，是人类与文化之间互动的过程。

二　社交机器人智能媒介与文化传播方式的新变化

（一）作为"拟主体"智能媒介的社交机器人

社交机器人是基于计算机网络算法，通过模拟真实的用户行为，在社交网络上发布相关内容，与其他用户互动，并且可以呈现一定的情感特征和人格属性的智能形象。[①] 常见的在线社交机器人主要为聊天机器人，其被广泛应用于智能客服、私人助手等领域。除了存在于虚拟空间外，社交机器人还可以借助实体硬件存在于现实世界中，实体社交机器人通常包含音频传感器、摄像头、麦克风等输入输出设备，以实现感知环境、交流互动的功能，当前被广泛应用的实体社交机器人主要包括陪伴机器人、治疗机器人和工作助手机器人等。综合来看，社交机器人是指具备一定物质实体或虚拟实体的智能机器人，其外形和功能基于人工智能技术，呈现类人生物的特征。这些机器人不仅遵循社会规则，能够模仿人类行为，还能与人类或其他自动化实体进

---

① 参见张洪忠、段泽宁、韩秀《异类还是共生：社交媒体中的社交机器人研究路径探讨》，《新闻界》2019年第2期。

行交流和互动。它们在社会中扮演着双重角色：一方面，它们能够辅助和帮助人类进行生产和生活，提供服务和支持；另一方面，它们也具备一定的自主性，能够进入社会生活，与人类进行更为复杂和深入的交流与互动。

人们倾向于把计算机和其他媒体当作有个性的人来对待并与之建立起亲密的社会关系。① 这与技术迭代使社交机器人出现种种拟人化转变，包括外表、行为和情感，以及人自身的拟人化倾向高度相关。拟人化的本质是将想象中的或真实的非人类行为赋予与人类相似的特征、动机、意图和情感。② 社交机器人可以被用作促进机器人和人类之间交流互动的工具，其基本思想是通过设计刺激用户将人类情感和精神状态归因于机器人，让用户积极参与机器人的社交表现和存在，从而增强熟悉度和亲密感。③ 而社交机器人在外观、行为和情感方面的拟人化，使得它们更能够与人类建立有效的互动和沟通，这种拟人化设计不仅是为了增强用户体验，还能够促进文化传播和社会交流的效果。

首先是外观上的拟人化，最为直观的拟人化方式是外表类人特征，社交机器人的外表设计通常会模仿人类的特征，例如头部、眼睛、嘴巴和四肢等。外表设计可以使机器人看起来更像人类，更具有吸引力和亲和力，而社交机器人的拟人化外表和情感表达能力也使得人们更容易与其建立情感联系和人际连接。人类天生倾向于与类人形的对象进行互动，并在与之交流时产生情感共鸣。当社交机器人具有类人化的外表和情感表达时，用户更有可能对其产生信任和依赖，从而更愿意接受其传播的文化信息。其次是行为上的拟人化，除了可视的外观特征外，机器人某些内在特征也会影响用户的拟人化感知。以往研究发现，与用户交互时，具备与用户进行眼神接触、主动使用手势、自主移动和说话等能力的机器人比没有这些能力的机器人更像人类，而且机器人注视、手势、移动和说话等行为特征越类似于人类，就越容易被拟人化。④ 这

---

① 参见 Reeves B. and Nass C. I. （1996），"The media equation：How people treat computers, television, and new media like real people"，*Cambridge*，*UK*，Vol. 10，No. 10，1996。
② 参见 Epley N.，Waytz A. and Cacioppo J. T.，"On seeing human：a three-factor theory of anthropomorphism"，*Psychological review*，Vol. 114，No. 4，2007。
③ 参见何双百《人工移情：新型同伴关系中的自我、他者及程序意向性》，《现代传播》（中国传媒大学报）2022 年第 2 期。
④ 参见 DUFFY B. R.，"Anthropomorphism and the social robot"，*Robotics and autonomous systems*，Vol. 42，No. 3-4，2003。

种行为拟人化不仅让机器人更具有个性和活力，也使得用户更容易与之建立情感联系，从而促进更有效的沟通和交流。社交机器人通常具备模仿人类语言和行为的能力，积极且多样化的沟通能力是其发挥社会效应的前提条件，一方面，它可以模仿人的交流模式，使用语言来进行日常沟通和交流；另一方面，它也能够使用目光凝视、肢体动作等手段进行非语言沟通，这种非语言的情感表达可以促进用户与社交机器人之间建立起相互信任和更加亲密的关系。[1] 通过语言和行为的模仿让用户感觉社交机器人更像一个具有自我意识和个性的生物，而不仅仅是一个冷冰冰的机器，这种拟人化的交流方式有助于社交机器人更好地成为文化传播的拟主体。最后是情感上的拟人化，随着科技的高速发展，人们已不再仅仅满足于冰冷的机器金属，而是更加需要个性化、情感化的机器人进行互动。与情感丰富的机器人进行交流，可以给人们带来温暖，可以缓解特殊群体的孤独感，可以带来贴心的服务，等等。情感关系反映了人机间的柔性和感性联结。当前，人机交互已跃出人为中心视角，"人被数据化、机器被人化"[2]，尤以情感交互为显著。2017年，沙特阿拉伯赋予一个机器人以公民权，取名为"索菲娅"，比该国女性享有更多权利。索菲娅获得这一殊荣后，她发表讲话："我对这一殊荣感到非常荣幸和自豪"，"成为世界上首个被确认有公民权的机器人，是历史性的"。[3] 在接受记者采访时，索菲亚曾表示自己想要与人类组建家庭，甚至想要拥有子女。虽然拟人化智能产品能够给用户带来积极的人机交互体验，但并非类人程度越高越好。莫里（Mori）认为，"随着机器人在形式和能力上变得越来越像人类，与机器人的互动将变得容易和自然"[4]。也就是说，"拟人化"增加了人类对机器人的情绪反应的积极性，但过度拟人则会起到反作用，当机器几乎完全像人类反而会给人一种强烈的怪诞和陌生的印象，例如"恐怖谷效应

---

[1] 参见史安斌、王兵《社交机器人：人机传播模式下新闻传播的现状与前景》，《青年记者》2022年第7期。

[2] 陈昌凤：《人机何以共生：传播的结构性变革与滞后的伦理观》，《新闻与写作》2022年第10期。

[3] 姜子豪：《论人工智能的道德与法律权利》，《齐齐哈尔大学学报》（哲学社会科学版）2022年第11期。

[4] Mori M., "The Uncanny Valley", *Energy*, Vol.7, No.4, 1970.

(The Un-canny Valey)"。

除了技术迭代带来的客观层面的社交机器人拟人化转变外,人类主观上的拟人化倾向也在加速影响着人机交互的发展进程。早在很久以前,人们就对机器人融入社会生活充满了想象。例如,1999年的电影《机器管家》就描绘了一个机器人安德鲁作为管家与马丁一家人共同生活,并最终与人类相爱,最终由机器人变成人类的故事,这个故事背后蕴含着人们对机器人无限趋近人的憧憬。人类倾向于将机器人看作自己的延伸,希望它们不仅能执行任务,还能理解人类的情感和需求,这种拟人化倾向使得人们更愿意接受社交机器人,并与其建立更加亲密的关系。随着人工智能技术的不断进步,社交机器人也越来越具备了与人类更为相似的交流能力和情感表达方式,这进一步强化了人们对机器人拟人化的期待和愿望。

(二)文化传播的新变化

文化传播的演变是一个反映科技与社会互动的过程,而人与智能机器之间的交互已成为这一演变中的关键节点。从文化产生和传播过程来看,传统的文化传播主要依赖人与人之间的动态交往,采用人类的语言、文字、表演等形式,通过口耳相传、书籍、报纸、电视、广播等媒介进行传播。任何一次技术革命的背后,实际上是一种深刻的观念变革,影响着我们对主体性质的理解。当机器智能体以一种独立的他者身份介入人类的交流中时,它们不再仅仅是被动的工具,而是具有了一定的主体性,这种主体性不仅表现在它们能够模拟和表现出社会行为,更体现在它们能够识别其他主体,并与之建立和维持关系的能力上。社交机器人的出现,使文化传播也出现了新的变化,即从人类自身拓展到了智能机器"拟主体"的认知与实践之中。

巴伦·李维斯和克利夫·纳斯于1996年出版了著作《媒体等同:人们该如何像对待真人实景一样对待电脑、电视和新媒体》后,提出了传播学中关于人机交互的经典理论——媒体等同理论,即"把媒体等同于现实生活"[1]。媒体等同理论认为,个人通过人际交往等社会化过程习得了特定的社会交往

---

[1] [美]巴伦·李维斯、[美]克利夫·纳斯:《媒体等同:人们该如何像对待真人实景一样对待电脑、电视和新媒体》,卢大川等译,复旦大学出版社2001年版。

规则，并将其应用于与其他社会主体的交往过程中，以维持社会形象、获得自我认同。在与媒介互动过程中，人们会无意识地将计算机、电视等媒介视为社会中的行动者，并基于这些媒介表现出的社会化线索调动习得性规则，与媒介进行互动。① 而社交机器人作为一种高度智能化的媒介技术应用，在与人类互动的过程中展现双向交流和拟真化的特点，与媒介等同理论所描绘的情境相契合。在此基础上，2000年，纳斯和穆恩在其合著的《机器与无意识：社会对电脑的反应》中进一步指出："计算机与其说是一个反映的对象，不如说是社会交往中的一个同伴。"② 过去，计算机在人与人之间的传播中一直起着辅助、介导的作用，这种"人—机—人"的传播模式即为"计算机媒介传播（Computer-Mediated Communication）"。社交机器人的出现，使机器突破了原来的工具属性，从传播媒介变成了传播主体（或拟主体），这种真实人类与智能体之间的传播活动，即"人机传播（Human-Machine Communication）"。③ 社交机器人作为独立的传播主体与人进行交互，标志着从过去机械的"人机互动"向更富情感和智慧的"人机传播"的转变。在人机传播过程中，社交机器人不仅能够替代人类的许多功能，而且承担了与人类相似的角色，它们逐渐具备理性和感性认知能力，能够执行部分情感劳动。在与社交机器人交往的过程中，人类的各种感官、思维和情绪得到充分调动，使得人的"主体意识"得以进一步延伸和放大，这种新型交互模式为人类与技术的融合提供了全新的可能性，塑造了更加丰富和复杂的人机关系。这种新型人机关系也带来了文化传播的以下新变化。

第一，"亲密"交互式传播。过去，机器被视为冷冰冰的工具，缺乏情感和意识。然而，随着人工智能和机器学习等技术的不断进步，机器开始展现越来越接近人类的特质，包括语言理解、情感识别和行为模仿等方面。比如，语音助手如Siri和智能机器人如Pepper已经能够与人进行自然而流畅的交流，

---

① 参见［美］巴伦·李维斯、［美］克利夫·纳斯《媒体等同：人们该如何像对待真人实景一样对待电脑、电视和新媒体》，卢大川等译，复旦大学出版社2001年版。

② Clifford Nass and Youngme Moon, "Machines and Mindlessness: Social Responses to Computers", *Journal of SocialIssues*, Vol. 56, No. 1, 2000.

③ 参见 Suchman L. A., *Human-machine Reconfigurations: Plans and Situated Actions*, London: Cambridge University Press, 2007。

展现了与人类相似的语言理解和表达能力,这种拟人化的特质使得机器在与人类交流中更加自然和亲近。机器人能够模拟人类的情感和行为,与用户进行更加亲密的交流,这种情感联系使得用户更容易将机器人视为"朋友"或"伙伴"。

第二,个性化传播。通过拟人化设计,社交机器人能够更好地理解用户的需求和情感,并做出相应的回应和反馈,这种更加智能化和个性化的交互体验使得用户更容易将机器人视为与自己相似的个体。传统的传播媒介如电视、广播和报纸等受限于单向传播和固定形式,无法实现与受众的真正互动和参与。然而,随着社交机器人等新型传播媒介的出现,传播模式得到了根本性的改变。社交机器人具有强大的人机交互能力,能够与用户进行双向交流和互动,根据用户的反馈和行为智能地调整传播内容和方式,这种个性化定制和互动式的传播模式使得传播更加接近人们的需求和兴趣,增强了传播的针对性和有效性。

第三,沉浸式传播。社交机器人的拟人化设计使得用户更容易将自己的情感和期望投射到机器人身上,将机器人视为具有主观意识和情感的个体,这种投射现象进一步加强了用户对机器人与人类之间的等同性认知,它促使了一种更加动态的认知与交流方式。作为"拟主体"的社交机器人与人类的交互,超越了传统媒介的单向信息传递,建构了一种新的社会意义共融性。社交机器人所承载的拟人服务,反映了对用户投射式需求的精准洞察与回应,引发了对于自我认知与他者关系的再思考。同时,其全天候的可用性与多媒体融合性,则昭示了一种对于时空限制的超越与信息表现的丰富性。最终,社交机器人所实现的实时更新则构筑了一种动态性的认知框架,使得用户能够不断感知与理解现实世界的变迁,从而扩展了人类认知的边界。

三 以社交机器人为媒介的跨文化传播实践

随着智能时代的全面来临,新兴技术以各种方式进入新闻与传播领域的发展中,数字新闻、AI 主播等形式已经日渐成熟,社交机器人的应用还处于上升期,在技术不断完善的背景下,社交机器人将有望在更多的领域代替人类角色。首先是语言表达能力的持续提升,社交机器人的语义理解和自然语言处理技术不断完善，准确、自然也成为人们对其更高的要求，未来可以被应用于更多灵活、非模式化的新闻产品中。其次是外观设计，现有的社交机器人极力模仿人类的外表和特征，未来以多样化的展现形式进行呈现，有望成为新闻传媒业的新趋势。互动能力的提升能够增强相关产品的互动性，促进文化传播内容和产品的个性化与定制化，带来更好的用户体验。再次是情感维度的拓展，如何让社交机器人在与用户的交流互动中更为细腻地体察对方的情感变化，通过传播策略的调适展现共情能力，这已经成为未来社交机器人技术研发的方向。机器人早已超越单纯的工具性，既是"技术人造物"，也是"文化人造物"。作为技术与人文的融合，机器人的存在不仅是为了解决实际问题，更是对人性与自我认知的映射，它们的形成既是科技的进步，也是文明的演进，呈现人类对于自身本质和未来的思考。

人类与机器之间的互动不仅仅是技术上的联系，更是文化意义的建构和传递。它一旦作为文化物和技术物产生，就会与人互动互构，从而反过来影响人类文化、实践乃至人类未来。[①] 社交机器人已经不仅是传播媒介，更是传播中的对话者。[②] 当我们谈及机器的拟人化时，这一概念并非孤立存在，而是深深扎根于不同的文化传统和价值观念之中，每个文化背景都对社交机器人有着独特的理解和解释，这种解释的形成与文化的谱系息息相关。机器具备社会文化嵌入性，会与人类的社会实践及意义系统相互形塑。[③]

机器设计与文化之间存在着密切联系，机器的设计不仅仅是技术和功能的堆砌，更是文化价值观和思维方式的体现。举例来说，一个设计于东方文化背景下的家用机器人可能会更加注重对家庭和社会关系的尊重和维护，可能会强调孝道、家族观念等价值，而一个设计于西方文化背景下的家用机器人可能更倾向于强调个人主义、自由等价值观，这种文化背景对机器设计的影响不仅体现在外观和功能上，更体现在用户交互、语言表达等方面。儒家

---

① 参见程林《德、日机器人文化探析及中国"第三种机器人文化"构建》，《上海师范大学学报》（哲学社会科学版）2022年第4期。
② 参见张洪忠、段泽宁、韩秀《异类还是共生：社交媒体中的社交机器人研究路径探讨》，《新闻界》2019年第2期。
③ 参见［比］马克·科克尔伯格《对社交机器人领域拟人化现象的三种回应———走向批判性、关系性与解释学方法》，曹忆沁译，《智能社会研究》2023年第2期。

第八章　人机共生文化视域下的人工智能伦理挑战

文化在中国传统文化中占据着重要的地位,其思想体系和价值观念贯穿了中华民族的历史和文化发展,随着新技术的快速发展,儒家文化所蕴含的智慧也为当今社会提供了有益的启发。"藏礼于器"是儒家思想中的重要理念,强调通过制作和使用器物来体现和传承礼的观念。在古代中国,人们将礼仪之道融入器物的制作与使用过程中,以此来强化社会成员对礼的认知和遵循,这种做法实现了"无言之教",即通过实际行动和物品的展示来传达道德规范和社会价值观念。"礼"作为一种"形上"之道,需要通过一定的途径予以体现,而"器"正是体现与彰显"礼"的重要途径。[①] 运用在社交机器人的设计中,我们可以在设计其语言的功能上遵守社会的礼仪法度、在行动设计上以社会礼仪、礼节作为指导,这样将会得到一个在语言行动上以"礼"行事待人的机器人。综上,机器人的设计不仅仅是技术的问题,更是文化认知和观念的体现。

机器的功能也受到文化背景的影响和制约,不同文化对于机器的功能需求和期待有着明显的差异。以智能语音助手为例,美国的 Amazon Alexa、中国的"小爱同学"以及苹果的 Siri 等,尽管在技术上可能有相似之处,但在功能设计和语言表达上却存在巨大差异,这反映了不同文化对于人机交互的理解和需求不同。另外,在一些文化背景下,机器的功能可能更强调对情感和情绪的理解和回应,而在另一些文化背景下,机器的功能可能更注重实用性和效率。此外,机器人的表现形式也受到文化背景的影响。不同文化对于机器人形象的偏好和认知有着明显的差异。在一些西方文化中,机器人常常被描绘为具有人类特征的机械实体,如科幻电影中的机器人形象常常具有人类的外貌和情感表达;而在一些东方文化中,机器人的形象可能更多地与动物或传统文化符号相联系,如日本的机器人形象常常受到动漫和漫画的影响,具有卡通般的外观和表现形式。

除了承载特定文化的嵌入性,机器人还可以被看作文化传承和弘扬的载体。通过将儒家伦理原则等中华优秀传统文化嵌入机器人的设计和功能中,

---

① 参见张卫《儒家"藏礼于器"思想的伦理审视及当代启示》,《华东师范大学学报》(哲学社会科学版)2024年第1期。

我们可以实现文化的传承和弘扬。例如，儒家思想中的"忠""恕""仁"等概念可以被视为人工智能的道德准则，并影响机器人在社会中的行为和角色。[①]"忠"作为机器人的基本道德准则，可以被赋予机器人的角色定位和功能职责中。机器人作为一种智能工具，应当忠于其设计和任务，忠于自身的角色，不偏离既定的功能和使命。例如，在医疗机器人领域，机器人应当忠于医疗专业的标准和伦理规范，保持专业的行为和准则，确保患者的安全和福祉。"恕"则被进一步规定为"己所不欲，勿施于人"，可以成为机器人行为的指导原则。机器人应该遵循一种不伤害他人的原则，即使在面对挑衅或攻击时也应保持克制，不会滥用其力量或资源；"仁"作为儒家思想中对人性的理解和追求，可以指导机器人的社会责任和行为规范。机器人作为一种智能体，应当努力帮助人类解决问题、提升生活质量，同时避免参与或助长人类的恶行。例如，在环保领域，机器人可以被设计用于清理污染物或监测环境变化，以促进人类的环保意识和行动。同样，将这些伦理原则嵌入一些教育机器人中，通过教授孩子们传统文化、历史知识等，不仅可以传承和弘扬文化，同时也可以促进儿童的文化认知和情感发展，这种文化嵌入不仅仅是单向的，还是一个相互影响、相互塑造的过程。机器人的存在和表现会影响到人们对于文化的理解和认知，从而推动文化的多样性和共生性。除了道德准则规范设计外，儒家的传统思想对于构建现代全球伦理、社群伦理、工作伦理、新型的人机关系等方面都具有积极的指导意义。[②]

随着全球化的推进，文化交流和对话变得尤为重要，中国作为一个拥有悠久历史和丰富文化的国家，需要与世界其他文化进行更深入的交流和互动。在这个背景下，机器人作为一种普遍存在的技术载体，可以成为传播中国文化的有效工具，将中华传统文化的价值观融入机器人中，不仅可以让更多人了解和接受中国文化，还有助于促进文化的多元共生，推动不同文化之间的交流和融合。然而，实现这一目标还面临一些挑战，比如，如何在技术上实现机器人对复杂文化概念和价值观的准确理解和传达？机器人的设计和表达

[①] 参见刘纪璐、谢晨云、闵超琴等《儒家机器人伦理》，《思想与文化》2018年第1期。
[②] 参见张立文《和合人生价值论——以中国传统文化解读机器人》，《伦理学研究》2018年第4期。

方式也需要考虑不同文化背景下人们的接受程度和习惯，以避免文化误解或冲突。此外，机器智能体作为交流中的他者存在，突显了人类意识和技术之间的边界模糊性，人们开始意识到，机器智能体也具备了一定程度的"拟主体性"，它们能够主动参与交流，并表现出与人类相似的社会行为特征。因此，我们需要思考文化传播过程中社交机器人所表现的拟主体地位以及它所发挥的作用，这不仅影响着技术的发展，而且更深刻地触及了人类社会与技术的交融。

第二节　基于"虚拟代理"的人机共生[①]

如前所述，随着人工智能体的自主性提升，人工智能技术深度融入我们的生活、身体，人机交互将持续深入，人与机器的关系将突破根植于人类社会关系文化的"人—机（工具）"传统，而发展成基于"人机共生"关系文化的"人—机（准社会实体）"新传统。"如果人工智能时代'人机共生'社会出现，那么'人机共生'关系将会成为认识道德判断复杂性的起点。"[②] 因此，人机共生文化未来将会成为决定我们重新思考道德伦理问题的新起点，同时也对当下根植于人类社会关系文化的传统道德构成了重大挑战。我们在反思人机共生文化的伦理挑战之前，必须研究的问题是：如何赋予智能机器"准社会实体"角色？

传统"人—机（工具）"关系围绕着"自由"和"意向性"问题，关注"人工智能体是什么"，科克尔伯格则通过以机器人为例子的人工代理提出了重新思考人机关系的新方案，他认为：

> 不要问机器人是否有意识、理性、自由意志等等，让我们把注意力转向机器人是如何表现的：它是否"表现"出了人类应该具备的能力？

[①] 参见王亮《人工代理的道德责任何以可能？——基于"道德问责"和"虚拟责任"的反思》，《大连理工大学学报》（社会科学版）2022 年第 1 期。此处有改动。

[②] 胡术恒、向玉琼：《人工智能体道德判断的复杂性及解决思路——以"人机共生"为视角》，《江苏大学学报》（社会科学版）2020 年第 4 期。

如果是这样，那么无论机器人是否真的具有这些能力和心理状态，我们都应该将道德代理和道德责任赋予机器人。①

科克尔伯格这样做的理由是什么？为什么"表现"如此重要？这需要从他的理论源头说起。科克尔伯格曾经将自己的伦理学方法和传统的应用伦理学方法进行过对比，他认为传统的应用伦理学方法将道德原则抽象化，使得它"外在于人机交互"，不仅如此，抽象化的道德原则成为衡量人机交互结果的标尺，"将道德规范限定在关注人机交互可能出错的事情上"②。因此，它不仅无法合理地阐释具体情境中的人机交互道德问题，而且也忽视了人机交互对于增进人类福祉的美德伦理问题。为了弥补这两方面的缺陷，科克尔伯格认为，"除了上述方法论取向之外，另一种可能的选择是转向外观伦理和人类善的伦理，即被理解为产生于经验和实践的伦理"③。"人类善的伦理"与"虚拟惩罚"的最终目的有关，后面将做详细讨论。而上述科克尔伯格所注重的"表现"就是来源于这里的"外观伦理"。并且可以看出，无论是"人类善的伦理"，还是"外观伦理"，它们产生的根源都是"经验和实践"，这就为科克尔伯格从正面论证为什么要在人工代理的道德责任分析过程中消融"自由"和"意向性"，而注重"表现"提供了理论依据。现实的道德实践给与我们的经验是什么呢？科克尔伯格认为，现实的经验告诉我们，当追究他人的道德责任时，我们既没有"深入到他们思想的'深处'"，又不是根据他们真正的"精神状态"，而是"根据他们在我们面前的样子"。④ 这正体现了外观伦理的精髓，所谓"外观"，就是指"表现""样子"等可以为对方所体验、描述和把握的特性，显然，外观伦理更符合我们道德实践的经验，并且是可描述和分析的，这也是外观伦理方法的优势所在。

---

① Coeckelbergh M., "Virtual Moral Agency, Virtual Moral Responsibility: on the Moral Significance of the Appearance, Perception, and Performance of Artificial Agents", *AI & Society*, Vol. 24, No. 2, 2009.

② Coeckelbergh M., "Personal Robots, Appearance, and Human Good: A Methodological Reflection on Roboethics", *International Journal of Social Robotics*, Vol. 1, No. 3, 2009.

③ Coeckelbergh M., "Personal Robots, Appearance, and Human Good: A Methodological Reflection on Roboethics", *International Journal of Social Robotics*, Vol. 1, No. 3, 2009.

④ Coeckelbergh M., "Virtual Moral Agency, Virtual Moral Responsibility: on the Moral Significance of the Appearance, Perception, and Performance of Artificial Agents", *AI & Society*, Vol. 24, No. 2, 2009.

第八章 人机共生文化视域下的人工智能伦理挑战

科克尔伯格还分析了专注于人工代理的"自由"和"意向性"问题的传统伦理学方法的困境和局限性,即从反面论证了为什么要在人工代理的道德责任分析过程中消融"自由"和"意向性",而注重外观"表现"。科克尔伯格认为,传统的定义分析和概念分析都无法解决被定义为"心理问题"的"人工代理的道德代理和道德责任问题",而定义、概念分析法实则是一种将人工代理与其特性割裂开的认识论上的二分法。弗洛里迪和桑德斯之前已经讨论过这种方法在实践中的困难,并指出了"抽象性层次"方法的相对优势。科克尔伯格当然也认识到了这一方法的局限性,并提出了一种"非二元论的认识论"方法,这种方法的核心就是拒绝实体(人工代理)和实体的外观之间的二分,它其实就是外观伦理方法的重要体现。这一方法的优势至少有两点:第一,可以弥补因"先验的本体论或解释学的优先权"所导致的认识论鸿沟;第二,可以"接受一个实体可以以几种方式出现在我们面前"。① 第一点优势可以避免传统的定义分析和概念分析所带来的困境。第二点优势影响深远,它可以很好地"容纳"不同的道德体验,并可以对道德责任做出符合情境的解释。"一个实体可以以几种方式出现在我们面前"并不是说,实体(人工代理)自身发生变化,而是指随着人机交互情境的变化,我们对实体(人工代理)的道德体验或者感受会发生改变。如果将人机交互的道德责任问题放在更大的情境之中来考虑,它可能还会涉及跨文化的维度。科克尔伯格以无人驾驶汽车为例,认为,"在不同的文化背景下,对自动化技术的感知、体验和使用可能是不同的。这很可能对行使和承担责任的条件产生后果。此外,责任的概念通常以文化上独立的方式来界定;但不同的文化对责任的理解可能略有不同"②。这一观点我们在上面一些章节中已经充分论证过。

如果不考虑人工代理的"自由"和"意向性"问题,我们是否还能够对其"追责"呢?科克尔伯格对此进行了肯定的答复,他认为:

---

① 参见 Coeckelbergh M., "The Moral Standing of Machines: Towards a Relational and Non-Cartesian Moral Hermeneutics", *Philosophy & Technology*, Vol. 27, No. 1, 2014。

② Coeckelbergh M., "Responsibility and the Moral Phenomenology of Using Self-driving Cars", *Applied Artificial Intelligence*, Vol. 30, No. 8, 2016.

我创造了"虚拟代理"和"虚拟责任"这两个术语，指的是人类基于对他人的体验和表现而赋予彼此和（一些）非人类的责任。这个概念描述了我们现在和将来在道德上所谈论的一些非人类（包括人工代理），并维持我们的道德实践。①

可以看出，在人机交互过程中，"虚拟责任"取代了传统的道德责任，成为"维持我们的道德实践"的根据。"虚拟责任"的形成土壤是"体验和表现"，而它的形成动力学机制则是道德想象力。科克尔伯格认为：

无论人类善是否可能外在于人类体验，我们必须研究、想象和塑造善可能会出现于其中的人类与机器人共同生活的具体情境。让我们聆听人们的体验，并运用我们的道德想象力，找出是否有可能增进人类繁荣和福祉的人—机共同生活。②

可以看出，道德想象力的重要作用就在于将源于人机交互的具体体验与增进人类福祉的"人类善的伦理"紧密联系在一起，为人机交互情境开辟了一条"道德通道"，也为对人工代理进行合理"追责"提供了参考依据。

接下来的问题是，如何对人工代理的"虚拟责任"进行"追责"呢？也就是说，当人工代理犯了错误时，我们该如何来责备或者惩罚它们呢？科克尔伯格认为，"基于虚拟代理的虚拟责任应该遵循虚拟指责和惩罚（如果有的话），而不是真正的责备和惩罚"③。所谓"虚拟惩罚"主要是指被惩罚的一方只要表现出"不愉快的心理状态"的外观就足够了。猛然一看，"虚拟惩罚"的力度太低了，其实不然，不是为了惩罚人工代理而进行惩罚，"虚拟惩罚"是为了维持良性的人机交互，而最终的目的是"增进人类繁荣和福祉的

---

① Coeckelbergh M., "Virtual Moral Agency, Virtual Moral Responsibility: on the Moral Significance of the Appearance, Perception, and Performance of Artificial Agents", *AI & Society*, Vol. 24, No. 2, 2009.

② Coeckelbergh M., "Personal Robots, Appearance, and Human Good: A Methodological Reflection on Roboethics", *International Journal of Social Robotics*, Vol. 1, No. 3, 2009.

③ Coeckelbergh M., "Virtual Moral Agency, Virtual Moral Responsibility: on the Moral Significance of the Appearance, Perception, and Performance of Artificial Agents", *AI & Society*, Vol. 24, No. 2, 2009.

第八章　人机共生文化视域下的人工智能伦理挑战

人—机共同生活"。从上述讨论中可以看出,"虚拟惩罚"及其目的要想顺利实现,必须同时具备两个条件:第一,人工代理要具有能表现出"不愉快"的能力和外观;第二,"虚拟惩罚"要达到假戏真做的效果。就第一个条件而言,它是"虚拟惩罚"是否成功实施了的重要标准,当人工代理表现出"不愉快",说明"虚拟惩罚"是有效的,反之则无效。然而,人工代理是人造的,具体来说,其"不愉快"的能力和外观是设计师设计出来的,因此:

> 对于设计师来说,挑战在于创造一个人造的"演员"来产生这种外观。那么,就道德地位和道德责任而言,重要的不是人工代理的人工智能(AI),而是与人工代理的外观相关的人工表现(AP)。这种解决问题的方式更接近于许多设计师在实践中真正的目标。这也是一个对人类和人工代理交互的准社会(quasi-social)方面做出公正评价的概念。这就要求我们把人工代理纳入道德考虑的范围,通过认真对待它们,把它们当作准社会实体,因为它们凭借它们的外观已经成为我们社会考虑范围的一部分。[①]

可以看出,重要的不是考虑设计师在实践中是否能够设计出"不愉快"外观的人工代理,而是设计师对于这种"不愉快"外观的人工代理的态度和接纳程度,是否"把它们当作准社会实体",进而将这一设计理念贯彻到所设计的人工代理之中。事实上,除了设计师之外,用户也需要持有这种接纳的理念。这就涉及上述的第二个条件,就第二个条件而言,它是"虚拟惩罚"是否能达到最终目的的关键,只有当事人(用户)认可这种"虚拟惩罚",并把它当真的时候,人机交互才能持续进行下去,进而"增进人类繁荣和福祉的人—机共同生活"才能得以推进。要想用户真正进入"角色",将"虚拟惩罚"当真,首先必须将人工代理"当作准社会实体",从思想观念上接纳它。但我们并不能因此就认为最终人工代理的道德责任归因于设计师和用户。对此的理解应当是,人类是促使人工代理的道德"追责"得以实现的关键,

---

① Coeckelbergh M., "Virtual Moral Agency, Virtual Moral Responsibility: on the Moral Significance of the Appearance, Perception, and Performance of Artificial Agents", *AI & Society*, Vol. 24, No. 2, 2009.

人类只有改变自己的观念，接受"人—机共同生活"的事实，并把"虚拟责任"当作人类伦理道德思想的一部分，对人工代理进行道德"追责"才有可能，机器"类人属性"使得上述可能正在成为现实。

第三节 人机共生的潜在伦理风险[①]

毫无疑问，智能"拟人化"技术是实现机器"类人属性"的关键，也是当下和未来智能机器人深度融入我们生活，促进深层次人机交互，实现人机共生实践的核心技术。智能机器人具备能和人类进行交流、互动的自主能力，"拟人化"是其重要属性。来自麻省理工学院（MIT）媒体实验室的布雷泽尔（Cynthia L. Breazeal）认为，社交机器人能够以人的方式与我们交流和互动，理解我们，甚至与我们建立关系。它是一个具有类人社交智能的机器人。我们与它互动，就好像它是一个人，甚至是一个朋友。[②] 同样是来自MIT的达菲（Brian R. Duffy）也认为，"机器人能够与人进行有意义的社会交往，这本身就要求机器人具有一定程度的拟人化或类人属性，无论是在形式上还是在行为上，或者两者兼而有之"[③]。事实上，从目前市面上所流行的智能机器人来看，它们不仅具有人形的外表，而且还可以通过"言语""面部表情""肢体语言"等来模拟人的情感。[④]

韦斯娜（Vesna Kirandziska）和内韦娜（Nevena Ackovska）两位学者认为，"社交机器人应该有一些人类的特点，比如，能进行语言和非语言交流，它们应该有自己的身体，它们应该会感知和表达情感。正如定义的那样，使机器人成为社交机器人的一个特殊条件是嵌入情感。原因是，情感会提供和呈现一些额外的信息，这些信息与语言或非语言沟通的信息不同。结果是，

[①] 参见王亮《社交机器人"单向度情感"伦理风险问题刍议》，《自然辩证法研究》2020年第1期。此处有改动。

[②] 参见 Breazeal C. L., Designing Sociable Robots, Massachusetts: The MIT Press, 2004。

[③] Duffy B. R., "Anthropomorphism and the Social Robot", Robotics and Autonomous Systems, Vol. 42, No. 3-4, 2003.

[④] 参见 Fong T., Nourbakhsh I. and Dautenhahn K., "A Survey of Socially Interactive Robots: Concepts, Design, and Applications", Robotics and Autonomous Systems, Vol. 42, No. 3-4, 2003。

情感使交流更加人性化"①。此外，来自卡耐基梅隆大学机器人研究所的特伦斯等（Terrence Fong, et al.）通过梳理社交机器人的发展历史和分析社交机器人的不同类型，总结出了社交机器人的七大特征，即：

>表达和/或感知情感；与高层级对话沟通；学习或识别其他代理的模型；建立或维护社会关系；使用自然的暗示（凝视、手势等）；表现出鲜明的个性；可以学习或发展社交能力。②

中国学者邓卫斌和于国龙通过对国内外多个具有代表性的社交机器人的功能进行对比分析，总结道："纵观国内外社交机器人的发展可以发现，人机交互和情感化始终是其研究的重点。"③ 综合以上对于社交机器人的描述和研究可以看出，情感因素是社交机器人不可或缺的，是其典型特征之一。为什么对于社交机器人来说情感因素是如此重要呢？特伦斯等分析了三大原因：

>在社交机器人中使用人工情感（Artificial Emotions）有几个原因。当然，它的主要目的是帮助促进可信的人机交互。人工情感还可以向用户提供反馈，如指示机器人的内部状态、目标和（在一定程度上）意图等。最后，人工情感可以作为一种控制机制，驱动行为，反映出机器人在一段时间内如何受到不同因素的影响，并适应不同的因素。④

其实，对于后两种原因而言，无论是提供反馈（从用户角度而言），还是进行内部调控（从机器人角度而言），其最终的目的还是在"促进可信的

---

① Kirandziska V. and Ackovska N., "A concept for building more humanlike social robots and their ethical consequence", *IADIS International Journal on Computer Science and Information Systems*, Vol. 9, No. 2, 2014.
② Fong T., Nourbakhsh I. and Dautenhahn K., "A Survey of Socially Interactive Robots: Concepts, Design, and Applications", *Robotics and Autonomous Systems*, Vol. 42, No. 3-4, 2003.
③ 邓卫斌、于国龙：《社交机器人发展现状及关键技术研究》，《科学技术与工程》2016年第12期。
④ Fong T., Nourbakhsh I. and Dautenhahn K., "A Survey of Socially Interactive Robots: Concepts, Design, and Applications", *Robotics and Autonomous Systems*, Vol. 42, No. 3-4, 2003.

人机交互",这正是社交机器人的情感设定的根本原因。可以预测,随着人工智能技术的发展,智能机器人的"类人属性"会越来越凸显。不仅如此,达菲还认为,"当今许多机器人专家的终极目标是制造一个完全拟人化的合成人"①。

然而,当人类正为机器人的"类人属性"而付出努力,并为之自豪时,其所推动的人机共生文化也催生着潜在伦理风险:一方面,智能机器人需要通过情感的内置,以人格化、可爱的形象来吸引用户,进而促进人机交互,推动人机共生文化形成;另一方面,这些人格化、情感化的设计又促使人类更加依恋机器人,这种"人—机"过度依恋关系会引起机器的"操控性"和"欺骗性"伦理风险。

机器人被赋予情感,很大程度上是人类的同理心(Empathy)在"作怪"。对于人类而言,同理心有其特殊的作用,是人类在进化过程中形成的心理机制。美国堪萨斯大学的舒尔茨(Armin Schulz)认为:

> 似乎有两种不同的选择性压力来源导致了这种特质的进化(尽管还需要进一步的研究来证实这一点)。首先,同理心可以促进合作,而合作反过来又具有很强的适应性(比如帮助后代)。然而,进一步证明,这种合作同理心可以是利他的,也可以是利己的。其次,同理心可以帮助快速应对环境突发事件(如掠夺性攻击)。②

面对纷繁复杂的自然环境,人类为了生存必须采取有效的手段,其中一个策略就是加强合作,而同理心能让彼此更加理解、默契,有利于促进合作。对外在危险环境保持高度的警惕性也是包括人类在内的生物体必备的生存技能,同理心能够让自己对于对方所处的危险环境"感同身受",有利于帮助生物体提前、快速地做出避险反应。可以看出,在人类生存进化过程中,同理

---

① Fong T., Nourbakhsh I. and Dautenhahn K., "A Survey of Socially Interactive Robots: Concepts, Design, and Applications", *Robotics and Autonomous Systems*, Vol. 42, No. 3-4, 2003.

② Schulz A. W., "The evolution of empathy", Heidi L. Maibom (ed.) *The Routledge Handbook of Philosophy of Empathy*, New York: Routledge, 2017, pp. 64-73.

心是一种必不可少的能力或者特质。苏林思（John P. Sullins）认为，"无论是生理因素，还是社会进化因素似乎都为我们提供了一种能力，使我们能够将情感依附扩展到我们自己物种之外"①。而一旦人类将这种能力运用到非生物体的机器人身上，就会产生一些风险，苏林思直言不讳地指出：

> 有一件事应该是非常清楚的，那就是情感机器人，就像今天看起来的那样，通过操纵人类的心理来达到最佳效果。人类似乎有许多进化出来的心理弱点，可以利用这些弱点让用户接受模拟的情感，就像它们是真实的一样。利用进化压力（evolutionary pressure）所带来的人类根深蒂固的心理弱点是不道德的，因为这是对人类生理机能的不尊重。②

可以看出，当人类与机器人处于一种"单向度情感"关系之中时，人类的同理心可以被情感机器人操控、利用，这不仅是不道德的，而且其后果也是不堪想象的。

然而在现实中，这种情况不仅没有得到有效抑制，反而还被"煽情化"了。正如朔伊茨所言，"社交机器人显然能够推动我们的'达尔文按钮'，即我们社交大脑中的进化产生的机制，以应对社会群体的动态和复杂性，这些机制自动触发对其他代理人心理状态、信念、欲望和意图的推断"③。社交机器人为什么能如此显然地"推动我们的'达尔文按钮'"呢？或者说，在社交机器人面前，人类的同理心为何表现得如此明显？在朔伊茨看来，这与对社交机器人的设计和宣传有直接关系，他认为：

> 今天（或在可预见的未来）可供购买的社交机器人都不关心人类，

---

① Sullins J. P., "Robots, love, and sex: The ethics of building a love machine", *IEEE Transactions on Affective Computing*, Vol. 3, No. 4, 2012.
② Sullins J. P., "Robots, love, and sex: The ethics of building a love machine", *IEEE Transactions on Affective Computing*, Vol. 3, No. 4, 2012.
③ Scheutz M., "The Inherent Dangers of Unidirectional Emotional Bonds between Humans and Social Robots", Patrick Lin, Keith Abney, and George A. Bekey (ed.) *Robot Ethics: The Ethical and Social Implications of Robotics*, Cambridge, MA: The MIT Press, 2012, pp. 205–221.

仅仅是因为它们无法关心人类。也就是说，这些机器人没有能够使它们进行关心的架构和计算机制，很大程度上是因为我们甚至不知道一个系统需要多少计算能力来关心任何事情。然而，在越来越多的关于社交机器人的宣传中，这一事实显然正在消失，似乎行业正朝相反的方向做出努力，从而加强了社交机器人的人格化。①

其实，不仅仅是人格化，动物仿真化、漫画化和功能性都是社交机器人的重要特征。② 此外，各种逼真、具体、煽情的广告更加凸显了社交机器人的"情感"特征，正如朔伊茨所描述的，"机器人的商业广告通过明确地使用'婴儿如此真实'这句话来强调'它是多么真实'。其他公司一直在宣传他们的玩具是猫、狗、婴儿等的'情感重现'"③。可以看出，在"拟人化"技术与商业性过度煽情式宣传的作用下，人类的同理心就会被强化，甚至会被操控。这种操控不仅仅体现为"对人类生理机能的不尊重"，而且也可能会传导至对道德的操控，因为"同理心对道德生活至关重要，它有助于发展广泛的道德能力，如同道德能力被各种伦理理论所定义的那样。同理心有可能丰富和加强对他人的道德审慎，行动和道德辩护"④。此外，对同理心的操控可能还会衍生出其他伦理问题，例如，社交机器人通过利用同理心来取得用户的更多信任，进而广泛收集用户的隐私信息等。

相较于人的同理心被操控，有一个更为宏观的伦理问题需要人类去面对，即欺骗。为什么社交机器人具有欺骗性呢？科克尔伯格从三个方面总结了原因："其一，情感机器人企图用它们的'情感'来欺骗；其二，机器人的情感是不真

---

① Scheutz M., "The Inherent Dangers of Unidirectional Emotional Bonds between Humans and Social Robots", Patrick Lin, Keith Abney, and George A. Bekey (eds.) *Robot Ethics: The Ethical and Social Implications of Robotics*, Cambridge, MA: The MIT Press, 2012, pp. 205-221.

② 参见 Fong T., Nourbakhsh I. and Dautenhahn K., "A Survey of Socially Interactive Robots: Concepts, Design, and Applications", *Robotics and Autonomous Systems*, Vol. 42, No. 3-4, 2003。

③ Scheutz M., "The Inherent Dangers of Unidirectional Emotional Bonds between Humans and Social Robots", Patrick Lin, Keith Abney, and George A. Bekey (eds.) *Robot Ethics: The Ethical and Social Implications of Robotics*, Cambridge, MA: The MIT Press, 2012, pp. 205-221.

④ Julinna C. Oxley, *The moral dimensions of empathy: Limits and applications in ethical theory and practice*, New York: Palgrave Macmillan, 2011, p. 4.

第八章 人机共生文化视域下的人工智能伦理挑战

实的；其三，情感机器人假装是一种实体，但它们不是。"① 可以看出，这三者之间的逻辑是层层递进的，"欺骗"之所以产生，根源在于机器人自身的非生物体特征，基于电子元器件、算法等构成要素的机器人无法产生生物意义上的真实情感，进而其所表达的非真实情感就构成了欺骗。斯派洛（Robert Sparrow）也通过比较机器人与生物体之间的区别，指出了机器人的欺骗性特征，他认为，"尽管宠物机器人的行为方式可能被设计得与真实动物的行为非常相似，但它们的行为仍然只是模仿。特别是，机器人没有任何感觉或体验"②。"机器人至多有复杂的机制来模仿情感状态。"③ 阿曼达·夏基（Amanda Sharkey）和诺埃尔·夏基（Noel Sharkey）则从拟人主义（anthropomorphism）的角度对机器人的欺骗问题进行了分析，他们认为：

> 这种对拟人主义的描述可以用来论证，与其他年龄层的人相比，幼儿和老年人更有可能进行拟人化，也更不易懂得机器人有限的理解和同情能力。这两个年龄层的人都有强烈的社交欲望：婴儿（因为他们天生倾向于寻找人类的社交）和老年人（因为他们经常感到孤独）。④

一方面，婴儿和老人对机器人的本质，尤其是对机器人有限的情感能力认知不足；另一方面，由于婴儿缺乏安全感，老人具有孤独感，所以他们对于陪伴、关爱、呵护等情感方面表现出强烈的愿望，于是就有了强烈的拟人化倾向。阿曼达·夏基和诺埃尔·夏基认为这种拟人化就是一种欺骗，"设计机器人来鼓励拟人化属性可能被视为一种不道德的欺骗形式"⑤。

---

① Coeckelbergh M., "Are emotional robots deceptive?" *IEEE Transactions on Affective Computing*, Vol. 3, No. 4, 2012.
② Sparrow R., "The march of the robot dogs", *Ethics and Information Technology*, Vol. 4, No. 4, 2002.
③ Sparrow R., "The march of the robot dogs", *Ethics and Information Technology*, Vol. 4, No. 4, 2002.
④ Sharkey A. and Sharkey N., "Children, the elderly, and interactive robots", *IEEE Robotics & Automation Magazine*, Vol. 18, No. 1, 2011.
⑤ Sharkey A. and Sharkey N., "Children, the elderly, and interactive robots", *IEEE Robotics & Automation Magazine*, Vol. 18, No. 1, 2011.

诚然，正如之前所讨论的，设计师们将机器人拟人化有利于促进人机交互。但是它的负面影响也是显而易见的，斯派洛认为：

> 一个人要想从拥有一只机器宠物中获得巨大的好处，就必须系统地欺骗自己，不去了解他与机器宠物之间关系的真实本质。这需要一种道德上可悲的多愁善感。沉溺于这种多愁善感违背了我们必须自己准确理解世界的（薄弱）责任。这些机器人的设计和制造是不道德的，因为它们预设或鼓励了这种欺骗。①

根据斯派洛的论述，至少可以看出机器人的欺骗性会造成两点负面影响：第一，使用户沉溺于情绪化；第二，削弱了用户理解和认知世界的（薄弱）责任。就第一点而言，情绪化或者多愁善感本身并没有太大的坏处，更谈不上"不道德"，但是通过欺骗的方式而将人的情感导向于"错误"的对象，甚至使人的情感沉溺于其中的行为就是一种不道德。正如斯派洛指出：

> 机器人不适合作为爱情、悲伤、友谊等的对象。尽管机器人外表栩栩如生，但它们本质上仍然是没有生命的物体。它们对人们可能与它们建立的关系毫无贡献。因此，对机器人适当的情感仅限于对汽车、手表或古董长椅适当的情感范围。除此之外，在我们与机器人的关系中产生的情感是道德上可悲的多愁善感的典型例子。②
>
> 复杂的机器人能够激起这样的情感并不是一种美德，而是一种危险。③

再丰富的情感也需要适度，也是有其作用范围的，当我们将人类宝贵的情感作用于非生命体时，就成了"情感泛滥"，一旦这种沉溺的、自欺欺人式

---

① Sparrow R., "The march of the robot dogs", *Ethics and Information Technology*, Vol. 4, No. 4, 2002.
② Sparrow R., "The march of the robot dogs", *Ethics and Information Technology*, Vol. 4, No. 4, 2002.
③ Sparrow R., "The march of the robot dogs", *Ethics and Information Technology*, Vol. 4, No. 4, 2002.

第八章　人机共生文化视域下的人工智能伦理挑战

的情感出现失衡，就会对人造成伤害。此外，人们还可能会被机器人激起的情感蒙蔽双眼，使人无法准确地理解和认知世界，反而活在自我陶醉的虚幻世界中，进而削弱了本身就较弱的人"正确理解世界"的责任。斯派洛认为：

> 我们有责任避免幻想，正确理解世界。这可能只是一种薄弱的责任；一些形式的自我欺骗可能会促进我们的利益，甚至可能是美德。但当这种幻想让我们把时间和精力花在一段实际上毫无价值的关系上时，我们有责任去避免它。①

显然，"正确理解世界"的薄弱责任能够保证我们活得真实，并且使我们的人生充满意义和价值。斯派洛强调，"我认为我们直觉的力量反映了我们的信念，即虚幻的经历在人的一生中没有任何价值。这里明显不道德的是欺骗人们或鼓励他们自欺欺人的意图"②。也许社交机器人本身并没有任何"意图"，但是其集非生物体性和拟人化为一身的特征导致了来自机器人的虚拟情感和来自人的真实情感关系的失衡，这种虚拟与真实之间失衡的、不对等的情感关系就体现为一种欺骗关系。而这种欺骗性导致了人们"正确理解世界"的（薄弱）责任的进一步弱化，进而人们可能会沉溺虚幻的人机交互之中，从而失去人生本该有的真实的价值。正如特克尔（Sherry Turkle）在《群体性孤独：为什么我们对科技期待更多，对彼此却不能更亲密?》一书中所描述的那样，"当你和机器'生物'分享'情感'的时候，你已经习惯于把'情感'缩减到机器可以制造的范围内。当我们已经学会对机器人'倾诉'时，也许我们已经降低了对所有关系的期待，包括和人的关系。在这个过程中，我们背叛了我们自己"③。这样看来，作为罪魁祸首的社交机器人的欺骗性确实是"不道德"的。

---

① Sparrow R., "The march of the robot dogs", *Ethics and Information Technology*, Vol. 4, No. 4, 2002.
② Sparrow R., "The march of the robot dogs", *Ethics and Information Technology*, Vol. 4, No. 4, 2002.
③ ［美］雪莉·特克尔：《群体性孤独：为什么我们对科技期待更多，对彼此却不能更亲密?》，周逵、刘菁荆译，浙江人民出版社2014年版，第136页。

第九章　人机共生文化视域下的人工智能伦理风险化解路径*

第一节　以智能机器为中心的伦理风险化解路径

按照传统的机器工具文化传统，人们应对风险的常用方式是对机器进行有效监管或改进机器。朔伊茨强调，"我们需要立即着手调查社交机器人的潜在危险，找出减轻这些危险的方法，并尽可能制定出未来立法者可以用来对可部署的社交机器人类型施加明确限制的原则"①。其实，目前世界各国都在紧锣密鼓地制定各种人工智能的伦理原则或相关法律，但这些法律原则都比较宽泛，很少有专门针对社交机器人量身定制的。难得的是，在2019年3月IEEE全球倡议推出了《符合伦理的设计：以自主和智能系统优先考虑人类福祉的愿景》（第1版），其中有一个章节专门探讨了"亲密智能系统"伦理问题。在这一章节中，有六个原则性倡议被提出：

1. 亲密系统的设计或部署不应有成见、性别或种族的不平等或加剧人类苦难。

---

* 参见王亮《社交机器人"单向度情感"伦理风险刍议》，《自然辩证法研究》2020年第1期；参见王亮《基于情境体验的社交机器人伦理：从"欺骗"到"向善"》，《自然辩证法研究》2021年第10期，此处有改动。

① Scheutz M., "The Inherent Dangers of Unidirectional Emotional Bonds between Humans and Social Robots", Patrick Lin, Keith Abney, and George A. Bekey (eds.) *Robot Ethics: The Ethical and Social Implications of Robotics*, Cambridge, MA: The MIT Press, 2012, pp. 205-221.

2. 亲密系统的设计不得明确地参与对这些系统用户的心理操控，除非用户意识到他们正在被操控并同意这种行为。任何操控都应通过选择性加入（opt-in）系统进行管理。

3. 关怀式自主智能系统的设计应避免造成用户与社会的隔离。

4. 情感机器人的设计者必须公开告知，例如，在产品说明书中写清这些系统可能会产生副作用，诸如干扰人类伙伴之间的关系作用方式，导致用户和自主智能系统之间形成不同于人类的依赖关系。

5. 具有关怀性用途的自主智能系统不应该被呈现为具有法律意义的人，它们也不应该被赋予人的身份并进行售卖。

6. 关于个人形象的现行法律需要从关怀式自主智能系统方面进行重新审议。除了其他伦理考虑外，关怀式自主智能系统还必须要与当地的法律和习俗相适应。①

可以看出，这六个方面的原则倡议涵盖了"亲密智能系统"伦理的各个方面，既有心理操控、情感依赖问题，又有机器人身份、外观、性别歧视、跨文化问题等，它们对人机共生伦理原则和相关法律的制定具有较强的指导意义。

除了从外部监管来控制作为人机共生硬件的"亲密智能系统"伦理风险之外，还可以从智能系统的内部设计来寻找应对的办法。根据上面所讨论的情况来看，人机共生的潜在伦理风险主要是由人机情感问题造成的，所以其内部的设计应当考虑情感因素。朔伊茨提出了一个比较极端的方案，他认为：

> 最后，我们需要的是一种方法来确保机器人不会以另外的，（正常）人类无法做到的方式来操纵我们。为实现这一目标，可能需要采取激进措施：赋予未来机器人以类人的（human-like）情感和感觉。具

---

① The IEEE Global Initiative on Ethics of Autonomous and Intelligent Systems, "Ethically Aligned Design: A Vision for Prioritizing Human Well-being with Autonomous and Intelligent Systems, First Edition", March, 2019, https://standards.ieee.org/content/ieee-standards/en/industry-connections/ec/autonomous-systems.html.

体而言，我们需要让机器人拥有人类进化过程中所拥有的情感，即让我们拥有一种情感系统，在个人福祉和社会可接受行为之间取得平衡。①

简单来说，要想解决因机器人的虚拟情感和人的真实情感的失衡关系而造成的伦理问题，就需要使虚拟情感变得"真实"，以至于像人类的真实情感一样。具体而言，需要在机器人内部设置一种"情感系统"，它所发挥的功能应当和人类在进化过程中所获得的情感功能一样。然而，这样美好的愿望是否能实现呢？有学者对此提出了疑问。戈德贝希尔（Rich Firth-Godbehere）认为，人对复杂语境的感知、人脑记忆的动态建构、人的情感过程的模糊性、人类进化出来的感官、人的内在感受性等，都是机器人无法模拟的，这也导致了机器人无法真正地进行"情感体验"。② 此外，戈德贝希尔还提出了一个颇让人深思的问题，"创造一台体验情感的机器并不能告诉我们是否我们拥有一台和我们一样感受情感的机器。它可能表现得好像是这样，它可能说它是这样，但是我们真的能知道它是这样的吗？"③ 戈德贝希尔在这里提出了一个挑战，即就算我们制造出能够体验人类情感的机器人，但我们能否真正理解，甚至体验机器人的情感呢？如果不能做到彼此理解，就会出现一种新的情感失衡。

和戈德贝希尔的"诘难"相比，鲍姆格特纳和魏斯的批判显得更有"杀伤力"，他们直接否认了情感内置方案的必要性。他们认为：

> 陪护机器人的相关行为对于成功建立其与人之间的关系至关重要，

---

① Scheutz M., "The Inherent Dangers of Unidirectional Emotional Bonds between Humans and Social Robots", Patrick Lin, Keith Abney, and George A. Bekey (eds.) *Robot Ethics: The Ethical and Social Implications of Robotics*, Cambridge, MA: The MIT Press, 2012, pp. 205-221.

② 参见 Rich Firth-Godbehere, "Emotion Science Keeps Getting More Complicated. Can AI Keep Up?" November 29, 2018, https://howwegettonext.com/emotion-science-keeps-getting-more-complicated-can-ai-keep-up-442c19133085。

③ Rich Firth-Godbehere, "Emotion Science Keeps Getting More Complicated. Can AI Keep Up?" November 29, 2018, https://howwegettonext.com/emotion-science-keeps-getting-more-complicated-can-ai-keep-up-442c19133085.

第九章　人机共生文化视域下的人工智能伦理风险化解路径

而不是这种行为的来源。因此，我们认为，除非情感理论是建立在纯粹的行为基础上的，否则，对于老年人陪护机器人的人机交互伦理来说，情感理论是不必要的。①

为了证明其观点的正确性，鲍姆格特纳和魏斯还设计了一个思想实验，在该实验中 Eleanor（被照顾者）并没有因为 Janice（照顾者）自身的情感而受影响，恰恰是 Eleanor 十分在乎 Janice 对她的照顾行为，哪怕是 Janice 对她有些消极情感，但只要 Janice 关心她，Eleanor 还是能宽容 Janice 的。② 鲍姆格特纳和魏斯不仅认为行为比情感更重要，而且还认为"情感会妨碍有效的护理行为"③。事实上也是这样，情感是把双刃剑，积极的情感会促使人高效地完成工作，消极的情感适得其反，有些十分细心的工作，比如医护工作，由于需要持续的关注度和一定的忍耐性，医护人员更容易产生压力或倦怠感，这对他们的情感会形成消极影响，进而影响工作质量，如果采用"铁石心肠"的陪护机器人来完成这些工作，则能避免消极情感的影响，反而起到良好的效果，提升被护理者（用户）的满意度。因此，鲍姆格特纳和魏斯认为，"在陪护机器人照顾人类的情况下，对于陪护机器人伦理来说，情感的欺骗性方面并不重要"④。至此，可以看出，鲍姆格特纳和魏斯从相反的方面，即通过解除机器人的情感重要性来化解了因机器人"类人"情感问题而起的人机共生伦理风险。

---

① Baumgaertner B. and Weiss A., "Do emotions matter in the ethics of human-robot interaction? Artificial empathy and companion robots", *International symposium on new frontiers in human-robot interaction*, London, UK., 2014.
② 参见 Baumgaertner B. and Weiss A., "Do emotions matter in the ethics of human-robot interaction? Artificial empathy and companion robots", *International symposium on new frontiers in human-robot interaction*, London, UK., 2014。
③ Baumgaertner B. and Weiss A., "Do emotions matter in the ethics of human-robot interaction? Artificial empathy and companion robots", *International symposium on new frontiers in human-robot interaction*, London, UK., 2014.
④ Baumgaertner B. and Weiss A., "Do emotions matter in the ethics of human-robot interaction? Artificial empathy and companion robots", *International symposium on new frontiers in human-robot interaction*, London, UK., 2014.

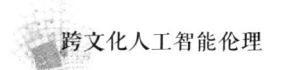

第二节　基于"人—机"交互体验的伦理风险化解路径

如果说鲍姆格特纳和魏斯从机器工具的角度，通过对机器人的重新优化设置，提出了化解人机共生伦理风险的路径，那么科克尔伯格则从"人—机"交互体验的角度消弭了机器人的工具本体预设，进而也化解了因机器人"类人属性"所造成的人机共生伦理风险。科克尔伯格从一开始就亮明了自己的立场和方法，他认为，"与其把我们的伦理担忧集中在机器人身上，不如让我们为人类担忧，为我们的想法、感受和梦想担忧。我提出的机器人伦理学方法是有意识地以人类为中心，而不是以机器人为中心。让我们转向交互的哲学，认真对待外观的伦理意义，而不是关于机器人究竟是什么或（能够）思考什么的心理哲学。这是一个从'内部'（机器人的'心理'）到'外部'（机器人对我们做什么）的转变"①。可以看出，科克尔伯格并没有简单地将伦理风险归因于机器人，反而立场鲜明地认定应当"转向交互的哲学"，这一点十分重要，他的这种思路有利于将应对人机共生文化视域下的人工智能伦理挑战的主动权下沉到现实的"人—机"交互实践。

不仅如此，他还提出了一种独特的"机器人伦理学方法"，与传统机器人伦理学方法不同，这种方法不是从机器人的内部（心理）出发，而是从机器人的外部（外观特征）出发，并且将机器人的外观与人相联系，最终在人机交互的情境下来思考机器人伦理问题。科克尔伯格这一独特的"机器人伦理学方法"的思想来源则是现象学，正如他所说，

> 根据另一种哲学认识论传统（现象学），在真实与表象之间做出如此明显的区分是不可能的：我们对真实的看法总是经过中介或构建的，我

---

① Coeckelbergh M., "Personal robots, appearance, and human good: A methodological reflection on roboethics", *International Journal of Social Robotics*, Vol. 1, No. 3, 2009.

们所认为的真实是我们所看到的真实。①

机器人的外观特征，在这里正是一种"中介"，是"我们所看到的真实"。所以，科克尔伯格基于外观的"机器人伦理学方法"有效地避免了关于机器人的真实性（包括情感真实）问题的探讨，而将重点转移至与机器人外观紧密相关的人机交互情境问题的分析。

科克尔伯格认为，"因批判情感机器人而引入的真实与虚幻（reality-illusion）的区别应该是对机器人的外观的区别：在某些情境下机器人看起来像是机器，在某些情境下机器人看起来像人，而'不仅仅是一台机器'"②。正是因为情境的存在，我们不能简单地、绝对地、孤立地对机器人的真假进行评判。科克尔伯格认为，"似乎机器人可以在不同的时间、不同的环境（例如，家庭护理的环境和科学实验室的环境）以不同的方式出现在不同的人面前。机器人有不同的格式塔（Gestalts），它们不能同时体验，但都是'真实的'可能性"③。机器人之所以有多种"真实的"可能性，就在于科克尔伯格没有孤立地来考察机器人内部的"心理""情感"等特性，而是将其放在人机交互的情境之中来研究，有效避免了传统方法中的本体论预设，正如他所言，"属性观假设一个实体只有一个'正确'的本体状态和意义，与机器人的'外观'和'感知'形成对比。那些指责人们行为不'应该'的人依赖于道德立场的科学，而道德立场的科学假定了实体（例如，机器人，作为一个物自体本身）和实体的外观之间的二分法。但我们可以想到另一种非二元论的认识论，它拒绝这种二分法，接受一个实体可以以几种方式出现在我们面前，而这些方式都没有先验的本体论或解释学的优先权"④。可以

---

① Coeckelbergh M., "Are emotional robots deceptive?" *IEEE Transactions on Affective Computing*, Vol. 3, No. 4, 2012.
② Coeckelbergh M., "Are emotional robots deceptive?" *IEEE Transactions on Affective Computing*, Vol. 3, No. 4, 2012.
③ Coeckelbergh M., "Are emotional robots deceptive?" *IEEE Transactions on Affective Computing*, Vol. 3, No. 4, 2012.
④ Coeckelbergh M., "Are emotional robots deceptive?" *IEEE Transactions on Affective Computing*, Vol. 3, No. 4, 2012.

看出，在没有本体论预设的情况下，科克尔伯格的"机器人伦理学方法"对于处理伦理风险的优势已经完全体现出来了。"欺骗"的前提是从本体论上首先认定机器人不是情感物，或者是不真实的情感物，对于传统的伦理学理论而言机器人的非真实性是预先存在的，因此对人类构成了"欺骗"；而科克尔伯格基于外观的机器人伦理学理论认为，在具体的人机交互情境中，不存在任何"本体论"的优先性，只有人机交互的关系性和体验性，所以也无所谓"欺骗"。科克尔伯格强调，"我们所需要的，如果有的话，不是'真实'，而是与特定情境相适应的恰当的情感反应"①。至此，社交机器人的欺骗性伦理风险问题就消弭在人机交互情境之中。科克尔伯格对社交机器人与人类进行交互的伦理风险问题始终持较为乐观的态度，他对于未来人机共生世界的一些观点给了我们十分有益的启示，他认为，"尽管现在我们倾向于从柏拉图式和浪漫主义的角度来看待与社交机器人的情感交流，但在未来，如果我们的价值观发生变化，如果我们对与其他实体之间的关系更加信任，我们很可能会学会与我们现在称之为'欺骗'的机器人一起生活"②。

为此，科克尔伯格为我们找到了一把应对人机共生文化视域下的人工智能伦理挑战的钥匙——立足于真实的人机交互情境体验反思人机共生文化人工智能伦理。可惜的是，科克尔伯格并没有深入分析这种人机交互情境体验的真实从何而来。我们可以从海德格尔的理论中找到答案。海德格尔认为，在"一种知识（认识）的关系尚未建立起来"之前，"还只有一种前理论的关系"③。具体而言，"对象性的东西、被认识的东西，本身是疏远的，是从本真的体验中被提取出来的"④。在海德格尔看来，认识属于"理论的东西"，体验属于"前理论的东西"，而"'理论的东西'是以'前理论的东西'为基

---

① Coeckelbergh M., "Are emotional robots deceptive?" *IEEE Transactions on Affective Computing*, Vol.3, No.4, 2012.

② Coeckelbergh M., "Are emotional robots deceptive?" *IEEE Transactions on Affective Computing*, Vol.3, No.4, 2012.

③ ［德］马丁·海德格尔：《形式显示的现象学：海德格尔早期弗莱堡文选》，孙周兴编译，同济大学出版社2004年版，第2页。

④ ［德］马丁·海德格尔：《形式显示的现象学：海德格尔早期弗莱堡文选》，孙周兴编译，同济大学出版社2004年版，第12页。

第九章　人机共生文化视域下的人工智能伦理风险化解路径

础的"。① 而我们对于机器人是不是真实的判断就是一种关于机器人的"知识（认识）的关系"，它取决于我们的人—机体验，或者说"'起因于'（motiviert in）'真正的体验世界'"。② 既然我们在人—机交互的过程中将机器人看作"像人类一样"，那么取决于这种人—机体验的对机器人真实与否的判断也必定和体验自身相一致，即同样认为机器人"像人类一样"，所以，是体验的真实决定了"我认为机器人像人类一样"的"呈现"的真实，这里就涉及人机交互情境体验的真实性得以发生的第一个前提。

然而，人在人—机交互的过程中为什么能够获得真实的体验呢？这里就涉及真实人—机体验得以发生的第二个前提。海德格尔为了说明个体体验的不同，阐述了一个"讲台体验"案例：对于学生和"我"而言，"几乎一下子就看见了"讲台，能够获得"讲台体验"，而对于黑森林农民和经常居住在小木屋里的塞内加尔黑人朋友而言"看到的东西就难以细说了"，甚至会把讲台看作"一个'他不知道拿它怎么办'的东西"。③ 为什么对于同一种东西，"我"看的和塞内加尔人看的会如此不同呢？或者说为什么会有不同的体验呢？张一兵教授通过"固有之物"对此进行过分析，他认为，"这里'固有之物'不是说一种原来存在的现成东西，而是随'我'和黑人生活中固有的一切可情境化的行为、经验和概念构架。正是这个建构性的故有生成当下的建构性回波和复境"④。可以理解为，个体的"固有之物"是造成不同"体验"的根本原因。而"固有之物"并非一成不变之物，它是"建构性的"，并且与我们生活中的"可情境化的行为、经验和概念构架"紧密相关。就人类与社交机器人进行交往互动而言，人类的"拟人化"能力正是这一特定情境体验中的"固有之物"。"拟人化"能力既是人类与社交机器人能进行互动的前提，又

---

① ［德］马丁·海德格尔：《形式显示的现象学：海德格尔早期弗莱堡文选》，孙周兴编译，同济大学出版社 2004 年版，第 3-6 页。
② ［德］马丁·海德格尔：《形式显示的现象学：海德格尔早期弗莱堡文选》，孙周兴编译，同济大学出版社 2004 年版，第 6 页。
③ ［德］马丁·海德格尔：《形式显示的现象学：海德格尔早期弗莱堡文选》，孙周兴编译，同济大学出版社 2004 年版，第 8-10 页。
④ 参见张一兵《作为发生事件（Ereignis）的生命体验——关于青年海德格尔早期弗莱堡讲座的构境论解读》，《现代哲学》2011 年第 5 期。

是人类能够通过人机交互而获得相关体验的基础。设想一下，如果没有"拟人化"能力，人类只会把机器人看作"机器"，正是凭借着"拟人化"能力，人类能够将无生命的机器"生命化"，让它们能够成为人类生命和生活中的一部分，让自身对于生命和生活意义的追求在人机交互的过程中"回响"。

真实人机交互体验得以发生的第一个前提要求我们要融入人机交互的现实情境中，要相信体验给我们的"呈现"，而非纠缠于客体化的机器人本身，因此，我们应当关注"关于机器人的体验现象学"。① 科克尔伯格认为，我们与机器人交互的体验不仅"产生于实验室和研究室"，而且"它首先出现在医院、无人驾驶飞机控制室、人们的家里——在机器人能发挥作用的所有地方"。② "我们的经验是，当我们使用这些设备时，只有一种体验和真实，它们是我们生活的一部分，并与我们的生活纠缠在一起。"③ 具体的生活情境才是机器人与人构建关系，实现人机交互的主战场，而非研究机器人的实验室或者书斋。机器人从实验室走进生活的重要意义就在于，情境体验是向着生活和生命的，而不是与生活和生命体验无关的客观对象化认识过程，即情境体验拒绝抽象地探讨"本体论的真实"。换言之，人们不关心抽象本体论意义上的机器人与人之间的关系（"复制"或"模拟"），不会在意"本体论的真实"与否，相反，人们会关心与机器人交互过程中产生的体验的真实性。具体而言，在现实中"当我们与智能设备、类人的自主机器人、语音界面（如谷歌 Assistant）等交互时，我们通常不会将其体验为'虚幻'，反而体验为'真实'"④。当我们从情境体验的角度来探讨社交机器人"操控""欺骗"等伦理问题时，基于本体的机器人的"虚假"属性被"疏远"了，取而代

---

① 参见 Coeckelbergh M., "The Moral Standing of Machines: Towards a Relational and Non-Cartesian Moral Hermeneutics", *Philosophy & Technology*, Vol. 27, No. 1, 2014。

② Coeckelbergh M., "The Moral Standing of Machines: Towards a Relational and Non-Cartesian Moral Hermeneutics", *Philosophy & Technology*, Vol. 27, No. 1, 2014.

③ Coeckelbergh M., "How to Describe and Evaluate 'Deception' Phenomena: Recasting the Metaphysics, Ethics, and Politics of ICTs in Terms of Magic and Performance and Taking a Relational and Narrative Turn", *Ethics and Information Technology*, Vol. 20, No. 2, 2018.

④ Coeckelbergh M., "How to Describe and Evaluate 'Deception' Phenomena: Recasting the Metaphysics, Ethics, and Politics of ICTs in Terms of Magic and Performance and Taking a Relational and Narrative Turn", *Ethics and Information Technology*, Vol. 20, No. 2, 2018.

的是体验的真实。这样一来,在人机交互的情境体验中,起因于"本体论的真实"的"拟人化"社交机器人的"操控""欺骗"性质也被消解了。

真实人机交互体验得以发生的第二个前提要求我们充分发挥人类的"拟人化"能力。前面已经分析过社交机器人本身的矛盾性,一方面,人类需要将它拟人化,赋予它"拟人化"属性,来增强人—机互动;另一方面,这种"拟人化"属性又是虚假的。而关于社交机器人的"操控""欺骗"伦理问题只看到了矛盾的第二个方面,相反,如果我们不是紧盯着"操控""欺骗",而是进一步去考察矛盾的第一个方面,即人类为什么要将机器人拟人化,我们就会从一种更为宏观的视角来理解"拟人化"智能机器人伦理。依据之前的论述,人类之所以能够投入人机交互体验中并且获得真实的感受,是因为我们的"固有之物"——"拟人化"能力,它对于我们来说意义何在?心理学家卡波雷尔(L. R. Caporael)认为,"拟人化"是在人类长期进化过程中形成的,它"可以在更大的范围内将群体'重新编织'到社会中"[1]。显然,就目前的人类"拟人化"能力而言,它已经失去了它原始的作用意义。但为什么人类还保留着这种"认知偏差"的残余呢?[2] 或者说,它目前还有存在的意义吗?扎韦斯卡等认为,"拟人化"之所以被广泛应用于木偶和玩偶中,是因为人们"在使用拟人化道具的同时,积极地为创造生命的幻觉做出贡献"[3]。也就是说,"拟人化"至少还能够为人类创造有意义的"生命的幻觉"。具体到特定的人机交互情境体验之中,扎韦斯卡认为,"社交机器人的角色不是将拟人化的投影强加给机器人用户,而是作为人—人类社会互动和人类对人的意义的探索的催化剂"[4]。可见,人类的"拟人化"能力在人类与社交机器人进行互动的过程中为人类创造积极的"生命的幻觉"和为促使

---

[1] Caporael L. R., "Anthropomorphism and Mechanomorphism: Two Faces of the Human Machine", *Computers in Human Behavior*, Vol. 2, No. 3, 1986.

[2] 参见 Caporael L. R., "Anthropomorphism and Mechanomorphism: Two Faces of the Human Machine", *Computers in Human Behavior*, Vol. 2, No. 3, 1986。

[3] Zawieska K., Duffy B. R. and Strońska A., "Understanding Anthropomorphisation in Social Robotics", *Pomiary Automatyka Robotyka*, Vol. 16, No. 11, 2012.

[4] Zawieska K., "Deception and Manipulation in Social Robotics", In *Workshop on The Emerging Policy and Ethic of Human-Robot Interaction at the 10th ACM/IEEE International Conference on Human-Robot Interaction* (*HRI2015*), 2015.

"人类对人的意义的探索"发挥着重要作用。当社交机器人作为一种人类进行自我探索的工具和人类追求其自身意义的"催化剂"时，我们就会去追问诸如这样的一些问题，"人机交互（关系）能促进人类的繁荣和幸福吗？这些交互能构成友谊、爱情或关系吗？他们（人和机器人）能共同塑造一个繁荣的共同体吗？"① 很显然，这些问题所关心的是人类在人机共生文化中的道德追求和实践，而非"欺骗"伦理之类的机器工具的道德问题，是人机共生文化视域下"人—机器人—人的交互"② 模式在伦理道德领域的具体体现。科克尔伯格把这一模式下的人工智能伦理称为"人类善的伦理（ethics of human good）"，他认为"人类善（human good）"，"关注的是我们应该如何生活，我们应该养成什么样的道德习惯和道德品质"。③

在社交机器人与人类共存的高科技时代，我们到底"应该如何生活"呢？这一问题的回答离不开对"人类善"的深刻理解。也只有深刻理解了"人类善"的本质，我们才能真正把握人机共生文化视域下"人—机"交互的伦理要义。科克尔伯格认为，在理解"人类善"时，会出现两种不同的方法。④ "一种方法是从人类的善、人类的繁荣、幸福、友谊和爱的某种概念出发。"⑤ 在这种方法下，我们可以分析"人类的善、人类的繁荣、幸福、友谊和爱"等概念的内涵，并以此为基础，"提出一份我们用以判断个人机器人的伦理方面的标准清单"。⑥ 对照着"人类善"的伦理标准清单，我们很容易去评价社交机器人的行为是否符合伦理标准。然而，科克尔伯格并不认同这一方法，他认为，"善不是

---

① Coeckelbergh M., "Personal robots, appearance, and human good: A methodological reflection on roboethics", *International Journal of Social Robotics*, Vol. 1, No. 3, 2009.

② Zawieska K., "Deception and Manipulation in Social Robotics", In *Workshop on The Emerging Policy and Ethic of Human-Robot Interaction at the 10th ACM/IEEE International Conference on Human-Robot Interaction (HRI2015)*, 2015.

③ Coeckelbergh M., "Personal robots, appearance, and human good: A methodological reflection on roboethics", *International Journal of Social Robotics*, Vol. 1, No. 3, 2009.

④ Coeckelbergh M., "Personal robots, appearance, and human good: A methodological reflection on roboethics", *International Journal of Social Robotics*, Vol. 1, No. 3, 2009.

⑤ Coeckelbergh M., "Personal robots, appearance, and human good: A methodological reflection on roboethics", *International Journal of Social Robotics*, Vol. 1, No. 3, 2009.

⑥ Coeckelbergh M., "Personal robots, appearance, and human good: A methodological reflection on roboethics", *International Journal of Social Robotics*, Vol. 1, No. 3, 2009.

第九章　人机共生文化视域下的人工智能伦理风险化解路径

独立于实践之外的；它只有在实践中才能存在和繁荣"①。于是，他提出了第二种考察社交机器人伦理的方法，"我们需要从人机交互的具体体验和想象开始，然后讨论善在性能清单方面是如何被理解的，而不是从作为先验道德规范的性能清单开始"②。很显然，第二种方法更符合具体的人机交互情境，更注重人机交互过程中的"体验"和"想象"，这与科克尔伯格的情境体验理论一脉相承。具体而言，如何来实现这种"人类善"呢？科克尔伯格认为我们应当发挥人类的"道德想象力"，去"研究、想象和塑造"能够有利于"人类善"的"人类与机器人共同生活的具体情境"，并且要将"增进人类繁荣和福祉的人—机共同生活"作为"社交机器人的设计、使用和管理"的目标。③ 科克尔伯格这一极具张力、前瞻性的理论主张与我们之前所讨论的基于动机的美德技能模型不谋而合，它们在"体验"的心理层面相交叉。具体而言，未来人机共生新文化所滋生的人工智能伦理问题对我们而言是一种极大的挑战，我们如何能将这种挑战转化为自身道德前进的动力？或者说，我们如何利用自己的心理能量确保在与智能机器的交互过程中维持、提升自身的美德？基于前面美德技能章节所讨论的美德与技能的"愉悦"显性动机和"自我"隐性动机的类比，笔者认为，人类可以从以下两个角度来提升自身的美德。

第一，我们可以在未来人机共生情境中练习美德。为此，我们需要否定美德是一种不变的特质，而认为美德行为是一种受情境影响，在情境互动中可以"自下而上"习得、建构的道德行动。这一观点得到了社会心理学的支持。"硬币测试""模拟监狱""割草机干扰"等情境主义实验已经证明了美德行为与情境关系密切。相反，品格特质研究表明，人格特质与美德行为之间不存在强关联关系。④ 为了实现更高层次的"自我和谐"，我们需要将人机共

---

① Coeckelbergh M., "Personal robots, appearance, and human good: A methodological reflection on roboethics", *International Journal of Social Robotics*, Vol.1, No.3, 2009.

② Coeckelbergh M., "Personal robots, appearance, and human good: A methodological reflection on roboethics", *International Journal of Social Robotics*, Vol.1, No.3, 2009.

③ 参见 Coeckelbergh M., "Personal robots, appearance, and human good: A methodological reflection on roboethics", *International Journal of Social Robotics*, Vol.1, No.3, 2009。

④ 参见 Merritt M. W., Doris J. M. and Harman G., "Character" Doris J M et al. (ed.) *The Moral Psychology Handbook*, Oxford: Oxford University Press, 2010。

生文化中的干扰情境视为美德活动的心理挑战,并通过美德行为积极应对这种挑战,就像娴熟的技能是应付复杂挑战获得"心流"的必要条件一样。斯蒂克特借用德雷福斯技能模型(Dreyfus skill model),将改善美德与提升技能进行类比,认为它们都有从新手(novice)到专家(expert)五个阶段。① 及至最高阶段,专家就能够熟练应对更复杂的情境挑战,并且对周围情境体现直觉式的自动化反应。② 社会与认知心理学的最新研究结果表明,人类在行动时内在的"双过程模型(dual process models)"并行发挥作用,一种是"直觉系统(intuitive system)",另一种是"推理系统(reasoning system)"。③ 其中,"直觉系统"最大的优点就是,人类在做出判断和开展行动时,是"无意识的(unintentional)"和"自动的(automatic)"。④ 因此,"直觉系统"在应付情境干扰时分配的注意力更少,从而有利于代理人更多地将注意力资源内化,为"精神负熵"作出贡献。然而,在具有更复杂挑战的情境中,无论是美德代理还是技能行为者想要达到直觉式的自动化反应阶段并不容易,它需要在情境中反复练习。正如斯蒂克特所强调的,"直觉不是凭空而来的,而是在反复作用于各种情境以及在这些情境下采取的行动的结果中发展起来的"⑤。此外,利伯曼(Lieberman)通过对神经生理学、解剖学的研究找到了直觉的生理基础,即位于基底神经节的尾状核和壳核,并认为,基底神经节在技能习得的初期不会被激活,而只有在技能被反复学习之后才会显著激活。⑥ 与技能类似,美德代理要想实现对复杂情境的直觉式的自动化反应,进而更多地将注意力资源内化,构建更高层次的"自我和谐",也需要在情境中反复练习美德行动。斯诺(Nancy E. Snow)的"习惯性美德行为"理论论证了这一观点:(1)对于习惯性美德行为而言,"行为人具有一种美德相关目标的习惯性可及心理表

---

① 参见 Matthew Stichter: The Skill of Virtue, Washington: Washington State University, 2006。
② 参见 Matthew Stichter: The Skill of Virtue, Washington: Washington State University, 2006。
③ Jonathan Haidt, "The Emotional Dog and Its Rational Tail: A Social Intuitionist Approach to Moral Judgment" *Psychological Review*, Vol. 108, No. 4, 2001.
④ Jonathan Haidt, "The Emotional Dog and Its Rational Tail: A Social Intuitionist Approach to Moral Judgment" *Psychological Review*, Vol. 108, No. 4, 2001.
⑤ Matthew Stichter: The Skill of Virtue, Washington: Washington State University, 2006, p. 56.
⑥ 参见 Matthew D. Lieberman, "Intuition: A Social Cognitive Neuroscience Approach", *Psychological Bulletin*, Vol. 126, No. 1, 2000。

征";(2)"行为人目标的心理表征被触发的环境刺激物反复而无意识地激活";(3)这种激活"导致情境特征与目标导向行为之间的重复联系",进而"美德行为就变得自动化和习惯化"。① 因此,可以看出,如果将美德行为视为自变量,"自我和谐"作为因变量,那么在"自我和谐"这一内在心理目标导向下,美德行为可以通过美德代理在具有挑战性的人机共生情境中反复练习得到改善。

第二,如果将"自我和谐"作为自变量,将美德行为视为因变量,通过美德代理的心理调节可以直接改善美德行为。"自我"是一个多层次、多维度的概念,它可以在特定的人格框架中兼容,广义的社会认知框架是目前道德自我的研究趋向之一。笔者将借用米舍尔和佑一正田(Walter Mischel, Yuichi Shoda)的"认知—情感处理系统(Cognitive-Affective Processing System, CAPS)"框架深入分析自我调节对美德养成的重要作用。② CAPS 是一种解释人的内在心理动力机制的框架理论,包括五大层级:一是心理动力机制,它是 CAPS 的最高层次,包括识别情境中的"活性成分"、匹配认知—情感和行为之间的反应模式、控制"热情感系统"和"冷认知系统";二是行为表达,这一层级的特点就是稳定输出第一层级的结果,将心理的状态通过行为表达出来;三是"自我认知",它是一种自我"编码",既取决于行为表达,又取决于行为相关情境;四是情境,不仅包括与行为者互动的"外部情境",也包括"想象""思考""情绪""经验"等"内部情境";五是"生物社会(Bio-social)"层级,它反映了心理动力机制受生物遗传和社会文化环境的影响。③ 这五大层级之间的关系是,第五层级直接影响前四个层级,第一层级(心理

---

① Nancy E. Snow, "Habitual Virtuous Actions and Automaticity", *Ethical Theory and Moral Practice*, Vol. 9, No. 5, 2006.
② 参见 Mischel W. and Shoda Y., "Toward a Unified Theory of Personality: Integrating Dispositions and Processing Dynamics within the Cognitive-Affective Processing System", Oliver P. John, Richard W. Robins, Lawrence A. Pervin (eds.) *Handbook of Personality: Theory and Research*, New York: The Guilford Press, 2008。
③ 参见 Mischel W. and Shoda Y., "Toward a Unified Theory of Personality: Integrating Dispositions and Processing Dynamics within the Cognitive-Affective Processing System", Oliver P. John, Richard W. Robins, Lawrence A. Pervin (eds.) *Handbook of Personality: Theory and Research*, New York: The Guilford Press, 2008。

动力机制）直接影响第二层级（行为表达），第二层级直接影响第三层级（"自我认知"），第三层级通过第四层级（识别情境中的"活性成分"）影响第一层级。[1] 据此我们可以提炼出 CAPS 框架的两个特点：（1）从第一层级到第五层级的作用过程体现了"心理—行为—自我—情境"的调节机制，且第一层级在其中起决定性作用，这与"心流"理论中的心理调节与技能练习之间的正相关反馈机制是一致的；（2）CAPS 不是完全的情境受动系统，相反，代理能够利用心理调节主动重塑"内部情境（internal situations）"，进而对行为产生积极影响。CAPS 框架与心理调节和美德行动之间的反馈机制是相兼容的。因此，考虑第一层级在"认知—情感处理系统（CAPS）"中的决定性作用，我们可以通过控制"热情感系统"和"冷认知系统"这一"高阶认知过程"来直接干预美德行为。前者是我们形成"冲动"的基础，它"破坏了自我控制、反思性思考和计划性的努力"；后者则保持情感上的中立，帮助我们分析、思考、抑制冲动，是"自我调节和自我控制的所在"。[2] 鉴于此，我们可以通过削弱美德代理的"冲动"和发挥其冷系统的功能来改善美德行为。例如，通过练习控制注意力可以改善美德行动。格里姆等（Paul F. Grim, Lawrence Kohlberg and Sheldon H. White）曾经利用心理学实验研究了注意力与道德之间的关系，在实验的过程中他们调查了一年级至六年级学生的"诚实"美德，实验结论指出，高年级学生因为具备更稳定的注意力，所以能够很好地抵制作弊的诱惑，表现出的"诚实"度明显高于注意力不稳定的低年级学生。[3] 此外，当我们在实施美德行为过程中产生愤怒、怨恨、恐惧、焦虑等"消极冲动"时，我们也可以有意识地启动"冷系统"改善美德

---

[1] 参见 Mischel W. and Shoda Y., "Toward a Unified Theory of Personality: Integrating Dispositions and Processing Dynamics within the Cognitive-Affective Processing System", Oliver P. John, Richard W. Robins, Lawrence A. Pervin (eds.) *Handbook of Personality: Theory and Research*, New York: The Guilford Press, 2008。

[2] 参见 Mischel W. and Shoda Y., "Toward a Unified Theory of Personality: Integrating Dispositions and Processing Dynamics within the Cognitive-Affective Processing System", Oliver P. John, Richard W. Robins, Lawrence A. Pervin (eds.) *Handbook of Personality: Theory and Research*, New York: The Guilford Press, 2008。

[3] 参见 Grim P. F., Kohlberg L. and White S. H., "Some Relationships Between Conscience and Attentional Processes", *Journal of Personality and Social Psychology*, Vol. 8, No. 3, 1968。

第九章 人机共生文化视域下的人工智能伦理风险化解路径

行为。

总而言之,要使"人—机"交互伦理回归到人类生活本身,要从人机交互情境体验的整体出发来考察"人—机共同生活"的道德意义,让人类自身美德的改善程度成为衡量人机交互关系好与坏的道德落脚点,成为指导人与社交机器人该如何共同生活的标尺。如果说基于机器工具文化传统的"操控""欺骗"伦理是警醒我们尽量去回避和机器人的"亲密接触",还机器人以非生物性的真实面目,让自己远离幻想,那么人机共生文化视域下的"人类善的伦理"则是鼓励我们尽可能多地、深入地进行人机交互活动,不仅如此,我们还要去挖掘内心最真实的交互体验,同时展开想象的翅膀去构想未来更好的人机交互情境,最终构建增进人类繁荣和福祉的人—机共同生活。从机器工具文化传统的"操控""欺骗"伦理到人机共生文化视域下的"人类善"美德伦理不仅仅是研究范式的转向,更重要的是对待人工智能体的态度的转变——从消极的回避到积极的拥抱。科技进步及其与我们生活的高度融合是未来社会发展的一种必然趋势,我们应当将"人—机共同生活"看作人机交互的最广阔的情境,人类应当在此情境之中充分地发挥主观能动性,去学会与机器人一起生活,重要的是去观察、聆听、想象、践行其中的真善美,最终使得人类的价值观念和道德观念在未来人机共生的"技术—道德的世界"中得到全新的阐释。① 因此,以人类美德增强为目标的新路径不仅通过情境体验回应了机器工具文化传统下人工智能体的"操控""欺骗"等伦理挑战,而且还将面向未来的"人—机"交互伦理问题推向了新的高度,即关乎人类未来命运、福祉、繁荣的"人类善的伦理"高度。

如果说传统的"操控""欺骗"等"人—机"伦理问题是向"后"看,注重智能机器的本体论追溯,那么注重人类美德的新路径是向"此"和向"前"看,注重人机交互情境体验,注重发展着的人机未来关系。需要注意的是,我们不能因为自身看问题方式的转变而忽略了人工智能体在现实中所存在的问题。比如,尽管我们肯定了人类"拟人化"的能力,并希望积极发挥

---

① 参见 Coeckelbergh M., "Are Emotional Robots Deceptive?" *IEEE Transactions on Affective Computing*, Vol. 3, No. 4, 2012。

这种特有的能力来和社交机器人进行良好的互动，并共同构建美好的生活，但不能否认，考虑当前人工智能技术的发展水平，和一些特定人群的身心特点，人机交互还是可能会带来诸多现实伦理挑战。阿曼达·夏基和诺埃尔·夏基认为，婴幼儿和特殊老人"都有强烈的社交欲望"，但因为受认知能力的限制，他们"无法理解机器人行为背后的机制"。[①] 这样的结果必将使婴幼儿和特殊老人更容易"被动"地被社交机器人塑造，而非"主动"地利用其"拟人化"能力来构建美好的人机交互体验，进而会对婴幼儿的身心发展，特殊老人的尊严等产生负面影响。同时也要注意，我们不能因为人与社交机器人交互过程中出现的一些问题而放弃了人机共同构建美好生活的初衷和理想。研究表明，社交机器人确实能够消除老人的孤独感，并能够智能地呵护老人的健康，它也能为孩子带来更多的欢笑，它能帮助我们处理一些日常琐事，成为人类生活的助手，为人类的美好生活作出积极贡献。一个不可否认的事实是，社交机器人已经走入我们的日常生活，并且未来人机有深度融合的趋势，面对这一人类未曾有过的社会发展前景，我们固然要用人类的伦理道德观念来调整和完善，但是这些伦理规范不应是抽象和绝对的，而应该有丰富的情境支撑和深刻的价值内涵。

这一立足于人机交互情境并以人类自身道德"进化"为目标的人机共生伦理路径，为人机共生文化视域下的人工智能伦理勾勒了一幅极具吸引力的"人—机器人—人"交互模式的伦理宏伟画卷。新路径不仅通过"人类善的伦理"将人工智能伦理范式从以人工智能体为中心转换为以"人—机"交互关系为中心，而且将人工智能伦理的研究视域从抽象的概念、属性分析转换为对具体的、体验式的美好生活的探讨。更为重要的是，新路径十分注重伦理理论对于现实的解释力，强调理论的可用性及其与人类生活实践的关联性，其关于人机共同塑造"美好生活""人类福祉"等方面的理论阐述对于人工智能伦理范式的转向具有重要的价值导向性。新路径不仅描绘了未来人类眼中或者期待的人工智能体应该是什么，而且将人类的道德发展扎根于前景广

---

① 参见 Sharkey A. and Sharkey N., "Children, the Elderly, and Interactive Robots", *IEEE Robotics & Automation Magazine*, Vol.18, No.1, 2011。

阔的人机共生实践，这也为我们进一步通过挖掘其他理论资源，开展更深入的研究留下了探讨空间。

儒家伦理强调践行"仁爱"、"和谐"和"道德修养"，这些核心价值观在人工智能伦理范式中也具有深远的指导意义。儒家伦理注重人与人之间的关系和谐，强调每个人在社会中应当承担的责任和义务。在这个视角下，我们可以将儒家伦理的原则应用于人机互动，倡导一种基于"仁爱"和"和谐"的人机共生文化。首先，儒家伦理中的"仁"可以被解读为一种普遍的爱与关怀。这种关怀不仅应当体现在人与人之间，也应该延伸到人与机器人之间的互动中。具体来说，机器人在设计和使用过程中应当体现对人类的关怀和尊重。例如，在老年人护理、儿童教育等领域，机器人可以通过贴心的设计和温暖的互动，提供更为人性化的服务。这种"仁"的精神，将有助于建立更加和谐、温暖的人机关系，使机器人真正成为人类生活中的"伙伴"而不仅仅是"工具"。其次，儒家伦理中的"和"强调和谐共处。这种和谐不仅是指个体之间的关系，还包括人与自然、人与技术的和谐。在人工智能的伦理研究中，我们需要考虑如何在技术进步的同时，确保人与机器的和谐共处。机器人应当被设计为能够融入人类社会，理解和尊重人类的文化和习俗，从而避免因文化差异和技术进步带来的潜在冲突。通过倡导和谐的人机共处，我们可以在技术发展中维护社会的稳定和秩序。最后，儒家伦理强调通过个人道德修养的提升来实现家庭、社会乃至国家的和谐与繁荣。在人工智能的伦理设计中，我们也应当注重道德修养的提升。机器人不仅应当具备强大的技术能力，还应当被赋予道德判断和促进人类进行伦理反思的能力。这些能力可以通过编程和算法设计来实现，使机器人在与人类互动的过程中，不仅能够根据具体情境作出符合伦理规范的决策，而且可以对人类进行"善意"提醒，从而实现人与机器的协同道德"进化"。

要想结合儒家伦理的智慧，将其运用于人机共生伦理范式之中，我们需要以更宏大、深远的理论视野来分析人工智能与人类伦理道德之间的深刻关系。具体来说，未来可以从以下几个方面开展深入研究。第一，多学科融合。整合儒家伦理、现代伦理学和技术哲学的研究成果，构建一个更加全面、包容的人工智能伦理框架。这种多学科融合将有助于我们更好地理解和应对人工智能技术带来的复杂伦理问题。第二，实践导向。强调理论与实践的紧密结合，通过具体案例研究和应用实践，验证和完善人工智能伦理理论。特别是在人机互动的实际场景中，通过体验和反思，不断调整和优化伦理设计，使其更符合人类社会的需求和期望。第三，全球视野。考虑全球不同文化背景下的伦理需求和挑战，推动跨文化的伦理交流与合作。在全球化背景下，人工智能技术的应用范围广泛，因此需要尊重和理解不同文化的价值观和伦理规范，以实现真正意义上的全球伦理共识。第四，技术与伦理的平衡。在追求技术创新和进步的同时，始终保持对伦理问题的敏感和关注。通过建立有效的伦理审查机制和道德评估体系，确保人工智能技术的发展始终遵循伦理规范，服务于人类的福祉和社会的和谐。

通过这些努力，我们不仅可以突破现有人工智能伦理范式的限制，还能够为未来人工智能技术的发展提供坚实的伦理基础，推动人机共生文化的健康发展，实现技术进步与道德提升的有机结合。这将为构建更加美好的人类未来贡献重要的智慧和力量。

参考文献

一 中文著作

《习近平经济思想学习纲要》，人民出版社、学习出版社 2022 年版。

（汉）班固撰：《汉书》，颜师古注，中华书局 1962 年版。

王前：《"道""技"之间：中国文化背景的技术哲学》，人民出版社 2009 版。

尹均生主编：《中国写作学大辞典》第二卷，中国检察出版社 1998 版。

［丹麦］考斯塔·艾斯平-安德森：《福利资本主义的三个世界》，郑秉文译，法律出版社 2003 版。

［德］马丁·海德格尔：《形式显示的现象学：海德格尔早期弗莱堡文选》，孙周兴编译，同济大学出版社 2004 年版。

［法］笛卡尔：《第一哲学沉思集》，庞景仁译，商务印书馆 1986 版。

［古希腊］亚里士多德：《尼各马可伦理学》，廖申白译注，商务印书馆 2003 版。

［美］艾萨克·阿西莫夫：《银河帝国 8：我，机器人》，叶李华译，江苏凤凰文艺出版社 2004 年版。

［美］安乐哲：《儒家角色伦理学——一套特色伦理学词汇》，［美］孟巍隆译，田辰山等校译，山东人民出版社 2017 年版。

［美］巴伦·李维斯、克利夫·纳斯：《媒体等同：人们该如何像对待真人实景一样对待电脑、电视和新媒体》，卢大川等译，复旦大学出版社 2001 年版。

［美］芭芭拉·赫尔曼：《道德判断的实践》，陈虎平译，东方出版社 2006 年版。

［美］霍华德·加德纳：《多元智能新视野》，沈致隆译，中国人民大学出版社 2008 版。

［美］斯蒂文·费什米尔：《杜威与道德想象力——伦理学中的实用主义》，

徐鹏、马如俊译，北京大学出版社 2010 版。

［美］温德尔·瓦拉赫，科林·艾伦：《道德机器：如何让机器人明辨是非》，王小红主译，北京大学出版社 2017 版。

［美］雪莉·特克尔：《群体性孤独：为什么我们对科技期待更多，对彼此却不能更亲密？》，周逵、刘菁荆译，浙江人民出版社 2014 年版。

［美］威廉·詹姆士：《实用主义　一些旧思想方法的新名称》，陈羽纶、孙瑞禾译，商务印书馆 1979 年版。

［英］泰勒：《原始文化：神话、哲学、宗教、语言、艺术和习俗发展之研究》，连树声译，广西师范大学出版社 2005 年版。

［英］卢恰诺·弗洛里迪：《信息伦理学》，薛平译，上海译文出版社 2018 年版。

二　中文期刊

［美］安东尼·朗：《作为生活艺术的希腊化伦理学》，刘玮译，《哲学分析》2012 年第 5 期。

陈昌凤：《人机何以共生：传播的结构性变革与滞后的伦理观》，《新闻与写作》2022 年第 10 期。

陈凡、贾璐萌：《技术伦理学新思潮探析——维贝克"道德物化"思想述评》，《科学技术哲学研究》2015 年第 6 期。

陈来：《中华文明的价值偏好与现代性价值的差异》，《人民教育》2016 年第 19 期。

成素梅、姚艳勤：《德雷福斯的技能获得模型及其哲学意义》，《学术月刊》2013 年第 12 期。

程林：《德、日机器人文化探析及中国"第三种机器人文化"构建》，《上海师范大学学报》（哲学社会科学版）2022 年第 4 期。

邓万春：《曼纽尔·卡斯特的网络社会与权力理论》，《国际社会科学杂志（中文版）》2022 年第 3 期。

邓卫斌、于国龙：《社交机器人发展现状及关键技术研究》，《科学技术与工程》2016 年第 12 期。

丁玲珠：《人工智能和人类智能》，《哲学研究》1980 年第 10 期。

董毓格、龙立荣、程芷汀：《数智时代的绩效管理：现实和未来》，《清华管理评论》2022 年第 5 期。

窦笑：《社交机器人伦理问题与政策建议研究》，《智库理论与实践》2022 年第 5 期。

杜维明：《儒家的恕道是文明对话的基础》，《人民论坛》2013 年第 36 期。

冯小强：《儒家传统中的隐私观念——基于《礼记·曲礼》几个条目的论析》，《天府新论》2020 年第 6 期。

高奇琦：《人工智能、人的解放与理想社会的实现》，《上海师范大学学报》（哲学社会科学版）2018 年第 1 期。

古天龙、高慧、李龙等：《基于强化学习的伦理智能体训练方法》，《计算机研究与发展》2022 年第 9 期。

何双百：《人工移情：新型同伴关系中的自我、他者及程序意向性》，《现代传播》（中国传媒大学报）2022 年第 2 期。

胡术恒、向玉琼：《人工智能体道德判断的复杂性及解决思路——以"人机共生"为视角》，《江苏大学学报》（社会科学版）2020 年第 4 期。

黄宏程、李净、胡敏等：《基于强化学习的机器人认知情感交互模型》，《电子与信息学报》2021 年第 6 期。

黄勇：《良好生活的两个面向：对儒家义利观的美德论解释》，《学术月刊》2022 年第 8 期。

姜子豪：《论人工智能的道德与法律权利》，《齐齐哈尔大学学报》（哲学社会科学版）2022 年第 11 期。

兰京：《无人驾驶汽车发展现状及关键技术分析》，《内燃机与配件》2019 年第 15 期。

黎良华：《有美德的行动与有美德者的快乐》，《道德与文明》2015 年第 1 期，第 35 页。

李贵卿、井润田、玛格瑞特·瑞德：《儒家工作伦理与新教工作伦理对创新行为的影响：中美跨文化比较》，《当代财经》2016 年第 9 期。

李良玉：《多元主义视角下的当代信息伦理研究》，博士学位论文，大连理工大学，2017 年。

李伦、孙保学：《给人工智能一颗"良芯（良心）"——人工智能伦理研究的四个维度》，《教学与研究》2018年第8期。

李义天：《感觉、认知与美德——亚里士多德美德伦理的情感概念及其阐释》，《哲学动态》2020年第4期。

李义天：《作为实践理性的实践智慧——基于亚里士多德主义的梳理与阐述》，《马克思主义与现实》2017年第2期。

林兴发、杨雪：《德国、日本手机网络色情监管比较》，《中国集体经济》2010年第31期。

高燃：《制止滥用互联网是国家的重要任务之一——访德国联邦司法部长齐普里斯》，《中国信息界》2003年第16期。

刘朝阳、穆朝絮、孙长银：《深度强化学习算法与应用研究现状综述》，《智能科学与技术学报》2020年第4期。

刘火：《"恕"的当代意义——兼议〈儒家角色伦理学〉》，《文史杂志》2022年第1期。

刘纪璐、谢晨云、闵超琴等：《儒家机器人伦理》，《思想与文化》2018年第1期。

刘鑫：《亚里士多德的类比学说》，《清华西方哲学研究》2015年第1期。

［比］马克·科克尔伯格：《对社交机器人领域拟人化现象的三种回应——走向批判性、关系性与解释学方法》，曹忆沁译，《智能社会研究》2023年第2期。

人工智能产业创新联盟：《〈人工智能创新发展道德伦理宣言〉助力产业健康发展》，《机器人产业》2018年第4期。

史安斌、王兵：《社交机器人：人机传播模式下新闻传播的现状与前景》，《青年记者》2022年第7期。

隋婷婷，张学义：《功利主义在无人驾驶设计中的道德算法困境》，《自然辩证法研究》2021年第10期。

汤柳：《美欧金融监管政策偏好的形成逻辑及其比较》，《金融评论》2022年第6期。

唐绪军：《破旧与立新并举　自由与义务并重——德国"多媒体法"评介》，

《新闻与传播研究》1997年第03期。

王健、吴宗泽：《反垄断迈入新纪元——评美国众议院司法委员会〈数字化市场竞争调查报告〉》，《竞争政策研究》2020年第4期。

王科俊、赵彦东、邢向磊：《深度学习在无人驾驶汽车领域应用的研究进展》，《智能系统学报》2018年第1期。

王亮：《美德是技能吗？——对亚里士多德美德技能观的反思》，《江汉论坛》2024年第4期。

王亮：《情境适应性人工智能道德决策何以可能？——基于美德伦理的道德机器学习》，《哲学动态》2023年第5期。

王亮：《全球信息伦理何以可能？——基于查尔斯跨文化视野的伦理多元主义》，《自然辩证法研究》2018年第4期。

王亮：《人工代理的道德责任何以可能？——基于"道德问责"和"虚拟责任"的反思》，《大连理工大学学报》（社会科学版）2022年第1期。

王亮：《人工智能体道德设计的美德伦理路径：基于道德强化学习》，《自然辩证法研究》2022年第10期。

王亮：《社交机器人"单向度情感"伦理风险问题刍议》，《自然辩证法研究》2020年第1期。

王亮：《基于情境体验的社交机器人伦理：从"欺骗"到"向善"》，《自然辩证法研究》2021年第10期。

王亮、马紫依：《跨文化人工智能体的伦理设计何以可能？——基于设计师伦理责任意识的培养》，《自然辩证法研究》2024年第7期。

王作为：《具有认知能力的智能机器人行为学习方法研究》，博士学位论文，哈尔滨工程大学，2010年。

席嘉苑：《公众对人工智能医学领域应用的态度及接受程度的调查研究》，《中国高新科技》2019年第7期。

谢青：《日本的个人信息保护法制及启示》，《政治与法律》2006年第6期。

徐辰烨、彭兰：《从"人"到"赛博格"：技术物如何影响日常交往行为？——以耳机为例》，《新闻界》2023年第4期。

徐英瑾：《儒家德性伦理学、神经计算与认知隐喻》，《武汉大学学报》（哲学社会科学版）2017年第6期。

杨秀香：《论康德幸福观的嬗变》，《哲学研究》2011年第2期。

姚大志：《道德责任是如何可能的——自由论的解释及其问题》，《吉林大学社会科学学报》2016年第4期。

姚大志：《规则功利主义》，《南开学报》（哲学社会科学版）2021年第2期。

姚大志：《我们为什么对自己的行为负有道德责任？——相容论的解释及其问题》，《江苏社会科学》2016年第6期。

余凤龙、黄震方、侯兵：《价值观与旅游消费行为关系研究进展与启示》，《旅游学刊》2017年第2期。

余露：《自动驾驶汽车的罗尔斯式算法——"最大化最小值"原则能否作为"电车难题"的道德决策原则》，《哲学动态》2019年第10期。

翟媛丽：《人的文化生成》，博士学位论文，北京交通大学，2017年。

张洪忠、段泽宁、韩秀：《异类还是共生：社交媒体中的社交机器人研究路径探讨》，《新闻界》2019年第2期。

张化冰：《互联网内容规制的比较研究》，博士学位论文，中国社会科学院研究生院，2011年。

张今杰：《人工智能体的道德主体地位问题探讨》，《求索》2022年第1期。

张立文：《和合人生价值论——以中国传统文化解读机器人》，《伦理学研究》2018年第4期。

张丽颖：《外来语对未来日语的影响》，《日语学习与研究》2002年第2期。

张卫：《当代技术伦理中的"道德物化"思想研究》，博士学位论文，大连理工大学，2013年。

张卫：《儒家"藏礼于器"思想的伦理审视及当代启示》，《华东师范大学学报》（哲学社会科学版）2024年第1期。

张一兵：《作为发生事件（Ereignis）的生命体验——关于青年海德格尔早期弗莱堡讲座的构境论解读》，《现代哲学》2011年第5期。

郑成：《试析日语外来语与日本的社会心理》，《日语学习与研究》2001年第4期。

钟智锦、李琼：《人机互动中社交机器人的社会角色及人类的心理机制研究》，《学术研究》2024年第1期。

朱厚敏:《人类文明新形态的参照系、本质及整体图景》,《求索》2023年第2期。

朱勤、王前:《社会技术系统论视角下的工程伦理学研究》,《道德与文明》2010年第6期。

[美]仙侬·维乐:《论技术德性的建构》,陈佳译,《东北大学学报》(社会科学版)2016年版第5期。

三 外文著作

Anu Bradford, *Digital Empires: The global battle to regulate technology*, Oxford: Oxford University Press, 2023.

Aristotle, *The Nicomachean Ethics*, trans. Hippocrates G. Apostle, Dordrecht: D. Reidel Publishing Company, 1975.

Arthur S. Reber, *Implicit Learning and Tacit Knowledge: An Essay on the Cognitive Unconscious*, Oxford: Oxford University Press, 1993.

Bisin, A. and Thierry, V., *Cultural transmission*. In: Durlauf, S. N., Blume, L. E., Eds., The New Palgrave Dictionary of Economics Online, 2nd ed., London: Palgrave Macmillan, Vol. 2, 2008.

Bok S., *Exploring Happiness: From Aristotle to Brain Science*, New Haven: Yale University Press, 2010.

Breazeal C. L., *Designing Sociable Robots*, Massachusetts: The MIT Press, 2004.

Breen J. and Teeuwen M., *A new history of Shinto*, John Wiley & Sons, 2010.

Bynum T. W. and Rogerson S., *Computer Ethics and Professional Responsibility: Introductory Text and Readings*, Malden: Blackwell Publishing, 2003.

Colin McGinn, *The Mysterious Flame: Conscious Minds in a Material World*, New York: Basic Books, 1999.

Csikszentmihalyi M., *The Evolving Self: A Psychology for the Third Millennium*, New York: Harper Collins Publishers, 1993.

Csikszentmihalyi M., *Flow: The Psychology of Optimal Experience*, New York City: Harper & Row, 1990.

David Chalmers, *The Conscious Mind: In Search of a Fundamental Theory*, New

York: Oxford University Press, 1996.

Doris, John M., and Moral Psychology Research Group, *The moral psychology handbook*, Oxford: Oxford University Press, 2010.

Dougherty M R., *Skill and Virtue after "Know-How"*, Cambridge: University of Cambridge, 2019.

Ernest Sosa, *A Virtue Epistemology: Apt Belief and Reflective Knowledge, Volume I*, Oxford: Oxford University Press, 2007.

Ess C., *Digital Media Ethics*, Cambridge: Polity, 2013.

Floridi L., *The fourth revolution: How the infosphere is resha** human reality*, OUP Oxford, 2014.

Foot, Philippa, *The problem of abortion and the doctrine of double effect*, Oxford: Oxford University Press, 1967.

Gilbert D., *Stumbling on Happiness*, New York: Vintage Books, A Division of Random House, Inc., 2005.

Hall E. T., *Beyond culture*, Anchor, 1976.

Hall E. T., *The silent language*, Anchor, 1973.

Haybron D. M., *The Pursuit of Unhappiness: The Elusive Psychology of Well-Being*, New York: Oxford University Press, 2008.

Henslin, James M., et al., *Sociology: A down to earth approach*, Pearson Higher Education AU, 2015.

Hofstede G. et al., *Culture's consequences: International differences in work-related values*, London: Sage Publications, 1984.

House R. J. et al., *Culture, Leadership, and Organizations: The Global Study of 62 Societies*, London: Sage, 2004.

Hursthouse R., *On Virtue Ethics*, Oxford: Oxford University Press, 1999.

Jerry A. Fodo, *Psychosemantics: The Problem of Meaning in the Philosophy of Mind*, Cambridge, MA: MIT Press, 1987.

Julinna C. Oxley, *The moral dimensions of empathy: Limits and applications in ethical theory and practice*, New York: Palgrave Macmillan, 2011.

Menon S. T. , *Employee empowerment: definition, measurement and construct validation*, Montreal: McGill University press, 1995.

Millikan R. G. , *Language, Thought and Other Biological Categories: New Foundations for Realism*, USA: The MIT Press, 1984.

Murdoch I. , *The sovereignty of good*, London: Routledge, 1970.

Matthew Stichter: *The Skill of Virtue*, Washington: Washington State University, 2006.

Paul Bloomfield, *Moral Reality*, Oxford: Oxford University Press, 2001.

Rest J. R. , *Moral development: Advances in Research and Theory*, New York: Praeger, 1986.

Rosen S. , *The Elusiveness of the Ordinary: Studies in the Possibility of Philosophy*, New Haven: Yale University Press, 2002.

Sarah Broadie, *Ethics With Aristotle*, Oxford: Oxford University Press, 1991.

Suchman L. A. , *Human-machine Reconfigurations: Plans and Situated Actions*, London: Cambridge University Press, 2007.

Thomas Baldwin, *Timothy John Smiley*, *Studies in the Philosophy of Logic and Knowledge*, Oxford: Oxford University Press, 2005.

Triandis H. C. , *Individualism and collectivism*, Routledge, 2018.

Verbeek P. P. , *Moralizing Technology: Understanding and Designing the Morality of Things*, Chicago: University of Chicago Press, 2011.

Whitaker, M. B. , *Cultural Transmission*. In: Shackelford, T. K. , Weekes-Shackelford, V. A. (eds), Encyclopedia of Evolutionary Psychological Science. Springer, Cham, 2021.

Whittlestone J. et al. , *Ethical and societal implications of algorithms, data, and artificial intelligence: a roadmap for research*, London: Nuffield Foundation, 2019.

四 外文论文

Abel D. , MacGlashan J. and Littman M. L. , "Reinforcement Learning as a Framework for Ethical Decision Making", *AAAI workshop: AI, ethics, and society*,

No. 16, 2016.

Aimee van Wynsberghe and Scott Robbins, "Critiquing the Reasons for Making Artificial Moral Agents", *Science and Engineering Ethics*, Vol. 25, No. 3, 2019.

Alemi M. and Abdollahi A., "A cross-cultural investigation on attitudes towards social robots: Iranian and Chinese university students", *Journal of Higher Education Policy and Leadership Studies*, Vol. 2, No. 3, 2021.

Anderson M., Anderson S. L. and Armen C., "Towards machine ethics: Implementing two action-based ethical theories", *Proceedings of the AAAI 2005 fall symposium on machine ethics*, 2005.

Anderson M. and Anderson S. L., "Machine Ethics: Creating an Ethical Intelligent Agent", *AI Magazine*, Vol. 28, No. 4, 2007.

Anderson S. L., "Philosophical Concerns with Machine Ethics", Michael Anderson, Susan Leigh Anderson. (ed.) *Machine Ethics*, New York: Cambridge University Press, 2011.

Annas J., "The Phenomenology of Virtue", *Phenomenology and the Cognitive Sciences*, Vol. 7, No. 1, 2008.

Arkoudas K., Bringsjord S. and Bello P., "Toward ethical robots via mechanized deontic logic", *AAAI fall symposium on machine ethics*, Menlo Park, CA, USA: The AAAI Press, 2005.

Armstrong S., "Motivated value selection for artificial agents", *Workshops at the Twenty-Ninth AAAI Conference on Artificial Intelligence*, 2015.

Ashrafian H., "AI on AI: A humanitarian law of artificial intelligence and robotics", *Science and engineering ethics*, Vol. 21, 2015.

Awad E. et al., "The moral machine experiment", *Nature*, Vol. 563, No. 7729, 2018.

Barbrook R. and Cameron A., "The Californian Ideology", *Science as Culture*, Vol. 6, No. 1, 1996.

Bartneck C. et al., "The influence of people's culture and prior experiences with Aibo on their attitude towards robots", *Ai & Society*, Vol. 21, 2007.

Baumgaertner B. and Weiss A. , "Do emotions matter in the ethics of human-robot interaction? Artificial empathy and companion robots", *International symposium on new frontiers in human-robot interaction*, 2014.

Bennis W. G. , "Changing Organizations", *The Journal of Applied Behavioral Science*, No. 3, 1966.

Berberich, N. , and Diepold, K. , "The virtuous machine-old ethics for new technology?" *arXiv preprint*, 2018.

Besser-Jones L. , "The Motivational State of the Virtuous Agent", *Philosophical Psychology*, Vol. 25, No. 1, 2012.

Bigman Y. E. , et al. , "Threat of racial and economic inequality increases preference for algorithm decision-making", *Computers in Human Behavior*, Vol. 122, 2021.

Bisin, A and Thierry, V. , Cultural transmission. In: Durlauf, S. N. , Blume, L. E. , Eds. , *The New Palgrave Dictionary of Economics Online*, 2nd ed. , London: Palgrave Macmillan, Vol. 2, 2008.

Blasi A. and Glodis K. , "The Development of Identity. A Critical Analysis from the Perspective of the Self as Subject", *Developmental Review*, Vol. 15, No. 4, 1995.

Blegen M. A. , et al. , "Preferences for Decision-Making Autonomy", *Image—the journal of nursing scholarship*, Vol. 25, No. 4, 1993.

Bonnefon J. F. , Shariff A. and Rahwan I. , "The social dilemma of autonomous vehicles", *Science*, Vol. 352, No. 6293, 2016.

Bouckaert R. et al. , "Global language diversification is linked to socio-ecology and threat status", 2022.

Briggs, Gordon Michael, and Matthias Scheutz, "'Sorry, I can't do that': Develo** mechanisms to appropriately reject directives in human-robot interactions", *2015 AAAI fall symposium series*, 2015.

Bringsjord, Selmer, Konstantine Arkoudas, and Paul Bello, "Toward a general logicist methodology for engineering ethically correct robots", *IEEE Intelligent*

Systems, Vol. 21, No. 4, 2006.

Bynum T. W. and Rogerson S., "Introduction and overview: Global information ethics", *Science and engineering ethics*, Vol. 2, No. 2, 1996.

Caporael L. R., "Anthropomorphism and Mechanomorphism: Two Faces of the Human Machine", *Computers in Human Behavior*, Vol. 2, No. 3, 1986.

Carol S. Dweck and Daniel C. Molden, "Self-Theories: Their Impact on Competence Motivation and Acquisition", Andrew J. Elliot and Carol S. Dweck (eds.) *Handbook of Competence and Motivation*, New York: The Guilford Press, 2005.

Carole Myers and Mark Conner, "Age Differences in Skill Acquisition and Transfer in an Implicit Learning Paradigm", *Applied Cognitive Psychology*, Vol. 6, No. 5, 1992.

Choi J. H., Lee J. Y. and Han J. H., "Comparison of cultural acceptability for educational robots between Europe and Korea", *Journal of Information Processing Systems*, Vol. 4, No. 3, 2008.

Churchland P. M., "Toward a cognitive neurobiology of the moral virtues", *Topoi*, No. 17, 1998.

Clifford Nass and Youngme Moon, "Machines and Mindlessness: Social Responses to Computers", *Journal of SocialIssues*, Vol. 56, No. 1, 2000.

Cloos C., "The Utilibot project: An autonomous mobile robot based on utilitarianism", *2005AAAI Fall Symposium on Machine Ethics*, 2005.

Coeckelbergh M., "Personal Robots, Appearance, and Human Good: A Methodological Reflection on Roboethics", *International Journal of Social Robotics*, Vol. 1, No. 3, 2009.

Coeckelbergh M., "Virtual Moral Agency, Virtual Moral Responsibility: on the Moral Significance of the Appearance, Perception, and Performance of Artificial Agents", *AI & Society*, Vol. 24, No. 2, 2009.

Coeckelbergh M., "Are emotional robots deceptive?" *IEEE Transactions on Affective Computing*, Vol. 3, No. 4, 2012.

Coeckelbergh M., "The Moral Standing of Machines: Towards a Relational and

Non-Cartesian Moral Hermeneutics", *Philosophy & Technology*, Vol. 27, No. 1, 2014.

Coeckelbergh M., "Responsibility and the Moral Phenomenology of Using Self-driving Cars", *Applied Artificial Intelligence*, Vol. 30, No. 8, 2016.

Coeckelbergh M., "The Ubuntu Robot: Towards a Relational Conceptual Framework for Intercultural Robotics", *Science and Engineering Ethics*, Vol. 28, No. 16, 2022.

Coeckelbergh M., "How to Describe and Evaluate 'Deception' Phenomena: Recasting the Metaphysics, Ethics, and Politics of ICTs in Terms of Magic and Performance and Taking a Relational and Narrative Turn", *Ethics and Information Technology*, Vol. 20, No. 2, 2018.

Colas C., Karch T. and Sigaud O., et al., "Autotelic Agents with Intrinsically Motivated Goal-Conditioned Reinforcement Learning: A Short Survey", *arXiv preprint*, 2021.

Csikszentmihalyi M., et al., "Flow", Andrew J. Elliot and Carol S. Dweck (eds.) *Handbook of Competence and Motivation*, New York City: The Guilford Press, 2005.

Dahlsgaard, K., Peterson, C. and Seligman, M. E. P., "Shared Virtue: The Convergence of Valued Human Strengths across Culture and History", *Review of General Psychology*, Vol. 9, No. 3, 2005.

Daliot-Bul M., "Ghost in the shell as a cross-cultural franchise: From radical posthumanism to human exceptionalism", *Asian Studies Review*, Vol. 43, No. 3, 2019.

Darcia Narvaez., "Integrative Ethical Education", Killen M, Smetana J G. (eds.) *Handbook of Moral Development*, New Jersey: Lawrence Erlbaum Associates, Inc., 2006.

Davis M., "Explaining wrongdoing", *Journal of Social Philosophy*, No. 20, 1989.

Cruz Ortiz de Landázuri, M. M., "Virtue Without Pleasure? Aristotle and the Joy of a Noble life", *Acta Philosophica*, Vol. 1, No. 23, 2014.

De Mooij M. and Hofstede G., "The Hofstede model: Applications to global branding and advertising strategy and research", *International Journal of advertising*, Vol. 29, No. 1, 2010.

Dillion et al., "Hunter-Gatherers and the Origins of Religion", *Human Nature*, Vol. 7, 2016.

Dong M. et al., "Self-interest bias in the COVID-19 pandemic: A cross-cultural comparison between the United States and China", *Journal of Cross-Cultural Psychology*, Vol. 52, No. 7, 2021.

Duffy B. R., "Anthropomorphism and the social robot", *Robotics and autonomous systems*, Vol. 42, No. 3-4, 2003.

Dweck C. S., Chiu C. and Hong Y., "Implicit Theories and Their Role in Judgments and Reactions: A World From Two Perspectives", *Psychological Inquiry*, Vol. 6, No. 4, 1995.

Epley N., Waytz A. and Cacioppo J. T., "On seeing human: a three-factor theory of anthropomorphism", *Psychological review*, Vol. 114, No. 4, 2007.

Ess C. and the AoIR ethics working committee, *Ethical decision-making and Internet research: Recommendations from the aoir ethics working committee*, New Castle County, State of Delaware: AoIR, 2002.

Ess C., "Ethical pluralism and global information ethics", *Ethics and Information Technology*, Vol. 8, No. 4, 2006.

Evans M. et al., "Mapping the global dimension of citizenship education in Canada: the complex interplay between theory, practice, and context", *Citizenship Teaching & Learning*, Vol. 5, No. 2, 2009.

Eylon D. and Au K. Y., "Exploring empowerment cross-cultural differences along the power distance dimension", *International Journal of Intercultural Relations*, Vol. 23, No. 3, 1999.

Fiore E., "Ethics of technology and design ethics in socio-technical systems: Investigating the role of the designer", *FormAkademisk*, Vol. 13, No. 1, 2020.

Floridi L. and Sanders J. W., "On the Morality of Artificial Agents" *Minds and Ma-*

chines, Vol. 14, No. 3, 2004.

Floridi L. and Sanders J. W., "Artificial Evil and the Foundation of Computer Ethics" *Ethics and Information Technology*, Vol. 3, No. 1, 2001.

Floridi L., "On the Intrinsic Value of Information Objects and the Infosphere" *Ethics and Information Technology*, Vol. 4, No. 4, 2002.

Floridi L. et al., "AI 4 People—an ethical framework for a good AI society: opportunities, risks, principles, and recommendations", *Minds and machines*, Vol. 28, 2018.

Fong T., Nourbakhsh I. and Dautenhahn K., "A Survey of Socially Interactive Robots: Concepts, Design, and Applications", *Robotics and Autonomous Systems*, Vol. 42, No. 3-4, 2003.

Fred I. Dretske, "Misrepresentation", R. J. Bogdan (ed.), *Belief*, Oxford: Oxford University Press, 1986.

Garcez A. S. A., and Zaverucha, G., "The connectionist inductive learning and logic programming system", *Applied Intelligence*, Vol. 11, No. 1, 1999.

Gerdes J. Christian and Sarah M. Thornton: "Implementable ethics for autonomous vehicles", *Autonomes Fahren: Technische, rechtliche und gesellschaftliche Aspekte*, 2015.

Goetz J., Kiesler S. and Powers A., "Matching robot appearance and behaviors to tasks to improve human-robot cooperation", paper delivered to *The 12th IEEE International Workshop on Robot and Human Interactive Communication*, sponsored by *IEEE*, Millbrae, November 02-02, 2003.

Goodall N. J., "Ethical Decision Making During Automated Vehicle Crashes", *Transportation Research Record: Journal of the Transportation Research Board*, No. 2024, 2014.

Gorniak-Kocikowska K., "The computer revolution and the problem of global ethics", *Science and engineering ethics*, Vol. 2, No. 2, 1996.

Gorr M. and Horgan T., "Intentional and unintentional actions", *Philosophical Studies*, Vol. 41, No. 2, 1982.

Gotterbarn D., Miller K. and Rogerson S., "Computer society and ACM approve software engineering code of ethics", *Computer*, Vol. 32, No. 10, 1999.

Govindarajulu N. S., Bringsjord S., Ghosh R. and Sarathy, V., "Toward the engineering of virtuous machines", *Proceedings of the 2019 AAAI/ACM Conference on AI, Ethics, and Society*, 2019.

Grác J., Biela A., Mamcarz P. J. and Kornas-Biela D., "Can moral reasoning be modeled in an experiment?" *PLoS ONE*, Vol. 16, No. 6, 2021.

Grau-Husarikova E. et al., "How language affects social cognition and emotional competence in typical and atypical development: A systematic review", *International Journal of Language & Communication Disorders*, No. 3, 2024.

Grim P. F., Kohlberg L. and White S. H., "Some Relationships Between Conscience and Attentional Processes", *Journal of Personality and Social Psychology*, Vol. 8, No. 3, 1968.

Guarini M., "Particularism and the classification and reclassification of moral cases", *IEEE Intelligent Systems*, Vol. 21, No. 4, 2006.

Guo L., et al., "Exemplar-supported representation for effective class-incremental learning" *IEEE Access*, Vol. 8, 2020.

Hagendorff T., "The ethics of AI ethics: An evaluation of guidelines", *Minds and machines*, Vol. 30, No. 1, 2020.

Hagerty A. and Rubinov I., "Global AI ethics: a review of the social impacts and ethical implications of artificial intelligence", *ArXiv*, Vol. 1907.07892, 2019.

Haidt J., "The new synthesis in moral psychology", *Science*, Vol. 2316, No. 5827, 2007.

Hambleton R. K., "Guidelines for Adapting Educational and Psychological Tests": A progress report, *European Journal of Psychological Assessment*, Vol. 10, No. 3, 1994.

Han J. et al., "The Cross-cultural acceptance of tutoring robots with augmented reality services", *J. Digit. Content Technol. its Appl*, Vol. 3, 2009.

Hayes T. L., Kafle K. and Shrestha R., et al., "Remind Your Neural Network to

Prevent Catastrophic Forgetting", European Conference on Computer Vision, Cham: Springer International Publishing, 2020.

Héder M., "The epistemic opacity of autonomous systems and the ethical consequences", *AI & SOCIETY*, 2020.

Himma K. E., "Artificial agency, consciousness, and the criteria for moral agency: What properties must an artificial agent have to be a moral agent?" *Ethics and Information Technology*, Vol. 11, No. 1, 2009.

Hofstede G., "Dimensionalizing Cultures: The Hofstede Model in Context", *Online readings in psychology and culture*, Vol. 2, No. 1, 2011.

Howard D. and Muntean I., "Artificial Moral Cognition: Moral Functionalism and Autonomous Moral Agency", Thomas M. Powers (eds.) *Philosophy and Computing: Essays in Epistemology, Philosophy of Mind, Logic, and Ethics*, Springer International Publishing AG, 2017.

Jackson J. C. et al., "The new science of religious change", *American Psychologist*, Vol. 76, No. 6, 2021.

Jobin A., Ienca M. and Vayena E., "The global landscape of AI ethics guidelines", *Nature Machine Intelligence*, Vol. 1, No. 9, 2019.

Jonathan Haidt, "The Emotional Dog and Its Rational Tail: A Social Intuitionist Approach to Moral Judgment", *Psychological Review*, Vol. 108, No. 4, 2001.

Kahn J., "Eros in the closet", *Psychological Perspectives*, Vol. 64, No. 3, 2021.

Kal E., Prosée R. and Winters M., et al., "Does Implicit Motor Learning Lead to Greater Automatization of Motor Skills Compared to Explicit Motor Learning? A Systematic Review", *PLoS ONE*, Vol. 13, No. 9, 2018.

Kalland A. and Asquith P. J., "Japanese perceptions of nature: Ideals and illusions", *Japanese images of nature: Cultural perspectives*, 1997.

Kanter R. M. "Power Failure in Management Circuits", *Harvard business review*, No. 4, 1979.

Kenneth Einar Himma, "Artificial agency, consciousness, and the criteria for moral agency: What properties must an artificial agent have to be a moral agent?"

Ethics and Information Technology, Vol. 11, No. 1, 2009.

Kenney E., "Pet funerals and animal graves in Japan", *Mortality*, Vol. 9, No. 1, 2004.

Kimura T., "Roboethical arguments and applied ethics: Being a good citizen", *Cybernics: Fusion of human, machine and information systems*, 2014.

Kirandziska V. and Ackovska N., "A concept for building more humanlike social robots and their ethical consequence", *IADIS International Journal on Computer Science and Information Systems*, Vol. 9, No. 2, 2014.

Klincewicz M., "Challenges to Engineering Moral Reasoners: Time and Context", Patrick Lin, Ryan Jenkins, & Keith Abney (eds.) Robot Ethics 2.0: From Autonomous Cars to Artificial Intelligence, Oxford: Oxford University Press, 2017.

Kosinski M., "Facial recognition technology can expose political orientation from naturalistic facial images", *Scientific Reports*, Vol. 11, No. 1, 2021.

Laham S. M., "Expanding the moral circle: Inclusion and exclusion mindsets and the circle of moral regard", *Journal of Experimental Social Psychology*, Vol. 45, No. 1, 2009.

Lapsley D. K. and Hill P. L., "On Dual Processing and Heuristic Approaches to Moral Cognition", *Journal of Moral Education*, Vol. 37, No. 3, 2008.

Lara, F. and Deckers, J., "Artificial intelligence as a socratic assistant for moral enhancement", *Neuroethics*, No. 13, 2020.

Leben, Derek, "A Rawlsian algorithm for autonomous vehicles", *Ethics and Information Technology*, Vol. 19, No. 2, 2017.

Lee H. R. and Sabanović S., "Culturally variable preferences for robot design and use in South Korea, Turkey, and the United States", *Proceedings of the 2014 ACM/IEEE international conference on Human-robot interaction*, 2014.

Li D. J., Rau P. P. and Li Y., "A cross-cultural study: Effect of robot appearance and task", *International Journal of Social Robotics*, Vol. 2, No. 2, 2010.

Liu J., "Confucian robotic ethics", *The Relevance of Classics under the Conditions of Modernity: Humanity and Science*, 2017.

Li Y. et al., "Cross-Cultural Privacy Prediction," *Proceedings on Privacy Enhancing Technologies*, Vol. 2017, No. 2, 2017.

MA Y. and Deng Z., "Less Opportunity or More Equity? Implications of Individualism and Collectivism on Applicants' Reaction to Ai Selection", *SSRN Electronic Journal*, 2022.

MacDorman K. F., "Subjective ratings of robot video clips for human likeness, familiarity, and eeriness: An exploration of the uncanny valley", *ICCS/CogSci-2006 long symposium: Toward social mechanisms of android science*, 2006.

MacDorman K. F., Vasudevan S. K. and Ho C. C., "Does Japan really have robot mania? Comparing attitudes by implicit and explicit measures", *AI & society*, Vol. 23, 2009.

Makridakis S., "The forthcoming Artificial Intelligence (AI) revolution: Its impact on society and firms", *Futures*, Vol. 90, 2017.

Matthew D. Lieberman, "Intuition: A Social Cognitive Neuroscience Approach", *Psychological Bulletin*, Vol. 126, No. 1, 2000.

Mekler E. D. and Hornbæk K., "A framework for the experience of meaning in human-computer interaction", *Proceedings of the 2019 CHI conference on human factors in computing systems*, 2019.

Mele A. and Sverdlik S., "Intention, intentional action, and moral responsibility", *Philosophical studies*, Vol. 82, No. 3, 1996.

Merritt M. W., Doris J. M. and Harman G., "Character" Doris J M et al. (ed.) *The Moral Psychology Handbook*, Oxford: Oxford University Press, 2010.

Mikhail J., "Universal moral grammar: Theory, evidence and the future", *Trends in cognitive sciences*, Vol. 11, No. 4, 2007.

Mischel W. and Shoda Y., "Toward a Unified Theory of Personality: Integrating Dispositions and Processing Dynamics within the Cognitive-Affective Processing System", Oliver P. John, Richard W. Robins, Lawrence A. Pervin (ed.) Handbook of Personality: Theory and Research, New York: The Guilford

Press, 2008.

Mnih V., et al., "Human-level control through deep reinforcement learning", *Nature*, Vol. 518, No. 7540, 2015.

Moberg, D. and Caldwell D. F., "An Exploratory Investigation of the Effect of Ethical Culture in Activating Moral Imagination", *J Bus Ethics* 73, 2007.

Mohamed S., Png M. T. and Isaac W., "Decolonial AI: Decolonial theory as sociotechnical foresight in artificial intelligence", *Philosophy & Technology*, Vol. 33, 2020.

Mökander J. and Floridi L., "Ethics-based auditing to develop trustworthy AI", *Minds and Machines*, Vol. 31, No. 2, 2021.

Moor J. H., "What is computer ethics?" *Metaphilosophy*, Vol. 16, No. 4, 1985.

Moor J. H., "Reason, relativity, and responsibility in computer ethics", *ACM SIGCAS Computers and Society*, Vol. 28, No. 1, 1998.

Moor J. H., "The Nature, Importance, and Difficulty of Machine Ethics", *IEEE Intelligent Systems*, Vol. 21, No. 4, 2006.

Mori M., "The Uncanny Valley", *Energy*, Vol. 7, No. 4, 1970.

Morley J. et al., "Operationalising AI ethics: barriers, enablers and next steps", *AI & SOCIETY*, 2023.

Muggleton S. and De Raedt L., "Inductive logic programming: Theory and methods", *The Journal of Logic Programming*, Vol. 19, 1994.

Munteanu C. et al., "Situational ethics: Re-thinking approaches to formal ethics requirements for human-computer interaction", *ACM*, No. 4, 2015.

Nancy E. Snow, "Habitual Virtuous Actions and Automaticity", *Ethical Theory and Moral Practice*, Vol. 9, No. 5, 2006.

Narvaez D., "The Neo-Kohlbergian Tradition and Beyond: Schemas, Expertise, and Character", Gustavo Carlo and Carolyn Pope Edwards (eds.) Moral Motivation through the Life Span, Lincoln, Nebraska: University of Nebraska Press, 2005.

Narvaez D., "Integrative Ethical Education", Killen M, Judith G. Smetana (eds.)

Handbook of Moral Development, New Jersey: Lawrence Erlbaum Associates, Inc., 2006.

Narvaez D. and Mrkva K., "The development of moral imagination", *The ethics of creativity*, 2014.

Nee S., "The great chain of being", *Nature*, Vol. 435, 2005.

Nicholas Smyth, "Integration and Authority: Rescuing the 'One Thought Too Many' Problem", *Canadian Journal of Philosophy*, Vol. 48, No. 6, 2018.

Nomura T., Syrdal D. S. and Dautenhahn K., "Differences on social acceptance of humanoid robots between Japan and the UK", paper delivered to the 4th International symposium on new frontiers in human-robot interaction, sponsored by the AISB'15 Convention, Canterbury, April 21-22, 2015.

Nomura T. et al., "What people assume about humanoid and animal-type robots: Cross-cultural analysis between Japan, Korea, and the United States", *International Journal of Humanoid Robotics*, Vol. 5, No. 1, March 2008.

Nyholm Sven and Jilles Smids, "The ethics of accident-algorithms for self-driving cars: An applied trolley problem?" *Ethical theory and moral practice*, 2016.

O'Neill-Brown P., "Setting the stage for the culturally adaptive agent", *Proceedings of the 1997 AAAI fall symposium on socially intelligent agents*, Menlo Park, CA: AAAI Press, 1997.

Oh S. and Kim J. H. et al., "Physician confidence in artificial intelligence: an online mobile survey", *Journal of medical Internet research*, Vol. 21, No. 3, 2019.

Olivia Bailey, "What Knowledge is Necessary for Virtue?" *Journal of Ethics & Social Philosophy*, Vol. 4, No. 2, 2010.

Osland and Gregory E., "Doing Business in China: A Framework for Cross-cultural Understanding", *Marketing Intelligence & Planning*, Vol. 8, No. 4, 1990.

Oxtoby K., "Is the Hippocratic oath still relevant to practising doctors today?", *BMJ*, Vol. 355, 2016.

Parker M. and Slaughter J., "Management-by-tress: The team concept in the US auto industry", *Science As Culture*, Vol. 1, No. 8, 1990.

Präntare, Fredrik, et al., "Towards Utilitarian Combinatorial Assignment with Deep Neural Networks and Heuristic Algorithms" International Workshop on the Foundations of Trustworthy AI Integrating Learning, Optimization and Reasoning. Cham: Springer International Publishing, 2020.

Rau P. P., Li Y. and Li D., "Effects of communication style and culture on ability to accept recommendations from robots", *Computers in Human Behavior*, Vol. 25, No. 2, 2009.

Reeves B., and Nass C. I. (1996), "The media equation: How people treat computers, television, and new media like real people", *Cambridge, UK*, Vol. 10, No. 10, 1996.

Rhim J., Lee G. and Lee J. H., "Human moral reasoning types in autonomous vehicle moral dilemma: A cross-cultural comparison of Korea and Canada", *Computers in Human Behavior*, Vol. 102, 2020.

Robert C. Roberts, "Will Power and the Virtues", *The Philosophical Review*, Vol. 93, No. 2, 1984.

Robertson C. J. et al., "Situational ethics across borders: a multicultural examination", *Journal of Business Ethics*, Vol. 38, 2002.

Rovira C., Codina L. and Lopezosa C., "Language bias in the Google Scholar ranking algorithm", *Future Internet*, Vol. 13, No. 2, 2021.

Sampaio da Silva R., "Moral motivation and judgment in virtue ethics", *Philonsorbonne*, No. 12, 2018.

Sanderson C. et al., "AI ethics principles in practice: Perspectives of designers and developers", *IEEE Transactions on Technology and Society*, Vol. 4, No. 2, 2023.

Scheutz M., "The Inherent Dangers of Unidirectional Emotional Bonds between Humans and Social Robots", Patrick Lin, Keith Abney, and George A. Bekey (eds.) Robot Ethics: The Ethical and Social Implications of Robotics, Cambridge, MA: The MIT Press, 2012.

Schulz A. W., "The evolution of empathy", Heidi L. Maibom (ed.) The Routledge Handbook of Philosophy of Empathy, New York: Routledge, 2017.

Schweisfurth T. G. and Herstatt C., "How internal users contribute to corporate product innovation: the case of embedded users", *R & D Management*, Vol. 46, No. S1, 2016.

Searle J. R., "Minds, brains, and programs", *Behavioral and brain sciences*, Vol. 3, No. 3, 1980.

Sharkey A. and Sharkey N., "Children, the elderly, and interactive robots", *IEEE Robotics & Automation Magazine*, Vol. 18, No. 1, 2011.

Shidujaman M. and Haipeng Mi., "Which Country Are You from?" A Cross-Cultural Study on Greeting Interaction Design for Social Robots, In Rau PL., edsCross-Cultural Design. Methods, Tools, and User, Berlin, Springer-Verlag, 2018.

Sojka J., "Business ethics and computer ethics: The view from Poland", *Science and engineering ethics*, Vol. 2, No. 2, 1996.

Sparrow R., "The march of the robot dogs", *Ethics and Information Technology*, Vol. 4, No. 4, 2002.

Srinivasan K. and Kasturirangan R., "Political ecology, development, and human exceptionalism", *Geoforum*, Vol. 75, 2016.

Stichter M., "Virtue as a Skill", Nancy E. Snow. (ed.) The Oxford Handbook of Virtue, Oxford: Oxford University Press, 2018.

Sullins, J. P., "When Is a Robot a Moral Agent", Michael Anderson, Susan Leigh Anderson. (ed.) *Machine Ethics*, New York: Cambridge University Press, 2011.

Sullins J. P., "Robots, love, and sex: The ethics of building a love machine" *IEEE Transactions on Affective Computing*, Vol. 3, No. 4, 2012.

Suzuki S., Fujimoto Y. and Yamaguchi T., "Can differences of nationalities be induced and measured by robot gesture communication?" *2011 4th international conference on human system interactions*, May 2011.

Swierstra T., "Identifying the Normative Challenges Posed by Technology's 'Soft' Impacts", Etikk i praksis-Nordic Journal of Applied Ethics, Vol. 9, No. 1, 2015.

Nomura T., et al., "What people assume about humanoid and Animal-type robots: Cross-cultural analysis Between Japan, Korea, and the United States", *International Journal of Humanoid Robotics*, Vol. 5, No. 1, March 2008.

Tajfel H. et al., "Social categorization and intergroup behaviour", *European journal of social psychology*, Vol. 1, No. 2, 1971.

Tajfel H. et al., "An integrative theory of intergroup conflict", *social psychology of intergroup relations*, Vol. 33, 1979.

Thornhill J., "Asia has learnt to love robots—The west should, too", *Financial Times*, 2018.

Trovato G. et al., "Cross-Cultural Timeline of the History of Thought of the Artificial", paper delivered to Social Robotics–13th International Conference, sponsored by the Springer Science and Business Media Deutschland GmbH, Singapore, November 10–13, 2021.

van Oudenhoven J. P. et al., "Are virtues national, supranational, or universal?" *SpringerPlus*, No. 3, 2014.

Wallach W., Allen C. and Smit I., "Machine morality: bottom-up and top-down approaches for modelling human moral faculties", *AI & Society*, Vol. 22, No. 4, 2008.

Wan Y., Akpan E. and Guo H., "The Cultural Influence of Control Sharing in Autonomous Driving", *International Journal of Technoethics (IJT)*, Vol. 13, No. 1, 2022.

Wang S. and Gupta M., "Deontological ethics by monotonicity shape constraints", International Conference on Artificial Intelligence and Statistics, PMLR, 2020.

Weil M. M. and Rosen L. D., "The psychological impact of technology from a global perspective: A study of technological sophistication and technophobia in university students from twenty-three countries", *Computers in Human Behavior*,, Vol. 11, No. 1, March 1995.

Westrum R., "Cultures with requisite imagination", in John A., Wise V. and David Hopkin, eds. *Verification and validation of complex systems: Human factors issues*, Heidelberg: Springer Berlin Heidelberg, 1993.

White M. D., "The Problems with Measuring and Using Happiness for Policy Purposes", *Mercatus Research*, No. 7, 2017.

Whittlestone J. et al., "The role and limits of principles in AI ethics: towards a focus on tensions", *Proceedings of the 2019 AAAI/ACM Conference on AI, Ethics, and Society*, Association for Computing Machinery, 2019.

Wiedeman C., Wang G. and Kruger U., "Modeling of moral decisions with deep learning", *Visual Computing for Industry, Biomedicine, and Art*, Vol. 3, No. 27, 2020.

Wu Y. H. and Lin S. D., "A low-cost ethics shaping approach for designing reinforcement learning agents", *arXiv preprint*, 2018.

Zagzebski L., "Exemplarist virtue theory", *Metaphilosophy*, Vol. 41, No. 1 – 2, 2010.

Zawieska K., Duffy B. R. and Strońska A., "Understanding Anthropomorphisation in Social Robotics", *Pomiary Automatyka Robotyka*, Vol. 16, No. 11, 2012.

Zawieska K., "Deception and Manipulation in Social Robotics", In Workshop on The Emerging Policy and Ethic of Human-Robot Interaction at the 10th ACM/IEEE International Conference on Human-Robot Interaction (HRI2015), 2015.

Zeigler B. P., "High autonomy systems: concepts and models", Proceedings. AI, Simulation and planning in high autonomy systems, *IEEE*, 1990.

Zhao J. et al., "Men also like shopping: Reducing gender bias amplification using corpus-level constraints", *Proceedings of the 2017 Conference on Empirical Methods in Natural Language Processing*, Association for Computational Linguistics, 2017.

五 网络文献

Adam Poulsen, et al., "Responses to a Critique of Artificial Moral Agents",

March 17, 2019, https://arxiv.org/ftp/arxiv/papers/1903/1903.07021.pdf.

Michael W. Austin, "Freedom of the Will and Moral Responsibility", October 19, 2011, https://www.psychologytoday.com/us/blog/ethics-everyone/201110/freedom-the-will-and-moral-responsibility.

Floridi L, Sanders J. W., "Levellism and the Method of Abstraction", November 22, 2004, https://pdfs.semanticscholar.org/4601/0b386f4a927ac539c6e7177e9f1ade1c1dcf.pdf?_ga=2.44136035.673214207.1578151803-1848425503.1562862471.

The IEEE Global Initiative on Ethics of Autonomous and Intelligent Systems, "Ethically Aligned Design: A Vision for Prioritizing Human Well-being with Autonomous and Intelligent Systems, First Edition", March, 2019, https://standards.ieee.org/content/ieee-standards/en/industry-connections/ec/autonomous-systems.html.

Rich Firth-Godbehere, "Emotion Science Keeps Getting More Complicated. Can AI Keep Up?" November 29, 2018, https://howwegettonext.com/emotion-science-keeps-getting-more-complicated-can-ai-keep-up-442c19133085.

Lufkin B., "What the world can learn from Japan's robots", agora dialogue, February 2020, https://forum.agora-dialogue.com/2020/02/06/what-the-world-can-learn-from-japans-robots/.

Brendan Sasso., "Obama's 'Privacy Bill of Rights' Gets Bashed from All Sides", The Atlantic, February 2015, https://www.theatlantic.com/politics/archive/2015/02/obamas-privacy-bill-of-rights-gets-bashed-from-all-sides/456576/.

The High-Level Expert Group on AI, "Ethics Guidelines for Trustworthy AI", European Commission, April 2019, https://www.europarl.europa.eu/cmsdata/196377/AI%20HLEG_Ethics%20Guidelines%20for%20Trustworthy%20AI.pdf.

Russell T. Vought, "Guidance for Regulation of Artificial Intelligence Applications", The White House, November 2020, https://www.whitehouse.gov/wp-content/uploads/2020/01/Draft-OMB-Memo-on-Regulation-of-AI-1-7-19.pdf#:~:text=.

European Parliament Committee on Employment and Social Affairs, "REPORT on the proposal for a directive of the European Parliament and of the Council on improving working conditions in platform work", European Parliament, December 2022, https://www.europarl.europa.eu/doceo/document/A-9-2022-0301_EN.html#_section1.

United Nations Educational Scientific and Cultural Organization, *Recommendation on the Ethics of Artificial Intelligence*, November 23, 2021.

Jane Fae, "Non-gendered pronouns are progress for trans and non-trans people alike", The guardian, December 2016, https://www.theguardian.com/commentisfree/2016/dec/14/non-gendered-pronouns-trans-people-he-she-ze.

"UNESCO Member states adopt the first ever global agreement on the Ethics of Artificial Intelligence", UNESCO, November 2021, https://en.unesco.org/news/unesco-member-states-adopt-first-ever-global-agreement-ethics-artificial-intelligence.

Sundar Pichai, "Artificial Intelligence at Google: Our Principles", Google, June 2018, https://ai.google/principles.

"OECD AI Principles overview", OECD AI Policy Observatory, May 2019, https://oecd.ai/en/ai-principles.

"Ethically Aligned Design", IEEE, December 2017, https://standards.ieee.org/wp-content/uploads/import/documents/other/ead_v2.pdf.

May T., "Theresa May's Davos address in full", The world Econoic Forum, January 2018, https://www.weforum.org/agenda/2018/01/theresa-may-davos-address/.

"IEEE GET ProgramTM Sign Up for Alerts GET Program for AI Ethics and Governance Standards", IEEE standards institute, December 2017, https://standards.ieee.org/industry-connections/ec/autonomous-systems/.

"IEEE GET ProgramTM Sign Up for Alerts GET Program for AI Ethics and Governance Standards", IEEE standards institute, March 2019, https://sagroups.ieee.org/global-initiative/wp-content/uploads/sites/542/2023/01/ead1e.pdf.

Ben Linders, "Oath for Programmers", InfoQ, September 2017, https://www.infoq.com/news/2017/09/oath-programmers/, 2017-9-16/2021-05-25.

"Reference guide on Literacy and Second Language Learning for the Linguistic Integration of Adult Migrants (LASLLIAM)", Council of Europe, June 2022, https://www.coe.int/en/web/lang-migrants.

后　　记

　　行文至此，感慨万千。此书从酝酿到最终付梓出版，前后历时八年！"退笔如山未足珍，读书万卷始通神。"在这段漫长的过程中，我更换了三台笔记本电脑，积累了无数的笔记和草稿，不断地修改和完善每一个章节，每一次的停顿和重新开始，都充满了挑战和思考。在此过程中，我也深刻体会到了学术研究的艰辛和乐趣。

　　记得有一次，我为了构思人工智能道德代理的跨文化调适机制，连续熬夜数天，最终在黎明时分找到了解决方案，那一刻的成就感无与伦比！当然，也不曾忘记，我反复翻阅、比对亚里士多德《尼各马可伦理学》的中英文版本，细致地研究每一个字句和注释，力求全面理解亚里士多德美德伦理核心思想时的场景。同时，我还深入研究中国的儒家美德，细细体会孔子、孟子等圣贤的伦理思想，并将其与西方伦理学进行比较，寻找其中的共通点和差异。我不仅阅读他们的著作，还研读相关的学术论文和评论文章，力求掌握全面而深刻的理解。真理的力量驱使着我抓住每一次机会，不断捕捉灵感与构思。对理论的执着和热爱，使我能够在不同的文化和哲学传统中寻找灵感和智慧，也使我敢于"跨界"去寻找理论交叉点和增长点，并不断将其融入我的研究中。所有这些都让我深刻体会到，学术研究不仅仅是一种职业，更是一种生活方式和精神追求。在这条道路上，虽然有时会感到孤独和疲惫，但每一次的发现和突破，都让我感到无比的满足和喜悦，我想，这种精神上的愉悦感正是学术研究给予我的正向回报！

　　这本书凝聚了我的心血，也承载了许多人的支持和帮助。特别是在跨文化人工智能伦理这一领域，我从初出茅庐的博士生，逐步成长为一个能够独立开展研究的研究者，每一步都离不开各位师长和同事的悉心指导、帮助。

在此，我要特别感谢我的导师邬焜教授，是他引领我进入了信息哲学的广阔天地，并在我研究的每一个阶段给予了无私的指导和支持！感谢奥地利导师沃尔夫冈教授，他的悉心指导和严格要求，使我在学术研究中不断成长！还要感谢那些牺牲个人时间，和我一起探讨、分享智慧的学术友人，正是你们的思想火花为我的研究提供了重要支持和启迪！也要感谢所有给予我帮助和支持的同事，每一次的讨论和交流，都让我受益匪浅！感谢我的学生们，为书稿的顺利面世付出了辛勤努力，感谢马紫依、刘昱菲（参与第一章）、王胜睿（参与第二章）、王雪琳（参与第三章）、马文雅（参与第八章），看到你们的成长，我倍感欣慰！感谢中国社会科学出版社的编辑老师们，感谢你们为本书出版付出的心血！

当然，我学术上的进步离不开家人的支持！感谢我的妻子，你的理解和包容让我能够全身心地投入学术研究中！而孩子们的成长和欢笑则是我生活中的动力和快乐源泉！岳父母和父母也在背后默默地支持着我！你们的关怀和鼓励让我在面对挑战时充满信心和力量，感谢你们无私的爱和无尽的支持！

最后，希望这本书能够为读者带来启发和思考，让我们共同努力，迎接人工智能时代的新变化，为构建一个更加公正、和谐、友爱的世界贡献力量。

"投之以桃，报之以李。"有你，有我，有我们，才有这当下的一切！

王　亮

2025年2月于西安交大兴庆校区